国家自然科学基金项目资助（项目批号：52168006）

内蒙古地域建筑学理论体系丛书｜张鹏举 主编

绿色牧居

内蒙古草原牧区居住模式与体系

Green Pastoral Dwellings
The Residential Patterns and Systems of Pastoral
Areas in the Inner Mongolia

许国强 著

中国建筑工业出版社

图书在版编目（CIP）数据

绿色牧居 ：内蒙古草原牧区居住模式与体系 =
Green Pastoral Dwellings The Residential Patterns
and Systems of Pastoral Areas in the Inner
Mongolia / 许国强著． -- 北京 ：中国建筑工业出版社，
2022.10
（内蒙古地域建筑学理论体系丛书 / 张鹏举主编）
ISBN 978-7-112-27813-8

Ⅰ．①绿… Ⅱ．①许… Ⅲ．①牧区－居住空间－研究
－内蒙古 Ⅳ．① TU241.4

中国版本图书馆 CIP 数据核字（2022）第 157557 号

本书以内蒙古草原牧居为对象，以为牧民最大限度地提供生态、生产和生活系统和谐共生的高质量居住环境为目标，采取建筑学、生态学、畜牧学、统计学、评价学等多学科交叉的方法，构建绿色牧居体系。揭示草原传统牧居的基本特征及气候应对特征，聚焦牧民的基本居住、生产单元，从宏观到微观对牧居基本特征、室外风环境、室内热湿环境实态及影响因子进行解析。提出绿色牧居的概念、模型及营建策略，研究突破对建筑本身的关注，从生态、生活、生产的视角介入，构建绿色牧居系统模型并提出适宜的类型、规模、空间及关键技术方案。建立绿色牧居评价体系，基于绿色牧居系统模型，建立兼顾生态、生活、生产的绿色牧居评价指标体系，构建侧重"多数"和"权重"的评价模型，基于不同的评价目标提出评价模型优选方案。本书可供建筑学、城乡规划等专业师生的参考书或专类教材，也可为从事该领域研究的学者提供参考。

责任编辑：张华　唐旭
责任校对：李辰馨

内蒙古地域建筑学理论体系丛书
张鹏举　主编

绿色牧居　内蒙古草原牧区居住模式与体系
Green Pastoral Dwellings
The Residential Patterns and Systems of Pastoral Areas in the Inner Mongolia
许国强　著
*
中国建筑工业出版社出版、发行（北京海淀三里河路9号）
各地新华书店、建筑书店经销
天津裕同印刷有限公司印刷
*
开本：787 毫米 ×1092 毫米　1/16　印张：13$\frac{1}{2}$　字数：342 千字
2025 年 5 月第一版　2025 年 5 月第一次印刷
定价：148.00 元
ISBN 978-7-112-27813-8
　　（39854）

总序

当今建筑学领域，技术日新月异，新发明和新创造层出不穷，为建筑学的发展带来了前所未有的可能性。我们一方面很容易被技术创新所吸引，另一方面也不自觉地忽略了那些根植于我们文化中的宝贵地域建筑遗产。事实上在这个高速发展的时代，地域建筑学的研究依旧扮演着至关重要的角色，在我国当下建筑发展由量到质的转变时期，重新审视地域建筑的价值依然十分重要。

内蒙古，这片广袤的土地上孕育了独特的自然景观和深厚的文化底蕴，其传统建筑因地制宜，蕴藏了丰富的建造智慧和美学价值。内蒙古工业大学建筑学院秉承对地域文化的尊重与理解，深耕于此数十年，不断探索与实践，将地域性、时代性、科技性有机结合，取得了令人瞩目的成果，成为中国地域建筑学教育、实践的重要基地之一。他们的成果不仅有对传统建筑文化的继承与弘扬，更有对现代建筑技术与理念的创新与应用；不仅有对国内外建筑学理论的学习与借鉴，更有对本土建筑的文脉、技艺、美学特质的深入研究与实践。可以说，内蒙古工业大学建筑学院在中国地域建筑学教育、学科建设、设计实践等方面已经树立了一个典范。"内蒙古地域建筑学理论体系丛书"的出版标志着内蒙古工业大学建筑学科建设又迈出了坚实的步伐。

"内蒙古地域建筑学理论体系丛书"涉及了内蒙古地域建筑学的多个方面，包括建筑文献史料、地域传统建筑研究以及当代地域建筑的创新实践，更有面对当下时代主题的地域性建筑绿色性能营造理论和实践，其中部分关于地域古建筑的研究还是抢救性研究。因此，这套丛书不仅有助于我们更全面地了解内蒙古地域建筑学的内涵和特点，也为进一步推动内蒙古地域建筑学的发展提供了重要的基础和支撑，同时还具有史料价值。首次出版的九本图书是对过去相关研究的一次总结，未来研究还将继续并不断出版。我相信，在内蒙古工业大学建筑学院的不断努力下，内蒙古地域建筑学一定会在未来的发展中取得更大的成就。也相信，"内蒙古地域建筑学理论本系丛书"的出版，将丰富和完善中国地域建筑学的理论体系，激发更多的研究与探索，为地域建筑学的整体发展注入更多的活力与智慧。

作为在建筑学领域教学、实践和研究多年的同道，我为内蒙古工业大学建筑学学科建设不断取得的成绩感到钦佩和欣慰。"内蒙古地域建筑学理论体系丛书"这一成果标志着他们在推动我国地域建筑学发展上取得的又一个成就，无疑将成为我们今天研究地域建筑历史、理论、实践和教育的有益读本和参考。

最后，我向长期致力于地域建筑学研究和教学的所有老师和学者们表示最深的敬意，同时也祝愿这套丛书能够激发更多人对我国地域建筑学的兴趣和热情，促进我国建筑学科更加繁荣和不断发展。

庄惟敏

中国工程院院士

全国建筑学科评议组召集人

全国建筑学专业教学评估委员会主任

全国建筑学专业学位研究生教育指导委员会主任

序

自从建筑学成为一门学科以来，"地域性"以及与之相关的讨论就一直是建筑基本属性中的关键问题。地域视角下的建筑学不仅是单一技术领域的研究，其更融合了建筑对环境的理解、对文化的敏感性和对社会需求的回应。这一过程使建筑学得以成为一门与自然环境、文化、历史、社会背景紧密相关的综合性学科，为当下建筑学与其他学科的交叉融合创造了条件。

地域建筑学的观念发展于20世纪中叶，肇始于建筑师和理论家对于现代主义建筑提倡的功能主义和国际风格的批判和反思。地域建筑学学科体系通常包括环境与气候适应、文化和历史文脉、地域风格与装饰系统方面的研究。随着可持续和环境保护意识的增强，这一领域的研究开始更多地关注如何通过当地建筑材料与传统建造技术的应用，以及生态友好的设计策略降低建筑对环境的影响。这一方面的内容包括可持续发展和生态设计、材料科学和建造技术以及城乡规划中地域性等相关问题的讨论。

内蒙古特有的地理气候条件和人文历史环境为该地区的建筑文化提供了丰富的资源，其中大量的生态营造智慧和文化价值需要进一步挖掘和研究。针对内蒙古地域建筑学研究起点较低以及学科体系发展不平衡的问题，内蒙古工业大学建筑学院的相关团队进行了一系列积极的探索。第一，通过实地研究的开展，建立了内蒙古地域的传统建筑文化基因谱系与传统建造智慧的数据库，为该地区传统建筑文化的研究和传承提供了丰富的基础资料。第二，通过将内蒙古民族文化背景下的建筑风格、建造手段、装饰艺术与现代设计理念的融合，发展出这一地区的地域建筑风貌体系以及建造文化保护的相关策略。第三，通过地域建筑遗产的保护、更新，以及当代地域性建筑的营建活动，积累了大量的地域建筑设计样本，并在此基础上形成了适应时代需求的内蒙古地区建筑设计方法，促进了理论与实践的结合。第四，在以上研究与实践工作过程中，针对不同的研究方向组建和培养了相应的师资团队，为地域建筑学科在教育和研究领域中的深度和广度提供了保障。以上内容从人文与技术两个维度出发，构建了内蒙古地区地域建筑学研究的理论框架，为该地区建筑学科的发展奠定了坚实的基础。

本套丛书是对上述工作内容和成果的系统呈现和全面总结。内蒙古工业大学建筑学院团队通过对不同地理空间、不同时代背景、不同技术条件下的内蒙古建筑文化进行解析和转译，建构了内蒙古地域建筑学的学科体系，形成了内蒙古地域建筑创作的方法。这项工作填补了内蒙古地域建筑学的研究空白，对于内蒙古地区建筑文化的传承以及全面可持续发展的实现具有重要意义，也必将丰富整体建筑学学科的内涵。

　　内蒙古地域建筑学是一个开放且持续发展的研究课题。我们的目标不仅是对于现存内蒙古地区传统建筑文化遗产的记录与保护，更在于通过学术研究和实践创新，为内蒙古地域建筑的未来发展指明方向。在此诚挚欢迎同行学者的加入，为这一领域的研究带来新的视角和深入的洞见，共同塑造并见证内蒙古地域建筑的未来。

张鹏举

前言

　　牧区是乡村的一种特殊形式，其生态环境、生产方式及居住方式与农村相比有很大差别。内蒙古草原牧区的发展经历了从游牧到定居的巨大转变，"逐水草而牧、逐水草而居"的游牧思想遵循天人合一，注重人与自然的和谐共生，是有利于草原牧区可持续发展的思想。自从 20 世纪中期牧民定居以来，游牧逐渐被在固定草场自由放牧所取代，牧民的居住方式也由此发生了较大变化，也是从这一时期开始，人、畜、草之间的冲突在草原牧区不断凸显。20 世纪 80、90 年代以来，内蒙古草原牧区出现草场大面积沙化、湖泊干涸、沙尘天气频繁等现象，引起了社会各界的广泛关注，由此产生了生态移民、围封禁牧、休牧种草等措施，这些措施对于草原生态的保持和恢复起到了重要作用。然而，虽然生态得到恢复，但草原牧区人畜草之间的矛盾却未得到根本性解决，与生态问题相比，牧民更加关注的是生计，因此生态移民杜大量闲置，偷牧等现象频发。

　　草原牧区人居环境长期以来处于一种自然发展的状态，外界除了从生态角度对牧民的生产规模等进行限制外，其他方面如定居点的建设、草场的利用等均是由牧民自发探索而形成的模式。从系统的角度，可以将草原牧区人居环境系统分为生态、生产、生活三个子系统，实现草原牧区人居环境的可持续，首先要解决的就是生态、生产、生活的协调问题，即人畜草平衡。强调人与自然和谐共生的绿色建筑理念已是多年的议题，这一理念与草原牧区追求的人畜草平衡高度契合。近年来，绿色建筑理论和实践在城市范围已获得了丰硕成果，在农村范围内也有很多研究和实践，但在草原牧区却鲜有涉及。因此，笔者基于在内蒙古草原牧区的成长和生活经历，通过多年深入草原牧区调研、测试和访谈，结合前期大量的研究和实践，旨在结合绿色建筑相关理论与方法探讨适宜内蒙古草原牧区的居住模式与体系。

　　本书内容概括起来可以分为三个部分：

　　第一部分包括第 1 章、第 2 章、第 3 章，对草原牧居构建的基础理论、思路、牧区相关概念进行梳理和界定，并对内蒙古草原传统牧居类型与特征进行解析，进而构建草原绿色牧居系统，提出绿色牧居的系统要素、构建原则及技术框架。

第二部分包括第 4 章、第 5 章、第 6 章，提出草原绿色牧居的规模与布局方案，从风雪防控的角度探讨定居点的布局方法与适宜方案，提出定居点建筑设计、更新、可再生能源利用策略。

第三部分为第 7 章，从生态、生产、生活系统协调的角度构建草原绿色牧居评价指标体系，提出指标评价标准，并探讨适宜的评价方法。

本书的编写正处于国家大力推进生态文明建设、乡村振兴的背景下，希望能够为"美丽牧区"的构建提供借鉴和参考。另外，本书仅仅是关于草原绿色牧居构建的一个开端，因此希望能够：

• 为草原牧区人居环境研究者提供内蒙古草原牧区的相关数据、传统居住模式、牧居基本类型、影响因素等信息。

• 为草原牧区人居环境的可持续发展提供新的视角，提出绿色牧居构建的技术原则与框架，并对关键问题提出技术策略，作为技术体系的基础。

• 发挥评价在促进绿色牧居构建过程中的认知作用，提供草原绿色牧居评价体系，希望对草原牧居的可持续发展起到一定的推动作用。

本书由许国强独立完成，是内蒙古地域建筑学理论体系丛书的重要组成部分。著作的出版得到了国家自然科学基金项目"内蒙古草原绿色牧居营建模式与评价体系研究 (52168006)"和绿色建筑自治区高等学校重点实验室的支持。

本书的撰写，特别要感谢金虹、陈剑飞、张鹏举老师的鼓励和指导，感谢陈久旺、郭智、扎拉根白尔、王文新在研究中的密切合作和提供的相关资料。同时，白杨、李浩坤、杨明倩在调研、资料收集整理过程中做了大量工作，李果、杨婷婷、柴玉泽、陶志毅、段君昉、杨志明、王昱迪、刘晓倩做了大量的图片处理、排版等工作，再次对他们的付出表示衷心感谢。

此外，本书参考了部分国内外相关文献，在文中已逐一引注，在此，对前人的研究致以由衷的敬意。

目 录

第1章　绪论

牧民对于居住环境和生产条件的需求有别于其他人群，牧区生态环境、牧民生活、牧业生产形成的"三生"功能系统相互影响、枢互制约，三者的矛盾在牧民定居至今的几十年来一直是制约牧区发展的主要因素。近年来，随着国家生态文明建设、脱贫攻坚、乡村振兴等战略的快速推进，草原生态恢复、居住环境改善、生产效率提升均成为牧区当前发展的重点。内蒙古自治区草原面积约 86 万平方公里 [1]，由于生产方式和社会制度的影响，草原牧区形成了分散化、小规模的居住方式，每户牧民以居住建筑为核心，由居住建筑、生产空间、基础设施、草场等形成相对独立的草原牧居。当前的草原牧居大部分处于自然生长的状态，自从推行草畜双承包责任制以来，牧民选择在自家草场构建牧居，这一过程形成了独特的居住方式，但也带来了生态破坏严重、居住建筑舒适性差、生产效率低等问题。随着社会各界对乡村的重视，专业人员介入的乡村规划与设计逐渐增多，草原牧区作为农村的一种特殊形式，其构建的过程也需要相应的规划与设计。从国内外农村牧区研究及建设经验发现，强调"和谐共生"的绿色建筑理念是改善牧区居住环境的有效办法。

1.1　绿色建筑

"绿色"一词发展至今，除其原有的意义外，已与生态、可持续等词交替出现在社会、城市、建筑等领域。在这些领域，"绿色"代表的是有环境意识、人与自然和谐共生，这一含义最早以"绿色设计"（GD，Green Design）方式出现在 20 世纪 70 年代美国的一份环境污染法规中，保证产品品质的同时强调生命周期内的环境属性 [2]。绿色理念的出现可追溯到环境问题、能源问题引起重视和关注的 20 世纪 60~70 年代。20 世纪 60 年代，美国建筑师保罗·索勒里提出了城市建筑生态学（Arcology）理论，提倡从生态的视角关注城市和建筑。1987 年，世界环保与发展会议主题报告《我们共同的未来》提出了可持续发展战略，并得到广泛认可。1993 年，国际建筑师协会会议发表了《芝加哥宣言》，掀起了绿色建筑的热潮 [3]。自此，人类对环境问题的关注在城市、住区、建筑领域的体现就是绿色生态城市、绿色生态住区、绿色建筑。

刘先觉先生在著作《生态建筑学》中认为绿色建筑、生态建筑都是可持续建筑的一种形式，两者目标一致，且都遵循生态学的基本原理。但两者有着明显的区别，他认为生态建筑反映了可持续建筑的宏观层面，前提是必须依靠建筑自身的物态要素构成一个完整的、合乎生态循环的系统；绿色建筑则反映了可持续建筑的微观层面，侧重人与自然关系的研究，目标更具体、更直接。刘先觉先生强调绿色建筑比生态建筑具有更强的适应性、可操作性和扩展性，是可持续建筑在特定时期的具体体现 [4]。刘加平院士在《绿色建筑——西部践行》中对绿色建筑、生态建筑、可持续建筑的概念进行了进一步区分，并归纳了绿色建筑的特征 [5, 6]：

保护生态环境：这是绿色建筑的最高宗旨。走出"人类中心论"的桎梏，尊重并友好对待自然环境，寻求人—建筑—自然的和谐共存。

节约资源与资源的有效利用：这是绿色建筑的目标之一，也是达到绿色建筑的操作手段。在建筑设计与营造中节约能源、土地、水、材料等资源，采用可再生资源，减少和有效利用非可再生资源。

以人为本：这是绿色建筑的目标之二。人的一生大部分在室内度过，建筑师应考虑为人提供舒适、健康、高效的工作、居住空间。

整体设计：绿色建筑设计应遵循整体设计，局部利益必须服从整体环境利益，一时的利益必须服从持续性利益，这契合了可持续发展公平原则。

本土精神：要充分结合各地域气候特性，延续当地文化和风俗、充分利用地方材料，并从中探索利用现代高新技术与地方适用的结合。

全寿命周期：在建筑寿命期内，如在材料设备的生产和运输、在设计建造的运行和维持过程、在拆除和材料再利用等方面，提倡3R（Reduce、Reuse、Recycle）原则，即减少使用、重复使用、循环使用。

1.2　绿色建筑与"三生"功能协调

绿色建筑理念的目标是实现人与自然的和谐共生，这与草原牧区强调的"人—畜—草"平衡异曲同工，"人—畜—草"平衡是草原牧区发展的一种理想状态，而在实际中更多体现的是"人—畜—草"之间的冲突，实际上是生态、生活、生产（简称"三生"）系统功能的冲突。因此，从草原牧居的宏观层面，实现生态、生活、生产系统功能的协调至关重要。

"三生"的主要概念包括"三生"功能、"三生"空间，是伴随国土空间提出而出现的概念。我国自2000年以来，发改委在对各层级的规划制定中就提出规划不能仅考虑产业分布，也要考虑空间、资源、人、环境的协调。2008年，国务院印发的《全国土地利用总体规划纲要（2006-2020）》中明确规定了生态、生产、生活用地的比例。2012年，党的"十八大"报告关于生态文明建设的论述中提出："促进生产空间集约高效、生活空间宜居适度、生态空间山清水秀"的总体要求[7]。自此，"三生"空间的概念得到进一步明确，社会各界对"三生空间"的研究和实践也不断深入，地理学、城乡规划学、生态学等领域学者常利用"三生"空间功能的耦合协调等方法开展国土空间的研究与实践。

"三生"空间包括生态空间、生活空间、生产空间，其中，生态空间是以提供生态产品和生态服务为主导功能的区域；生活空间是以提供人类居住、消费、休闲和娱乐等为主导功能的区域；生产空间是以提供工业品、农产品和服务产品为主导功能的区域[7]。"三生"功能是"三生"空间内涵的表现，包括生产功能、生活功能和生态功能，三个功能形成三个子系统，三个子系统包含更低一级的系统和要素，共同组成了复杂的"三生"功能系统[8]。李广东等对城市"三生"功能进行了定量识别，提出：生态功能是指生态系统与生态过程所形成的、维持人类生存的自然条件及其效用，包括9类具体功能；生产功能是指土地作为劳作对象直接获取或以土地为载体进行社会生产而产出各种产品和服务的功能，包括4大类具体功能；生活功能是指土地在人类生存和发展过程中所提供的各种空间承载、物质和精神保障功能[9]。

1.2.1　"三生"功能的基本内涵

从系统科学的视角，三生功能系统是由生产功能、生活功能和生态功能之间相互联系形成的共生系统，三种功能之间相互影响、相互制约，各功能系统都与其他功能系统有着紧密联系[8]。

生态功能系统以自然循环为主，但生态功能系统不是孤立的，它与人类的生产、生活活动有非常密切的联系，是生产功能系统能够顺利运行的前提和基础，为生产提供着原料和要素，如为工业生产提供生产必备的原材料、能源等，为农业生产提供土地、水、热量等，为牧业生产提供草场、水体等，同时还为人类生活提供必要的空气、水、能源及生态环境营造的物质支撑。

生产功能系统承载着人类的生产活动，是人类经济的主要来源，是社会发展的根本动力，由于生产类型的差异，各类生产系统的构成要素和相互联系也各不相同，另外，生产功能系统还受各地区气候、资源、地形地貌、交通设施等因素影响，地域条件往往决定了生产方式，如草原牧区的资源、气候就决定了这些地区以牧业生产为主的方式。生产功能系统会对生态功能系统产生影响，需要占据一定的生态空间，获取生态系统中的资源，同时生产过程中产生的废弃物需要由生态系统进行消解。

生活功能系统承载着人类的生活，是人类追求物质生活和精神生活的主要场所。由于人类的活动，生活功能系统总体来说是开放的，是联系生态功能系统、生产功能系统的纽带，一方面获取来源于生态、生产系统的能量、资源、食物、产品；另一方面也为生产系统提供人力、技术保障，同时建立起生态和生产系统之间的联系。

1.2.2　"三生"功能协调与"三生"空间优组

方创琳在"中国城市发展格局优化的科学基础与框架体系"中对"三生"空间优组理论进行了论述，提出"三生"空间优组理论应作为中国城市发展格局优化的基础理论之一。他认为，城市生态空间、生产空间和生活空间根据性质主要发挥各空间主体功能，同时各空间还兼顾着发挥其他空间性质的功能，因此功能会出现叠加的情况[10]。

"三生"空间是按照各空间的主体功能划分的，其中生态空间主要发挥生态功能，积累生态资本，兼顾承载生产生活功能，生产空间主要发挥生产功能，积累生产资本，兼顾承载生活功能，生活空间主要发挥生活居住服务功能，积累生活资本，兼顾发挥生产与生态功能[10]。方创琳认为空间格局优化过程中，要突出"生态空间相对集合、生产空间相对集聚、生活空间相对集中、三生空间相对集成"的优化思路，实现从空间分割到空间整合的转变。"三生"空间优组的主要目标是从空间的角度提出"三生"空间最优的组合，从而使"三生"空间的功能发挥最大的效用，并形成相互联系、相互支撑的"三生"功能系统。

"三生"空间的优组实质上是三生功能系统的优组，进行优组的过程中，要充分地分析三生功能系统的协同关系，这种协同关系主要包含三个方面。第一个方面是生产功能与生活功能之间的协同关系，生产功能与生活功能相互促进，人类进行生产的主要目的是为了营造宜居的生活环境，获取生活必需的物质和能量，生活功能系统为生产功能系统提供人力、技术，能够保障生产的顺利进行，因此生产空间集聚、生活空间集中将有助于生产功能和生活功能的协调。第二个方面是生产功能与生态功能之间的协同关系，生产功能与生态功能之间存在着互补和竞争的双重关系，在互补方面更多地表现为单向的，即生态功能系统为生产功能系统提供资源、能源，生产功能系统的废弃物对生态系统将造成一定的压力，生产功能系统创造的经济增产可提供资金对生态系统进行保护和修复，竞争关系主要表现在人类追求生态和生产效益之间的平衡问题，过多的生产势必会对生态造成影响，生产减少又会降低人类的生活水平，因此生态功能与生产功能优组的过程中更多的是减少生产过程中对生态的破坏。第三个方面是生活功能与生态功能之间的协同关系，两者的关系更多的是交互的关系，人员活动会给生态系统带来大量的废弃物破坏生态，而人随着物质生活水平的提升，生态环境所形成的精神生活也不可或缺，因此，在两者中要尽可能地减少生活功能系统对生态功能系统的破坏，同时也要发挥生态功能系统的反馈作用。

由上述特征可见，"三生"功能协调理念与绿色建筑理念的出发点一致，都是在强调人与自然的和谐共生。"三生"功能协调理念中，生态系统是基础，为生产系统、生活系统提供能源与资源，服务的对象是人和物，生态系统功能的优劣决定了生产系统、生活系统能否更好地发挥其自身功能，是协调人地关系及地区可持续发展的关键。生活系统、生产系统服务的对象主要是人和物，必然会对生态系统产生负面影响，但生产系统是人类发展的直接动力，生活系统是人类发展水平的主要表现形式之一，在人类发展中不可或缺。"三生"空间从空间规划的领域，总体上追求的是合适的空间比例和空间布局，当前的研究与实践大部分是从区域、城市、乡村的尺度开展，不同尺度下"三生"空间承载的功能均不相同，从"三生"空间的视角对住居尺度的研究还比较少。但是，住居也存在"三生"空间，并且可以形成"三生"功能系统，其承载的功能则缩小至住居系统所包含的范围。

1.3　绿色牧居构建的思考

草原牧区人居环境研究中，由于草原生态系统是构建草原牧区人居环境系统的基础，是牧民生活、牧业生产赖以生存的根本。因此，保护草原生态具有极其重要的意义，绿色建筑将保护生态环境作为最高宗旨，这一理念可作为解决牧区生态问题的有效手段。草原牧区人工建筑系统包括住宅、圈棚、生活生产辅助设施，人工建筑系统位于牧民所拥有的草场上，决定着牧民的生活质量和生产效率，是草原牧区需要解决的另一个重要问题。人的经济来源取决于草场生态情况，经济来源又决定着人的生活质量，偏远的地域也严重影响着牧区人居环境营建的质量。因此，从以人为本的角度，从本土出发，通过全生命周期核算、整体设计、资源的高效利用，协调草原生态、居住生活、牧业生产的关系，即实现"人—畜—草"的和谐共生是草原牧区的唯一出路。草原牧居是相对城市社区、农村而言更加简单的系统，因此在草原人居环境特征的基础上，可以从"三生"功能协调的视角探讨绿色牧居的构建。

1.4　草原牧区相关概念

1.4.1　草原牧区

草原牧区是以广大天然草原为基地，主要采取放牧方式经营饲养草食性家畜为主的地区，是商品牲畜、役畜和种畜的生产基地，从行政区划上包括旗（县）、苏木（乡）、嘎查（村）、浩特（组）。本书研究的范围主要指畜牧业生产为主的草原牧民聚居的区域，包括嘎查、浩特。嘎查为蒙古语，在行政级别上与"村"平级，嘎查主要管理其下的许多浩特，浩特都是高度分散的，面积较大但人口比传统农业村落少很多，浩特是由几户人家组合在一起的一个小集体，一般为

3~5 户人家。

1.4.2 草原牧居

本书草原牧居的概念是以牧民居住建筑、生产建筑形成的牧民定居点为核心，由周边生态环境系统、生活系统、生产系统、能源资源系统、基础设施、道路交通系统等组成的相对独立的居住系统。该系统中的住民为从事畜牧业生产的蒙古族或其他民族牧民，经济来源以畜牧业生产为主。

1.4.3 牧民定居点

牧民定居点是指草原上以从事畜牧业生产为主的牧民定居的地点，包括居住建筑、生产建筑、建筑与围墙等围合而成的生活和生产空间，本书所指的定居点是草原牧居的重要组成部分。草原牧区相关概念的隶属关系如图 1-1 所示。

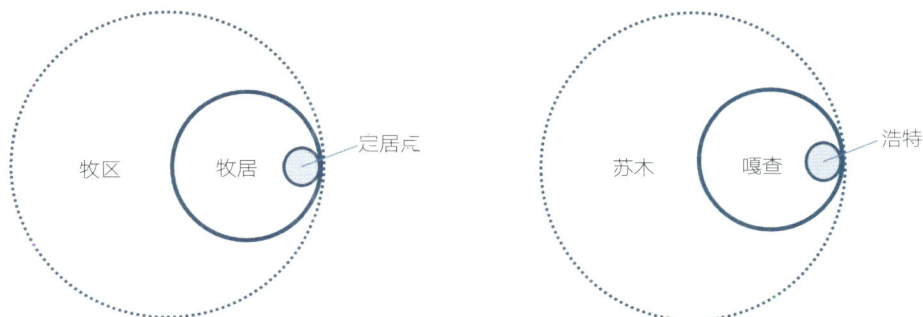

图 1-1 草原牧区相关概念的隶属关系

本章参考文献

[1] 中华人民共和国国家统计局 . 2020 内蒙古统计年鉴 [M]. 北京：中国统计出版社 , 2020.

[2] 刘加平 , 董靓 , 孙世钧 . 绿色建筑概论 [M]. 北京：中国建筑工业出版社 , 2010.

[3] 林宪德 . 绿色建筑：生态·节能·减废·健康 [M]. 北京：中国建筑工业出版社 , 2007.

[4] 刘先觉 . 生态建筑学 [M]. 北京：中国建筑工业出版社 , 2009.

[5] 刘加平 , 等 . 绿色建筑——西部践行 [M]. 北京：中国建筑工业出版社 , 2015.

[6] 周涛 . 天水地区传统民居绿色经验研究 [D]. 西安：西安建筑科技大学 , 2020.

[7] 黄金川 , 林浩曦 , 漆潇潇 . 面向国土空间优化的三生空间研究进展 [J]. 地理科学进展 , 2017,36(3):378-391.

[8] 徐磊 . 基于"三生"功能的长江中游城市群国土空间格局优化研究 [D]. 武汉：华中农业大学 , 2017.

[9] 李广东 , 方创琳 . 城市生态—生产—生活空间功能定量识别与分析 [J]. 地理学报 , 2016,71(1):49-65.

[10] 方创琳 . 中国城市发展格局优化的科学基础与框架体系 [J]. 经济地理 , 2013,33(12):1-9.

第2章

内蒙古草原传统牧居类型与特征

内蒙古自治区位于中国北疆，地域狭长，东西直线距离 2400 公里，南北直线距离 1700 公里，土地总面积 118.3 万平方公里。内蒙古自治区北与蒙古、俄罗斯接壤，边境线长达 4200 公里，东南西与黑龙江、吉林、辽宁等 8 省区毗邻，是我国东北、华北、西北地区与蒙古、俄罗斯及欧洲各国联系的重要通道。内蒙古自治区地域广阔，全区共有 12 个盟市，下设 103 个旗、县、市、区，全区常住人口 2500 余万[1]。

2.1　内蒙古草原地域的特殊性

2.1.1　草原类型分布

草原作为陆地生态环境的重要组成部分，不仅是畜牧业的生产基地，也是我国北方重要的生态屏障，对于调节气候、涵养水源、防风固沙、保持水土、改良土壤等有重要的作用[2]。草原牧区人、畜、草平衡一直是草原地区关注的焦点，影响草原牧区居住环境的诸多因素之中，草原牧区自然环境中的地域气候、地形地貌、绿化植被、水文地质、自然资源以及能源等是主导因素。内蒙古有草原 8666.7 万公顷，占内蒙古自治区总面积的 73.3%，有效天然草场 68 万平方公里，占内蒙古草原总面积的 78.7%，占全国草场面积的 27.2%[3]。

内蒙古草原由东向西分布着呼伦贝尔草原、科尔沁草原、锡林郭勒草原、乌兰察布草原、鄂尔多斯草原等五大草原，小规模的草原遍布全区各个盟市，具有得天独厚的畜牧业发展优势。内蒙古自治区农牧民从事生产类型划分三类区域，可分为牧区、半农牧区、农区，其中牧区的天然草场最多，达到 56 万平方公里，占草原总面积的 67%，半农半牧区 13 万平方公里，占草原总面积的 14.8%，其余地区为农区。牧区主要分布在呼伦贝尔、锡林郭勒、鄂尔多斯、乌兰察布北部等地区，牧业是主要的经济来源；半农半牧区主要位于兴安盟南部、通辽西南部、赤峰中北部、乌兰察布中南部及巴彦淖尔地区，各地区因草场不同农牧业所占比例有明显差异。

内蒙古草原由东向西跨越寒温带、中温带和暖温带，各地区气温和降水有明显的差异，从而形成了类型不同的草原，主要包括草甸草原、典型草原、荒漠草原和荒漠四大类，其中草甸草原最多，有 22 万平方公里，典型草原有 9.8 万平方公里，荒漠草原有 19.2 万平方公里，荒漠有 10 万平方公里，内蒙古草原类型、分布与基本特征如表 2-1 所示。草原产草量与当年的气温、降水、牲畜数量等均有较大关系，即使是同一片草场，每年也会有很大的差异。近年来随着畜牧业的快速发展，牲畜数量急剧增长，导致内蒙古地区大部分草原草场植被高度、盖度均有所下降。

内蒙古草原中，呼伦贝尔草原、锡林郭勒草原由于草场植被较好，草场集中，现为内蒙古地区最重要的畜牧业基地。根据区域分，通常将内蒙古地区分为东、中、西部区，内蒙古各区域草原资源情况如表 2-2 所示。

内蒙古草原类型、分布与特征　　　　　　　　　　　表 2-1

草原类型	地域范围	基本特征
草甸草原	大兴安岭东西两侧和南麓、通辽市北部、赤峰市东北部、锡林郭勒市东北部	降雨量较多，湿度大，水源较为充足，牧草产量高，平均草层高度能达到 30cm 以上，草群盖度高，营养比 12：1，适合牛、马等大牲畜
典型草原	锡林郭勒草原大部，呼伦贝尔草原中西部、通辽市南部、阴山山脉北部	降雨量、湿度较小，产草量、牧草高度、草群盖度比草甸草原低，高度在 25cm 左右，草群营养比 6.1：1，适牛、马、绵羊等牲畜
荒漠草原	锡林郭勒西部、乌兰察布市北部、鄂尔多斯地区	降水量、湿度低，产草量低，草层高度 15cm 左右，草群盖度低，草群碳、氮营养比 4.4：1，适合绵羊和山羊
荒漠	阿拉善地区、鄂尔多斯部分地区、巴彦淖尔西部和北部	降水量少，蒸发量大，比较干燥，草场植被稀疏，灌木类较多，牧草高度在 10cm 以下，草群盖度不到 10%，牧草含有较多灰分，适合山羊和骆驼

内蒙古各区域草原资源情况　　　　　　　　　　　　表 2-2

区域	包含盟市	草场占比 (%)	草原特征	草原特征
东部区	呼伦贝尔市、兴安盟、通辽市、赤峰市	33.4	天然草场广阔，草群质量中等，产草量高，主要包括草甸草原、典型草原，草场主要有山地草甸、丘陵草甸、平原丘陵干旱草原、沙地植被草地、低地草甸。草原植物资源 1000 余种	呼伦贝尔草原、科尔沁草原、巴林草原、乌兰布统草原
中部区	锡林郭勒盟、乌兰察布市、呼和浩特市	37.2	天然草场广阔，草群质量高，产草量较大，主要包括典型草原、荒漠草原、草甸草原。草场包括典型草原草场、沙丘沙地植被草场、低地草甸草场、山地草甸草场	锡林郭勒草原、戈根塔拉草原、希拉穆仁草原、辉腾锡勒草原
西部区	包头市、鄂尔多斯市、巴彦淖尔市、乌海市、阿拉善盟	29.4	天然草场面积较大，但可利用草场面积不多，牧草质量低，产量低。以荒漠草原和荒漠为主，巴丹吉林、腾格里、乌兰布和三大沙漠横贯阿拉善盟全境，草场植被灌木和半灌木较多	鄂尔多斯草原

2.1.2 草原地域资源

内蒙古自治区地域辽阔，资源丰富。其中，矿产资源是我国目前发现新矿物最多的省区，多种矿产资源居全国之首，煤炭保有资源储量居全国第二位，是我国重要的能源基地。畜牧业2017年度牲畜存栏头数达12614.8万头（只），全年肉类产量267.6万吨，居全国首位，是我国重要的牛羊肉生产基地。森林资源林地面积及森林面积均居全国首位，是我国重要的木材生产基地。内蒙古地区河流、湖泊较多，且黄河从内蒙古西部及各盟市穿过，但水资源各地区分布不均衡，大部分地区均处于水资源紧缺状态。内蒙古地区主要资源概况如表2-3所示。

内蒙古地区主要资源概况　　　　　　　　　　　　　　　　　　　表2-3

资源类型	资源概况
矿产资源	矿产保有资源储量居全国之首的有18种，居全国前三位的有47种，居全国前十位的有92种；煤炭估算资源总量9120.32亿吨；金矿保有资源储量Au815.14吨，Ag86867.90吨；铜、铅、锌三种有色金属保有资源储量5331.66万吨
农牧业资源	农作物总播种面积798.3万公顷，粮食总产量达2768.4万吨；全区牧业年度牲畜存栏头数达12614.8万头（只），全年肉类总产量267.6万吨
森林资源	林地面积6.6亿亩，森林面积3.73亿亩，均居全国第一位，森林覆盖率21.03%。天然林主要分布在内蒙古大兴安岭原始林区和大兴安岭南部山地等11片次生林区，人工林遍布全区各地
水资源	地表水资源为406.60亿立方米，地下水平均资源量为236亿立方米，大部分地区水资源紧缺

2.1.3 牧区生产方式

生产方式是指社会生活所必需的物质资料的谋取方式，在生产过程中形成的人与自然界之间和人与人之间相互关系的体系。生活方式是指人们的衣、食、住、行、劳动工作、休息娱乐、社会交往、待人接物等物质生活和精神生活的价值观、道德观、审美观，以及可以理解为在一定的历史时期与社会条件下，各个民族、阶级和社会群体的生活模式[4]。

在我国各个牧区的牧民自古以来都从事着游牧的生产生活方式，同样内蒙古地区在发展的过程中，牧业为主的生产方式占据了主要的地位，这是一种以畜牧业为主的生产方式，而这种生产方式依靠最基本的生产资料是畜牧和牧场。游牧一般按照季节，每年3~4次循环放牧，是一种合理有效利用草场资源的畜牧方式，草场上的牧草的生长周期决定了牧民的转场周期[5]。

内蒙古地区的天然草场一般分为冬春草场和夏秋草场，分别加以利用。在草原较大的地方，天然草场分为冬、夏、春秋三季轮牧，春秋草场仅作为牲畜出入冬、夏草场过渡放牧之用。冬春草场一般分布在地势较低的河谷、草滩和背风向阳的地区。牧民在放牧过程中，夏季（每年的 7~9 月）前往高山地带的草场进行放牧，春秋季（6 月、10 月）作为过渡在平坦地区进行放牧，冬季（11 月至次年的 5 月）在沟谷地带的草场进行放牧[6]。政府实行"家庭联产承包为主的牧业生产责任制"政策之时，为每户牧民都分配了冬春季和夏秋季的草场，由于在冬春草场放牧时间，要比夏季草场放牧时间多 3~4 个月，牧民在冬季草场停留的时间占了全年放牧时间的 2/3[6]。

1. 畜牧业生产区域

内蒙古自治区截止到 2017 年年底有常住人口 2528 万人，其中市镇人口 1568 万人，农村牧区人口 960 万人。农村牧区的产业结构主要包括农业、牧业、林业，其中农业产值占 51%，牧业产值占 42.7%，林业产值占 3.6%，其余产业占 1.1%。牧业生产一直以来都是内蒙古地区农牧区的主要生产方式，牧业生产也遍布全区 10 个盟市，54 个旗、县、区，这些旗、县、区中有 33 个是以牧业为主，21 个是半农半牧区，牧区乡镇（苏木）有 316 个，嘎查有 2576 个，从事牧业生产旗、县、区总面积有 94.67 万平方公里。牧业生产的主要地区及基本情况见表 2-4。

各盟市中面积最大的为阿拉善盟，有 26.95 万平方公里，牧民人口有 5.64 万，虽然该地区面积较大，但牧业生产的总量并不高，主要原因是阿拉善有 29% 的面积为沙漠，33.7% 的面积为戈壁，剩余地区植被也比较差，生态承载力低。位于东部的呼伦贝尔市牧区面积有 11.93 万平方公里，呼伦贝尔草原是内蒙古地区植被最好的草原，也是牧民主要的聚居地；位于中部的锡林郭勒盟牧区旗县面积为 17.95 万平方公里，牧区人口为 23.82 万，这是内蒙古地区重要的牛羊肉产地，也是牧民主要的聚居区。

2. 草场与畜牧业规模

根据各地区草场面积、人口不同，牧区人均草场面积也各有不同，如锡林郭勒盟苏尼特右旗乌日根塔拉苏木那仁宝拉格嘎查人均草场面积 166.67hm²，该嘎查户均草场面积为 333.33hm²，最多一户牧民草场面积达到 1000hm²，2016~2017 年草原、草场及畜棚基本情况见表 2-5。自实行畜草双承包责任制以来，牧民开始在自家草场定居，建设房屋和畜棚，形成了草原上比较分散的居住方式。锡林郭勒地区目前牧区住房面积在 20m²/ 人左右，其中镶黄旗、乌拉盖管理区人均住房面积最高，超过了 30m²/ 人，这在内蒙古草原牧区中人均住房面积也是相对较高的。生产空间一般包括畜棚和畜圈，锡林郭勒地区畜棚面积总计为 1057.44 万 m²，畜圈总面积为 2380.42 m²。2017 年全区畜棚面积为 15175.02 万 m²，畜棚拥有的牲畜数约为 1.1 只 / m²。畜圈棚一般分为牛圈棚、羊圈棚，与居住建筑围合设置。

内蒙古草原牧区牧业以饲养牛、马、羊为主，此外还有驴、骡、骆驼，2001~2016 年大牲畜及羊的基本情况如表 2-6 所示。牲畜总量呈持续增长的态势，牲畜总量增加了 1 倍以上。其中，马、驴、骡、骆驼变化幅度不大，牛、羊的增量较多，牛从 2001 年到 2016 年增加了近 3 倍；羊的种类包括绵羊和山羊，绵羊以产肉为主，山羊以产羊绒为主，从 2001 年以来，山羊的总量一直在 2000 万 ~3000 万只范围内浮动，总体变化不大，绵羊增幅接近 2 倍。牲畜数量的增长和近年来草原上交通设施的变化、物流行业的发展、人们牛羊肉的需求均有很大的关系，这样的变化一方面增加了牧民的收入，另一方面对生态环境的破坏也不容忽视。

牧业生产的主要地区与基本情况　　　　表 2-4

地区	牧业生产主要旗、县、区		牧区旗县面积（万 km²）	牧区乡镇（苏木）数量（个）	牧区嘎查数量（个）
	牧区	半牧区			
包头市	达尔罕茂明安联合旗	—	1.75	316	2576
呼伦贝尔市	鄂温克族自治旗、新巴尔虎右旗、新巴尔虎左旗、陈巴尔虎旗	扎兰屯市、阿荣旗、莫力达瓦达斡尔族自治旗	11.93		
兴安盟	科尔沁右翼中旗	科尔沁右翼前旗、扎赉特旗、突泉县	4.92		
通辽市	科尔沁左翼中旗、科尔沁左翼后旗、扎鲁特旗	科尔沁区、开鲁县、库伦旗、奈曼旗	5.83		
赤峰市	阿鲁科尔沁旗、巴林左旗、巴林右旗、克什克腾旗、翁牛特旗	林西县、敖汉旗	7.55		
锡林郭勒盟	锡林浩特市、阿巴嘎旗、苏尼特左旗、苏尼特右旗、东乌珠穆沁旗、西乌珠穆沁旗、镶黄旗、正镶白旗、正蓝旗	太仆寺旗	17.95		
乌兰察布市	四子王旗	察哈尔右翼中旗、察哈尔右翼后旗	3.21		
鄂尔多斯市	鄂托克前旗、鄂托克旗、杭锦旗、乌审旗	东胜区、达拉特旗、准格尔旗、伊金霍洛旗	8.71		
巴彦淖尔市	乌拉特中旗、乌拉特后旗	磴口县、乌拉特前旗	5.86		
阿拉善盟	阿拉善左旗、阿拉善右旗、额济纳旗	—	26.95		

2016~2017 年草原、草场及畜棚基本情况　　　　表 2-5

项目	2016 年	2017 年
草场面积（万 hm²）	8800.00	8800.00
承包到户面积（万 hm²）	6940.00	6940.00
草库伦面积(围栏草场面积)（万 hm²）	3070.80	3130.04
人工种草保有面积（万 hm²）	385.80	368.54
天然草原冷季可食牧草储量（万 t）	1263.34	1043.51
畜棚面积（万 m²）	15019.51	15175.02
每平方米畜棚拥有牲畜数（只／m²）	1.18	1.10

2001~2016 年大牲畜及羊的基本情况［万头（只）］　　表 2-6

年份	合计	牛	马	驴	骡	骆驼	绵羊	山羊
2001	6130.1	431.4	108.4	87.9	62.3	12.3	3408.1	2019.7
2002	6327.2	419.6	87.6	80.4	55.5	8.9	3476.8	2198.4
2003	7114.1	499.3	79.2	81.1	49.4	9.1	3974.0	2422.1
2004	8329.2	600.0	74.6	82.9	47.0	10.1	4936.7	2578.0
2005	9647.2	721.9	74.5	84.3	43.0	10.6	5904.3	2808.7
2006	9989.4	780.1	73.5	80.1	41.9	11.2	6054.3	2948.3
2007	9814.0	820.1	75.9	91.3	40.7	11.4	5724.1	3050.5
2008	9506.7	838.9	78.7	96.3	38.7	11.3	5441.0	3001.9
2009	9596.8	881.8	70.9	88.2	32.1	11.6	5552.5	2959.7
2010	9548.1	929.4	70.3	97.2	30.7	12.1	5782.0	2626.0
2011	9524.2	956.3	77.0	102.1	28.7	12.6	5885.6	2461.9
2012	9844.1	1015.8	79.4	102.4	26.1	14.9	6245.8	2359.6
2013	10291.3	1047.4	74.7	103.9	25.0	15.5	6668.7	2356.0
2014	11399.5	1078.5	80.8	110.5	23.2	15.5	7716.8	2374.3
2015	12094.8	1126.0	86.8	106.9	20.8	17.8	8266.8	2469.7
2016	12119.5	1151.1	93.5	108.6	17.9	18.0	8345.2	2385.3

2.2　草原传统牧居类型与特征

2.2.1　牧民家庭特征

1. 家庭人口与年龄结构

牧区家庭人口一般在 3 ~ 6 人，家中常住人口一般为 2 ~ 4 人，以壮年和老年为主，子女通常在城镇读书，大学毕业后大部分选择在城市就业，因此牧区人口的老龄化比较严重。牧区家庭抽样调查情况如图 2-1 所示，受访的牧民中，年龄在 41 ~ 60 岁的人口占 43.2%，在所有年龄段中比例最高，这个年龄段的牧民是目前草原牧区畜牧业生产的主力；其次为 61 岁以上人口，占 28.2%；20 岁以下人口仅占 6.5%，在所有年龄段人口中比例最小。牧区家庭人口的性别比例比较均衡，所有样本中男性占 51.8%，女性占 48.2%，在各年龄段上，61 岁以上人口中男性人口比例相对较少，其他年龄段比较均衡。牧区人口的老龄化对畜牧业生产有很大的影响，因此通过合理的牧居规划和现代化设备，减少畜牧业生产工作量，增强生产便利性是亟待研究的课题。

2. 经济来源

畜牧业生产是牧民主要的经济来源，牧区饲养最多的牲畜为牛和羊。内蒙古草原牧区以养黄牛为主，养牛的收入主要为繁殖牛犊，待成年后卖出。养羊的收入根据羊的品种有所区别，绵羊以肉食为主，山羊除肉食外，每年的羊绒收入也比较可观。根据调查样本数据显示，牧区养羊的规模从几十只到上千只差别很大，调研样本中每个家庭平均养羊规模为 156 头。养牛的规模一般在几头到几十头，调查样本中每个家庭平均养牛的规模为 9 头。有的牧民也会选择单一的牲畜养殖，畜牧业规模的大小主要取决于两个因素：一是草场承载力的限制；二是家庭劳动力的限制。畜牧业规模决定了牧居的大小，畜棚面积可根据牲畜规模与类型计算：每头黄牛占地面积大约 5m²；普通成年羊占地面积为 0.8 ~ 1m²，断奶羊羔的占地面积约 0.2 ~ 0.4m²，羊圈面积一般为羊棚面积的 1.5 ~ 3 倍。畜牧业生产规模决定了生产空间规模，作为生计之本，牧民对生产系统的重视程度和生活系统相司。

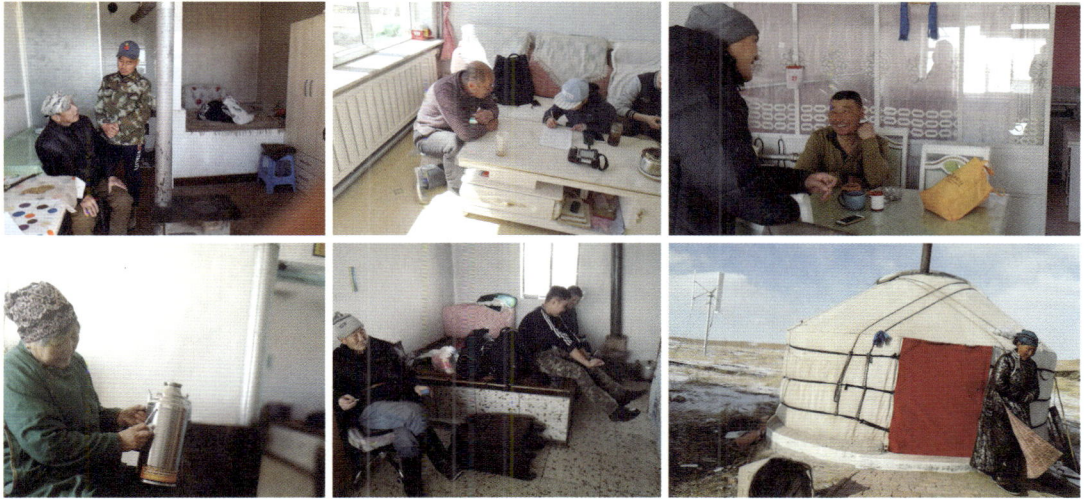

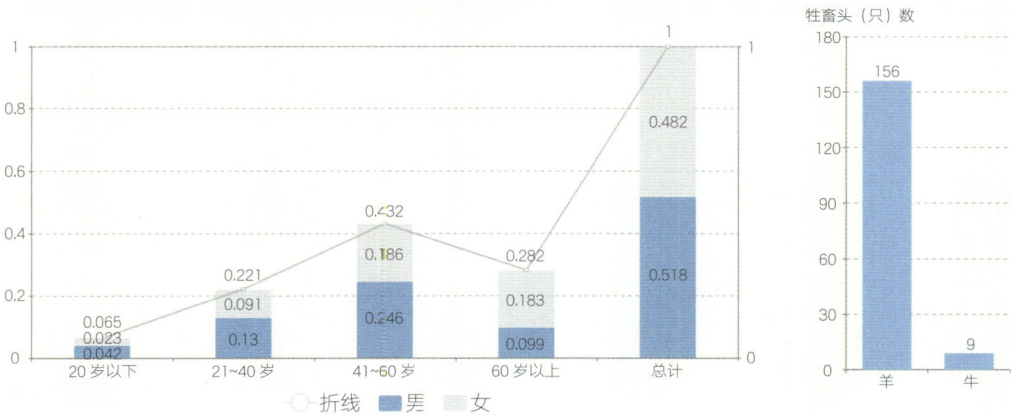

图 2-1　牧区家庭抽样调查情况

2.2.2　生态环境系统特征

1. 总体特征

牧居生态最典型的特征就是有丰富的草场资源，通过调研发现，户均草场 66.67hm² 以上，较多的牧户草场超过 666.67hm²。草场上的植被各地区有很大的不同，如位于东部的森林草原植被相对较好，位于西部的鄂尔多斯草原植被则相对较差，总体趋势是自西向东植被状况越来越好。牧区人均土地面积较大，由于畜牧业生产的需要，牧民在自家草场建设固定居住点。内蒙古草原大部分地区地形地貌比较平缓，除少数地区为山地外，大部分地区为平原或丘陵地带。调研牧居所属地形分布如图2-2所示。山地牧居定居点一般建在山的南侧，居住建筑坐北朝南，争取日照，生产建筑朝向南侧或东侧，与居住建筑形成总体定居点布局。平原牧居定居点选址比较灵活，居住建筑、生产建筑大多为坐北朝南，草原上以该类型最多。丘陵地区牧居定居点一般依地形顺势而建，牧居仍为坐北朝南，多选择北侧、西侧地势较高的基地建设牧居。

定居点绿化以天然草地为主，周边很少有人工种植的乔木或灌木。由于人员的活动，定居点内沙化比较严重，且从定居点开始向周边辐射，距离定居点越近，植被越差，因此，大部分定居点绿化率均较低。牧居内无垃圾处理设施，牧居产生的垃圾分两类：一类是牧民生活产生的垃圾，包括废物、废水等，在距离牧居不远处设置垃圾点，对于可自然消解的垃圾经过一段时间会自然分解，塑料等垃圾则被风吹到草原深处，破坏草原生态环境；另一类是生产过程产生的垃圾，生产过程垃圾主要为喂养牛羊剩余草根、牲畜粪便等，牧民的处理方式是将牛粪砖、羊粪砖进行晾晒，作为生活所用燃料，草根、细碎牲畜粪便在牧居周边集中堆放，自然消解，这些垃圾不会破坏生态，但产生的气味对居民健康有一定影响。

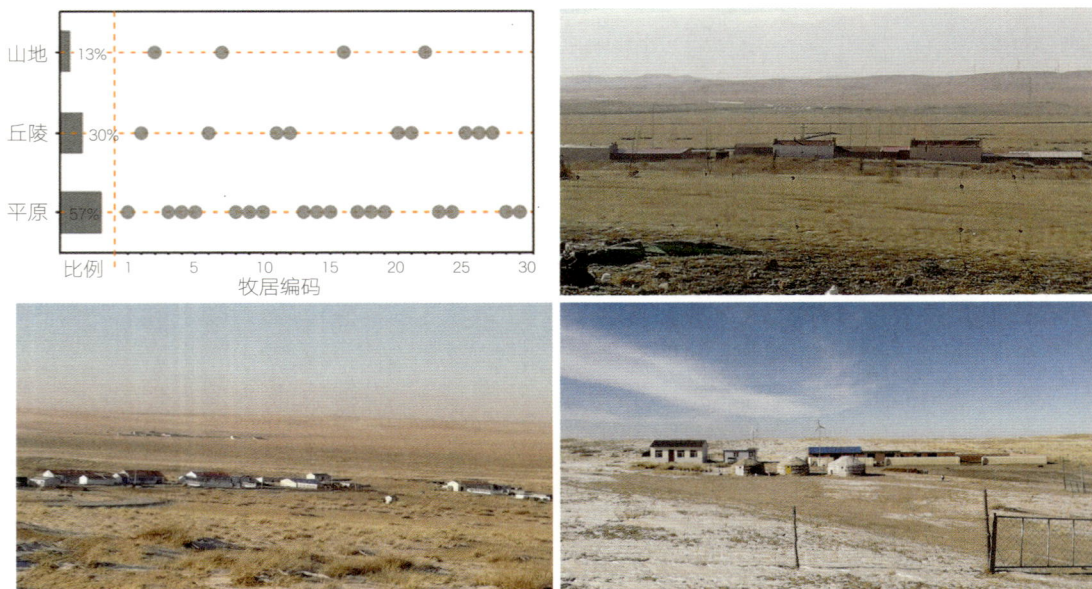

图 2-2　调研草原牧居所属地形分布

2. 定居点布局与功能特征

定居点的组成包括居住建筑、生产建筑、基础设施等内容，定居点与北方农区的院落有明显的差别，北方农村院落根据居住建筑的位置关系，由院墙进行比较规则的围合，形成院落空间，一般根据居住建筑分为前院、后院。定居点的布局与农村院落相比比较随意，按照院墙围合形式可分为开放型、围合型和半开放型，草原牧居定居点布局类型如图2-3所示。

（1）开放型

开放型定居点由于地形地貌不同，形式存在一定差异，但总体看来，开放型根据居住建筑和人员活动空间所处位置，可分为五种类型：第一种类型为南北布局，生活空间位于定居点北侧，根据各定居点所处的地形地势选择，生活空间可能位于生产空间正北、西北、东北等方向，后文简称为第Ⅰ类；第二种类型仍为南北方向布局，生活空间位置正好与第Ⅰ类相反，位于生产空间正南、西南、东南位置，后文简称为第Ⅱ类；第三种类型为东西方向布局，生活空间位于生产空间正西、西北、西南方向，后文简称为第Ⅲ类；第四种类型也为东西方向布局，生活空间位置与第三种类型相反，生活空间位于生产空间正东、东南、东北方向，后文简称为第Ⅳ类；第五种类型生活空间位于中心位置，生产空间分布在东西或南北两侧，后文简称为第Ⅴ类。开放型定居点类型及布局图如表 2-7 所示。

内蒙古草原开放型定居点布局方式常采用南北方向或东西方向布局，其中南北方向布局以生活空间位于生产空间北侧为主，东西方向布局第Ⅲ类、Ⅳ类在各地区虽有不同，但总体比例相当。综合分析，开放型定居点布局优劣势分析如表 2-8 所示。

（2）半开放型

半开放型定居点一般由生活空间和生产空间围合而形成半封闭空间，有些定居点在西北侧设挡雪墙，阻挡冬季来自西北方向的风雪，同时也可对定居点形成围合，这类定居点在山地、丘陵地区比较常见，半开放型定居点类型与布局图如表 2-9 所示。

根据受访的半开放型定居点特征，将半开放型定居点分为三类：第一类定居点居住建筑朝向东南，生产建筑朝向正东，生活与生产建筑直接连接或通过围墙连接形成类似广口"V"字形，"V"字开口所对方向形成半开放空间，这种类型后文简称"V"字形；第二种类型居住建筑一般朝向正南，与生产建筑围合而成"L"形，开口朝向东南，后文简称"L"字形；第三种类型由居住建筑和生产建筑围合而成"U"字形，开口一般朝向正东或正东偏南，后文简称"U"字形。各类型进一步又可分为有挡雪墙和无挡雪墙。半开放型布局的定居点在内蒙古中西部草原较多，这种类型与开放型相比，畜牧业生产的规模稍低。半开放型布局形式的定居点布局具有相似性，均通过居住建筑和生产建筑形成半围合空间，能有效抵御草原上冬季来自西北方向的寒风，为活动空间营造良好的微气候。半开放空间的朝向为东向或东南方向，其中广口"V"字形更有利于创造更宽阔的生活与生产空间。

（3）围合型

围合型布局的定居点一般位于农牧区交汇处，但仍以牧业生产为主要方式，定居点布局与北方传统农村院落类似，但是畜牧生产利用的空间较大，而且北方农村院落有唯一的院门，由院门进入住居或其他生产空间，院落型草原牧居一般生活空间大门与生产空间大门分别设置。根据受访的围合型定居点特征，可分为三类：第一类为"一"字形，该类型居住建筑和生产建筑均坐北朝南设置或偏东南朝向设置，生活空间位于生产空间东侧或西侧；第二类为"口"字形，"口"字形布局生活空间一般位于东南侧，由生产空间与生活空间形成"口"字形；第三类为"L"字形，该类型由生活空间和生产空间组成"L"形，生活空间一般位于东北侧。围合型定居点类型与布局图如表 2-10 所示。围合型定居点所占比例较小，且嘎查中定居点距离也相对较近，与开放型和半开放型相比，畜牧业生产规模一般较小。几种类型中以"一"字形和"口"字形形式较多，这种围合型的布局形式比较规则，各空间功能明确，围合的空间能形成较好的院落微气候。

（a）开放型

（b）半开放型

（c）围合型

图 2-3　草原牧居定居点布局类型

开放型定居点类型及布局图　　　　　　　　　　　　　表 2-7

类型	主要特征	布局类型图	
第 I 类	南北布局，生活空间位于北侧	生活空间（西北） 	生活空间（东北）
第 II 类	南北布局，生活空间位于南侧	生活空间（西南） 	生活空间（东南）
第 III 类	东西布局，生活空间位于西侧	生活空间（西南） 	生活空间（西北）
第 IV 类	东西布局，生活空间位于东侧	生活空间（东南） 	生活空间（东北）

续表

类型	主要特征	布局类型图	
		南北向布局	东西向布局
第 V 类	生活空间位于中间		

开放型定居点布局优劣势分析　　　　　　　　　　　　表 2-8

类型	优势	劣势
第 I 类	生活空间位于北侧，生产空间位于南侧，居住建筑坐北朝南，可随时观察牲畜情况	居住建筑位于最北侧，冬季室外生活空间微气候环境较差
第 II 类	居住建筑位于最南侧，冬季室外生活空间微气候环境相对较好	不利于观察牲畜动向，夏季对生活空间空气质量有一定影响
第 III 类	居住建筑位于西侧，冬季有利于争取太阳辐射	不利于观察牲畜动向，夏季对生活空间空气质量有一定影响
第 IV 类	居住建筑位于东侧，内蒙古冬季多西北风，有利于营造冬季室外生活空间气候环境	不利于观察牲畜动向，夏季对生活空间空气质量有一定影响
第 V 类	居住建筑位于中间位置，便于照顾两侧牲畜	生产空间分散，储草料空间只能兼顾一侧生产空间，另一侧相距较远

半开放型定居点类型及布局图　　　　　　　　　　　　表 2-9

类型	布局类型图		
	"V"字形	"L"字形	"U"字形
有挡雪墙			
无挡雪墙			

围合垂定居点类型及布局图　　　　　　表 2-10

"一"字形	"口"字形	"L"字形

　　通过调研发现，定居点无论采月何种布局形式，各部分空间功能垃比较类似，总体上空间分为生活空间和生产空间。生活空间以居住建筑为核心，其他空间围绕居住建筑设置，主要包括居住建筑、储物空间、燃料存放区、垃圾堆放区、水井或存水区；生产空间以牲畜圈棚为核心，围绕牲畜圈棚设置草料存放区、饮水区、青贮窖等。牧居定居点各空间组成与功能如表2-11所示。

牧居定吉点各空间组成与功能　　　　　　表 2-11

空间类型	组成	功能
生活空间	居住建筑	牧民居主、 活最主要的空间，其他生活空间围绕居住建筑设置
	储物空间	日常生活必需品的存放区，包括生产工具、车辆以及生活中需要的其他用品
	燃料存放区	牧民生活所需燃料存放区，主要包括煤炭、牛粪砖、羊粪砖等燃料
	垃圾堆放区	牧民生活产生的垃圾存放区
	水井或存水区	生活生产水源，根据各地区地下水情况各有不同，地下水位较浅地区每户一般均会有水井，地下水不充足地区会设置存水井，存水井一般会与生产用水合用
生产空间	畜棚圈	畜牧业生产最主要的空间，包括畜棚和畜圈两部分，马、牛、羊的畜棚圈均独立设置
	草料存储	畜牧业生产主要的空间之一，一般独立设置，为了便利，往往与牲畜棚圈相邻
	青储窖	青贮窖是牧区常用的一种贮存草料的方式，通过对储存新鲜的草、秸秆进行微生物发酵，达到长期保存其青绿多汁营养特性之目的
	饮水区	畜牧业生产主要的空间之一，供牲畜饮水，地下水不足地区经常与存水井联合设置

2.2.3　居住生活系统特征

　　草原牧居生活系统由居住建筑、生活辅助空间、能源资源系统等构成，由于牧区地域环境、生产方式、民族文化、气候资源、经济状况等因素与北方农村地区有很大差别，因此形成的生活系统也具有明显差异。

1. 居住建筑特征

游牧时期，蒙古包是内蒙古草原最具有代表性的居住建筑，伴随草原游牧文明延续了 3000 余年。从 20 世纪 50 年代开始，牧民从游牧走向定居，固定住宅由此产生，经历了 60 多年的发展，如今内蒙古草原上形成了以固定住宅为主、移动住宅为辅的居住方式，有些地区采取"轮牧"的形式，固定住宅所在地为冬营地，移动住宅是夏营地的主要居住空间，冬季运回冬营地作为辅助用房。

（1）建筑年代

抽样调查的居住建筑中，发现现存固定住居大部分建于 1970 年以后，移动牧居仍以传统蒙古包为主，各年代典型牧居调研情况如图 2-4 所示。蒙古包在牧区仍然存在，但应用比例较低，而且这些蒙古包均不是主要的居住建筑，有些牧民会选择夏季居住，但大部分时间是作为牧居中的辅助用房，有轮牧需要的牧民夏季会将蒙古包转移到夏牧场，冬季安装在冬营地，调研过程中发现有的牧民由于生活习惯原因，冬季也会选择在蒙古包中居住。大部分地区的固定建筑建造年代均以 1991~2000 年期间最多，1990 年以前的建筑相对较少，2010 年以后新建住宅大部分是因为当地政府有补助政策，由于政策的激励，一些牧民选择新建住房，在没有政策的情况下，牧民很少选择新建住宅，这与近年来农村牧区人口的急剧减少及老龄化有关。

传统蒙古包	1974 年建	1980 年建
2016 年建	2004 年建	1998 年建

图 2-4　各年代典型牧居调研情况

（2）建筑风貌

草原牧区以蒙古族牧民为主，几千年来形成的蒙古族居住文化在当代草原牧居中仍然具有明显的民族特征，且这些特征也在不断地发展和演变，草原牧居建筑风貌特征如表 2-12 所示。

表 2-12a 是将传统蒙古包与固定住宅、生产空间结合的方式，这类方式在内蒙古草原牧区比较常见，大多数蒙古包冬季作为辅助用房，夏季作为牧民转场使用，随着供暖技术的不断改进，有些牧民冬季也会选择在蒙古包中居住。有些牧民认为蒙古包冬季舒适性差，自发地进行改进，如表 2-12b 为牧民自发改进的蒙古包，从中可以发现牧民的蒙古包情节，但由于缺乏相应技术指导，改进的蒙古包并未达到理想效果。表 2-12c 为设计人员介入的牧居建筑，这些实践引发了很多专业人士的争论，但总体来说实践仍然过少，需要更多专业人士的不断尝试。

草原牧居建筑风貌特征　　　　　　　　　　　　表 2-12

牧居形式	代表图片		
（a）传统蒙古包与固定住宅结合			
（b）牧民自发改进的蒙古包			
（c）设计人员介入的当代牧居			

（3）建筑形态

草原牧区居住建筑按平面的组成形式分类，可以分为独立型和联排型。联排型的住宅占比较大，这与北方农村地区的住宅有很大差别。北方农村村落布局比较紧凑，宅基地面积有限，建新房时大部分村民需拆除旧房再建新房，因而北方农村地区多为独立式住宅。牧民分散居住，土地面积充足，在建新房时选择的不是拆除，而是紧邻原有建筑建设新房，形成很多联排型住宅。联排型住宅的形成又可分为两种方式：一种是在不同年代建设住宅，各年代住宅连接而成联排型住宅；另一种方式是在一块基地上同时建设住宅，供两户牧民使用，两户一般是父与子或兄与弟的关系。联排型住宅减少了与大气直接接触的外墙面积，对于降低建筑能耗有很大的促进作用，同时牧民采用这种不断生长的方式建设住宅，可以增加使用空间，不断丰富住宅功能。

草原牧区固定住宅平面多为矩形，室顶最常见的是坡屋顶，平屋顶主要在西部地区。坡屋顶具有良好的气候适应性，冬季有利于排除屋顶的积雪，室内吊顶形成空腔，从而降低室内供暖能耗。移动住居蒙古包平面为圆形，墙体为圆柱形，屋顶为圆锥形，框架的三个主要构件套脑、乌尼杆、哈那片材料均为木材，相互搭接形成网壳结构。网壳结构使蒙古包成为可变形体的建筑，冬季将哈那收缩，蒙古包变得瘦高，可减小风压和减少屋顶积雪。牧区住宅的体型系数一般较大，独立型住宅体型系数均在 0.60 以上，蒙古包的体型系数达到 1.18。草原牧区居住建筑朝向以南向、东南、西南朝向为主。东南朝向的住宅最多，其次为南向、西南向。位于山地的牧居有东西朝向的住宅，但是比例较低，很少有朝向北、东北、西北的住宅。

（4）平面布局

牧区住宅分为固定住宅和移动住宅，其中移动住宅——蒙古包是最传统的居住方式，传统蒙古包从空间上没有明确的物理分区，但从几千年形成的居住文化中，蒙古包内部各区域功能有明确的划分。牧区固定住宅发展的时间较晚，建筑方式多为向附近农民学习，因此建造方式、平面布局与北方地区农村住宅相似。牧区住宅平面布局发展可分为三个阶段：第一个阶段为20世纪50年代定居后建立的住宅，住宅一般为两开间或三开间；第二阶段从20世纪90年代开始，新的住宅形式兴起，平面布局逐渐丰富，功能逐渐细化；第三阶段为2010年以后，政府资助牧民建设了很多节能型住宅，一般为两开间，厕所等功能开始在牧区住宅出现。通过对草原牧区住宅抽样调查，发现现有住宅主要为两开间和三开间，典型牧区住宅类型、特征及平面图如表2-13所示。

典型牧区住宅类型、特征及平面图   表 2-13

类型	特征	住宅图片	平面图
I	1974年建，三开间，设内门斗，62m²		
II	1985年建，四开间，库房单独设置外门，89m²		
III	1998年建，三开间，设外门斗，76.4m²		
IV	2004年建，三开间，一明四暗，78m²		
V	2016年建，两开间，一明两暗，设置厕所，政府投资节能房，49.8m²		

住宅功能包括卧室、厨房、客厅、储藏间、阳光间、厕所等，其中室内厕所仅在 2015 年以后建设的住宅中出现。大部分地区住宅均设阳光间或门斗，2000 年以前建设的住宅一般为后期增设，2000 年以后建设的住宅一般同时设置，门斗大部分为外门斗（住宅Ⅲ），有些住宅对入口内部进行分隔（住宅Ⅰ），形成内门斗。阳光间可以充分利用太阳辐射，对于应对草原寒冷的气候比较有利，同时设置阳光间也可增加住宅的使用面积。牧区大部分住宅面积在 100m² 以下，即使是面积较大的住宅，冬季主要使用的房间面积也仅在 40m² 左右，主要原因是牧区家庭人口较少，需要的使用面积不大，同时冬季采暖需要消耗大量的能源，大部分牧民仅对主要活动空间进行采暖。

（5）围护结构

围护结构主要包括墙体、屋顶、门窗、地面等部分，围护结构的优劣直接影响住宅的能耗和室内热环境。草原牧区固定住宅的结构形式主要包括土木结构、土坯 + 砖木结构、砖混结构。

①外墙

按照牧区住宅的结构形式划分，主要以土木结构墙体和砖混墙体为主。土木结构住宅外墙材料为生土，建造过程有两种方式：一种是土坯房，土坯选用黏性较大的黏土与秸秆（牧区一般用养草）和成泥，利用模具将泥做成土坯，土坯晾干后像砌砖一样垒成土墙；另一种方式是土打墙，采用木板做成砌筑墙体模板，将泥灌入模板，用夯锤夯实做成土墙。土墙的厚度一般为 490mm，内外墙几乎同等厚度。房屋建成后，在土墙外表面再抹上一层泥作为保护层，由于雨水的冲蚀，墙面很容易脱落，因此每隔 3~5 年需对外表面进行一次处理，冲蚀后的墙体如图 2-5 d 所示。目前，牧民常对仍在居住的土房进行抹灰处理，如图 2-5e 所示，可以增加墙面的耐久性。土坯墙具有较好的隔热性能，经测试 490mm 的生土墙传热系数为 0.65，且墙体有很好的蓄热能力，室内热舒适性较好。砖混墙体是当前草原牧区固定住宅最主要的形式，砖混结构的墙体材料为实心或空心黏土砖，2005 年以前的住宅主要采用实心黏土砖，2005 年以后建的住宅开始使用空心黏土砖。各区域采用的墙体材料比例相差不大，其中西部地区样本土墙比例与其他区域相比较大。常见的砖混墙体为 370mm 厚砖墙，部分住宅采用 490mm 厚墙体，其中内蒙古东部地区较多。有些牧民对土木结构住宅进行了墙体和屋顶改造，在外墙周围增加 120mm 厚砖墙，既防止土墙受风雨侵蚀，对墙体保温也有一定的作用。牧区住宅从 2005 年开始，新建住宅采用空心黏土砖，既节省了材料，又增强了墙体保温性能。随着经济的发展，牧民对室内热舒适要求越来越高，保温墙体在牧区得到快速发展。新建住宅均对墙体采取保温措施，有些牧民自行对既有住宅墙体进行节能改造，采取措施包括：在墙体外侧或北墙增加 120mm 厚空心黏土砖，外墙增加保温层，常见保温材料有聚苯板、保温砂浆等。

②屋顶

牧区固定住宅屋顶主要为坡屋顶，坡屋顶构造形式由内到外包括吊顶、保温、屋架、望板、防水、瓦片等，根据建筑年代屋顶形式有很大区别。屋顶的承重结构为屋架，根据调查样本，屋架分为木屋架和钢屋架，草原牧区住宅以木屋架为主。木屋架屋顶的构造由内到外包括吊顶、木梁、檩子、椽子、苇笆片、草泥、防水、瓦片。调研发现，牧区住宅屋顶除近年新建房屋外均不设保温层，屋顶草泥相当于土墙，有一定的保温作用。近年来有些牧民虽然对住宅墙体进行保温处理，但由于屋顶保温相对复杂，改造墙体时并未考虑改造屋顶，因此虽然有的住宅墙体保温性能较好，但由于屋顶的耗热量大导致室内热环境改善效果仍然不够理想。此外，牧区近年来新建住宅还有钢屋架、现浇混凝土等形式，这些结构形式从住宅安全性、保温性能方面虽有优势，但是由于在牧区发展时间较短，因此在抽样调查的样本中所占比例很小。

| (a) 土木结构 | (b) 土木＋砖混结构 | (c) 砖混结构 |

| (d) 侵蚀的土墙 | (e) 抹灰后的土墙 |

图 2-5　土木结构房屋

③门窗

　　草原牧区住宅外门、外窗类型包括木门窗、钢门窗、塑钢门窗等，牧区住宅外门窗类型如图 2-6 所示。牧民根据门窗位置不同会选择不同的门窗组合形式，包括全木门窗、全钢门窗、全塑钢门窗、塑钢窗＋木门、钢窗＋木门等，组合形式的出现是由于牧民考虑经济原因，更换门窗时是有选择性地进行更换，而不是全部更换。牧区住宅各类窗的比例不断变化，目前已从木窗、钢窗快速地向塑钢窗过渡。当前牧区住宅中塑钢门窗已经是占比最多的外窗形式，其中除近年来新建住宅采用塑钢门窗外，大部分牧民对住宅外窗进行了更换，因此牧区住宅中木窗、钢窗等形式正在逐渐减少，牧民选择更换门窗的原因包括：一是出于节能保温的考虑，原有木窗或钢窗密封、隔热性能较差，导致室内温度过低；二是出于美观的考虑，随着牧民生活水平的提升，牧民对居住环境要求越来越高，更换门窗可以获得更好的采光和卫生条件。牧区住宅外门是牧民改善住宅环境首要考虑的内容之一，当前外门类型以塑钢门和铁皮木门为主，原有的木门正在逐渐减少，近年来新建的住宅中又出现了金属保温门等形式。

　　门窗缝隙冷风渗透和冷风侵入是影响建筑能耗的主要因素，通过更换节能型门窗能大幅度降低门窗缝隙冷风渗透耗热量。牧区住宅多为矩形平面，出入口设置在客厅等人员主要活动空间，出入口冬季冷风侵入能迅速带走室内热量，因此牧民对出入口均会采取保温措施，如增设棉门帘、门斗、阳光间等，如图 2-7 所示。门斗的形式包括外门斗、内门斗，外门斗又包括正门斗和侧门斗，门斗主要作用是减少冷风侵入，面积一般较小，抽样调查的住宅中，外门斗面积在 5m² 以内。牧民现在选择最多的形式是阳光间，阳光间除减少冷风侵入外，还可以增加建筑的使用面积，如图 2-7f 所示，可以在阳光间内晾晒衣物、存放日常用品等，阳光间的进深一般在 1～2m，面积在 8～20m²。门斗和阳光间的材料与门窗类似，旧式的阳光间材料主要为钢框架、铝合金框架，顶部采用石棉瓦、彩钢瓦等。新型阳光间采用塑钢框架，屋顶采用阳光板、PC 瓦等材料。

(a) 双层木门	(b) 铁皮木门	(c) 塑钢门	(d) 金属保温门
(e) 单层木窗	(f) 双层钢窗	(g) 钢 + 塑钢双层窗	(h) 塑钢窗

图 2-6　牧区住宅外门窗类型

(a) 外门斗	(b) 侧门斗	(c) 内门斗
(d) 旧式阳光间	(e) 新型阳光间	(f) 阳光间内部空间

图 2-7　牧区住宅保温措施类型

④地面

草原牧区现有住宅的地面做法一般为先将素土地基进行平整、夯实，利用水泥砂浆找平，面层包括实心砖、水磨石、瓷砖等。调查的住宅中，并未发现对地面进行保温的住宅，因此地面的热工性能需要改善。

2. 采暖与能源消耗特征

（1）采暖方式

按照草原牧区移动建筑和固定建筑进行分析，蒙古包的采暖方式主要为火炉，火炉的布置方式分为两种方式：一种方式为烟囱从蒙古包地下排到室外，再由连接在室外的烟囱排出，火炉可以布置在蒙古包中间或侧面，如图 2-8 a、c、d 所示，这种方式对于蒙古包的密闭性比较有利；第二种方式为火炉居中设置，烟气通过伸出套脑的烟囱排除，如图 2-8 b 所示，这种方式在蒙古包顶部需留出烟囱出口，出口处会有很大的缝隙，如图 2-8 e 所示，位于顶部的开口会导致室内热量快速的散失。由于蒙古包面积有限，火炉工作过程中产生的烟气会有一部分直接排放到室内。因此，蒙古包采暖期间室内空气质量及卫生条件均较差，蒙古包的采暖是有待研究的课题。

（a）烟囱侧出供暖方式	（b）烟囱直出供暖方式
（c）室内火炉	（d）烟囱侧出室外接口 （e）烟囱直出室外接口

图 2-8 蒙古包供暖方式

草原牧区固定住宅采暖方式按照热源均属于局部采暖，调查过程中未发现集中供暖方式。采暖设备主要包括火炉、火炕、火墙、土暖气、电暖气等，牧区采暖属于间歇式采暖，采暖时间与牧民炊事、作息时间同步，一般为 6：00 ~ 8：00 点开始供暖，20：00 左右停止供暖。固定住宅的热源包括火炉、锅灶、土暖气，散热设备包括暖气片、火炕、火墙等，如图 2-9 所示。火炉既为热源，同时也是散热设备，因为火炉点燃后房间温度能快速上升，在面积较小的住宅目前应用仍然比较广泛。火炕是草原牧区最主要的采暖设施，炕面是火炕系统的末端，热量来自锅灶，牧民在炊事过程中产生的烟气通过炕洞对炕面进行加热，通过炕面将热量传到室内。炕面一般用土坯或砖垒出烟道，铺上石板再抹上一定厚度的草泥，因此炕面具有很好的蓄热能力。

牧区住宅夜间的热量主要来自于火炕　火炕是草原牧区必不可少的设施。土暖气在牧区住宅中的应用有逐年增加的趋势，新建住宅中均会采用家用暖气系统，有些牧民也对原有采暖方式进行改造，将火炉升级为暖气系统。有的牧民将火炕与土暖气结合，将连接锅炉的热水管路围绕炕面敷设，热水管上铺满细沙，炕面温度会更加均匀。

| (a) 火炉 | (b) 锅灶 | (c) 土暖气 |

| (d) 火炕 | (e) 铺设热水管的炕面 | (f) 暖气片 |

图 2-9　牧区住宅供暖热源及末端

（2）能源消耗

牧区住宅能源消耗主要是采暖能耗　牧区采暖或炊事使用的燃料包括煤炭、牛粪砖、羊粪砖等，如图 2-10 所示。草原牧区具有大量的牛粪砖、羊粪砖，自古以来牛羊粪砖就是牧民最主要的燃料，是牧民生活中不可缺少的一部分，在草原上也随处可见。调研发现，几乎每户牧居均有储藏牛羊粪的空间，牛粪属于生物质能，是可再生能源，燃烧的产物 C、N、S 等元素含量低，燃烧后对大气环境的影响相对煤炭要小。但是，近年来牧民冬季采暖主要燃料为煤炭，每户耗煤量约在 3～5 吨，牛羊粪的使用量在逐渐减少，调研发现有些牧民家里积存了大量的牛粪，如图 2-10 c 所示。牧民选择煤炭作为燃料有两方面的原因：一是牛羊粪的热值较小，牧区住宅能耗一般较高，在寒冷的冬季，牛羊粪作为燃料很难满足室内热量需求；二是燃烧牛羊粪会产生大量的炉灰，燃烧时需要及时清理，同时燃烧牛羊粪产生的灰尘对室内空气质量及卫生有一定的影响。

草原牧区能源除传统能源外，风能、太阳能的应用也比较多，牧区对太阳能、风能的应用从 20 世纪 90 年代开始，主要设备包括风力发电、太阳能光伏发电等，虽然经过了近 30 年的应用，但是目前牧区应用太阳能还仅停留在发电阶段，且电力仅能满足日常的照明需求。草原有丰富的风能与太阳能资源，除了发电以外，太阳能热水采暖、风电采暖具有很好的前景，目前在草原牧区已有示范项目。

（3）水资源应用特征

草原牧区用水包括生活用水和生产用水，生活用水主要供牧民生活所用，生产用水主要为牲畜饮水，牧区采用生活用水和生产用水合用的供水方式，因此本节对牧居整体用水特征进行分析。根据调查发现，牧区最高日用水量与《村镇供水工程设计规范》SL 687—2014 规定设计用水量基本一致，牧区居民生活最高日用水量为 20 ~ 40L/ 人·天，大牲畜马、骡、驴、牛最高日用水量为 40 ~ 60L/ 头·天，小型牲畜羊最高日用水量为 5 ~ 10L/ 头·天。牧区用水量以生产用水为主，根据生产规模不同用水量有很大差别，如 300 只羊、10 头牛的牧户日用水量为 1.96 ~ 3.68t/ 天，日用水量较大。游牧时代，牧民随季节"逐水草而牧、逐水草而居"，用水主要来源于河流、湖泊，牧民定居以后，由于各区域水资源有很大差异，因此牧民用水条件各有不同。

由于近几十年草原上湖泊、河水越来越少，地表水以各地兴建的水库为主，这些地区牲畜饮水来源于地表水，生活用水来源于水井，有些牧户仅能在夏季轮牧时用到地表水。地下水是牧居用水最主要的方式，所有牧户均需用到地下水，根据各地区地下水位情况，牧居用水包括两种情况：一种是地下水位较浅，牧民采用压水井或水泵抽水的方式取水，如图 2-11 a~c 所示，这些地区用水比较方便；第二种是地下水位较深，不具备每户打井的条件，牧民需到很远的地方运水，这些地区几乎每户均有图 2-11d 所示专用水车，取水距离从几公里到几十公里，运水费用每年约 1 万元，水运回牧居后，夏季存放在水车内直接使用，冬季需存放在储水窖内，由水泵提取使用，如图 2-11e 所示。

（a）羊粪砖　　　　　　　　（b）煤炭　　　　　　　　（c）牛粪垛

图 2-10　牧区主要的燃料类型

（a）压水井　　　　　　（b）水泵取水井　　　　　　（c）太阳能水泵取水井

（d）运水车　　　　　　　　　　　　（e）储水窖

图 2-11　草原牧区水源获取方式

　　牧区由于居住分散，整个嘎查集中供水很难实现，牧民根据自家情况自行供水，生活供水方式包括：通过人力提水；铺设水管进入室内，由水泵或水车供水；自建水塔供水。牧区供水方式及设备如图 2-12 所示，水管的敷设方式有两种：一种是直接穿墙型水管，这种方式一般与水车配合使用；另一种是埋地型水管，由室内埋地连接到水井或水塔。供水的动力设备包括水泵、自建水塔、压力水罐、水车等设备，其中使用最多的方式是直接采用水泵供水的方式，这种方式室内一般有较大容积的储水设备（水缸），水缸内水用完时启动水泵补水，这种方式冬夏季均可使用；水车和水管连接，靠水重力可直接向室内供水，这种方式受季节限制，冬季不能使用；自建水塔、压力水罐等方式目前在牧区应用较少，前者一般被生产规模较大的用户采用，后者在牧区是新型设备，近年来牧民才开始接触。

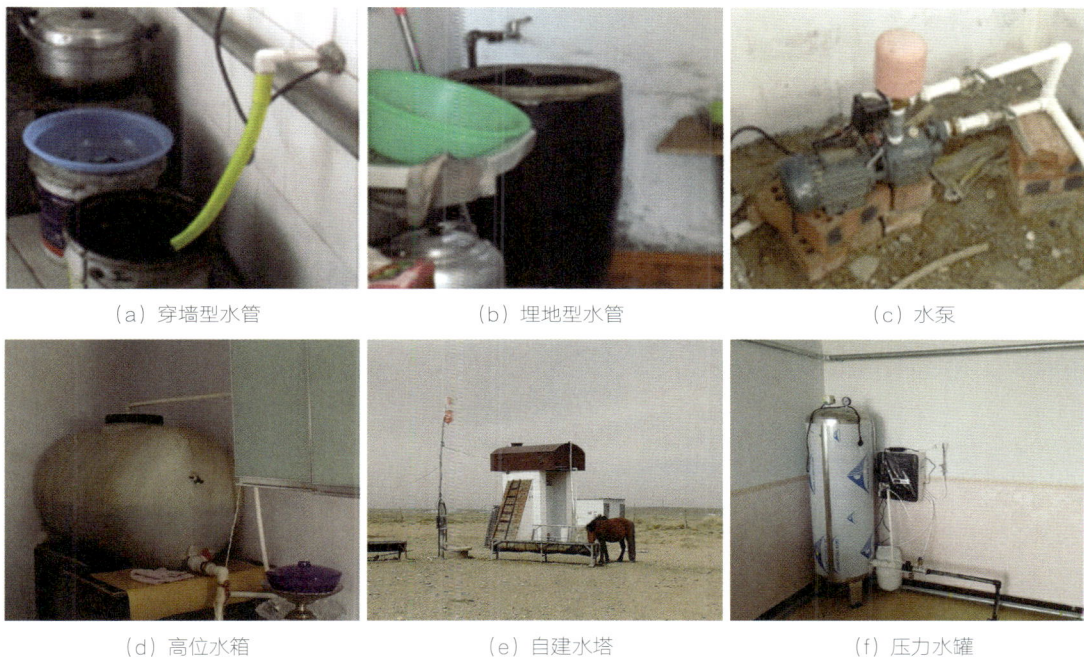

| (a) 穿墙型水管 | (b) 埋地型水管 | (c) 水泵 |
| (d) 高位水箱 | (e) 自建水塔 | (f) 压力水罐 |

图 2-12　牧区供水方式及设备

2.2.4　牧业生产系统特征

　　牧业生产系统是草原牧居另一个重要组成部分，空间面积是生活空间的 3 ~ 5 倍，生产系统受畜牧业规模、地域环境、气候环境、经济状况等因素影响，形成的生产空间有很大差异，但从空间功能上主要包括牲畜圈棚、生产辅助空间与设施两部分。

1. 牲畜圈棚

　　游牧时期，草原牧区大部分地区牲畜是有圈无棚，牛羊圈是利用苇笆、柳条等做成围栏围合而成。定居以后，牧区开始设置专门的圈棚，圈棚经过几十年的发展，技术手段不断更新，空间功能不断丰富，生产辅助设施随着新技术的发展也在不断进步，极大地提高了生产效率。牲畜习性各有不同，各类牲畜圈棚须分开设置，因此牧区牲畜卷棚一般包括羊圈棚、牛卷棚、马驴圈棚。当前畜牧业生产中以牛羊居多，牧居中最常见的圈棚为牛羊圈棚，本节对牛羊卷棚进行分析。

（1）形式与布局

牲畜棚圈包括畜棚和畜圈两部分，畜棚可以帮助牲畜抵御严寒的气候，畜圈主要作用是限制牛羊的活动范围，畜棚和畜圈一般结合设置。根据定居点的布局形式，棚圈的布局有明显区别：开放型定居点的牛羊圈棚分开设置，面积一般较大；半开放型定居点的牛羊圈棚一般联排设置，布局比较紧凑；围合型定居点的牛羊圈棚联排布置，面积较小。

①畜棚

畜棚按照围合程度分为密闭型、开放型和半开放型。密闭型畜棚四面围墙与屋顶围合成闭合空间，墙上设置门窗，用于出入和采光，围合型畜棚朝向南或东南，屋顶一般为双坡屋顶，棚内高度一般在 2 ~ 3m 之间，牲畜圈棚类型与统计分析如图 2-13 所示。

图 2-13 a 所示，密闭型畜棚是牧区畜棚的主要发展方向，应用比例逐年增多。开放型畜棚由三面围墙和屋顶围合而形成半开放空间，与畜圈相连，这是自牧民定居以来应用最广泛的畜棚形式，牛羊可以自由地在棚与圈之间活动，开放型畜棚朝向为南向或东南方向，棚顶高度为 1.5 ~ 2m，半围合的围护结构可以抵御冬季草原上西北方向的寒风，开放型畜棚一般为单坡屋顶，坡度倾向圈外，便于排除屋顶的积雪和雨水，如图 2-13 b 所示。半开放型畜棚介于开放型和密闭型之间，由四面围墙和屋顶围合而成，入口方向围墙开口面积较大，适用于大型牲畜，如图 2-13 c 所示，半开放型畜棚屋顶、朝向均与围合型畜棚相同。根据调查样本数据，如图 2-13 d 所示，目前草原牧区牛棚采用半开放型最多，密闭型畜棚应用最少；羊棚采用开放型、半开放型最多，密闭型畜棚应用最少。半开放型畜棚比较适合大型牲畜，密闭型畜棚更适合小型牲畜，虽然目前密闭型羊棚比例较低，但近年来正呈现快速增长的趋势。畜棚按照功能分为普通畜棚和接羔暖棚，普通畜棚一般为开放型或半开放型，主要用途是帮助牲畜抵御草原大风和严寒气候；接羔暖棚一般为密闭型，主要功能为冬季接羊羔使用，冬季接羔是畜牧业生产过程中一项艰苦的工作，牧民需定期观察待产牛羊的状态，暖棚为牛羊生产提供了良好的环境。暖棚除采用密闭的方式外，目前最常见的形式是将朝阳方向棚顶材料采用阳光板，既改善了棚内的光环境，又可以争取太阳的热量，提升棚内温度。由于接羔暖棚的造价较高，目前在牧区应用的比例还比较低，但是其适用性已得到牧民广泛的认可，近年来在牧区正快速发展。

②畜圈

畜圈一般结合畜棚设置，西北侧为棚，东南方向为圈，畜圈的主要功能是限制牲畜的活动空间。畜圈的建设比较简单，仅需设置围墙即可，目前牧区畜圈的围墙根据材料可分为土墙、砖墙、网围栏等，牛羊圈围墙类型如图 2-14 所示。牛圈主要采用土墙或砖墙形式，有些羊圈在土墙、砖墙外围还会增设网围栏，增加羊圈面积，这种方式在开放型布局牧居中经常使用。

牛羊圈棚功能示意如图 2-15 所示，从功能分区角度，羊圈棚功能较多，包括大羊圈棚、羊羔圈棚、接羔房、弱病羊区、喂草料区，辅助空间包括储草区、洗羊池、饮水区等，各牧居根据牧民习惯及空间限制，分区各有不同，但基本包含上述功能。牛棚圈分区比较简单，主要包括牛棚区和牛圈区，牛圈区设置喂草料设施。

（a）密闭型畜棚　　　　　　　　　　　　（b）开放型畜棚

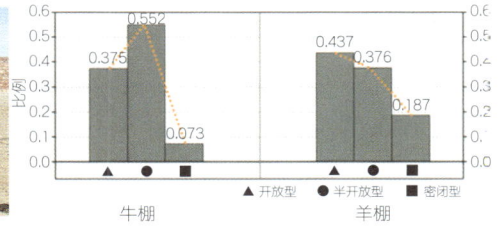

（c）半开放型畜棚　　　　　　　　　　　（d）各类型畜棚统计分析

图 2-13　牲畜圈棚类型与统计分析

（a）土墙　　　　　　　　　　　　　　　（b）砖墙和网围栏结合

（c）网围栏

图 2-14　牛羊圈围墙类型

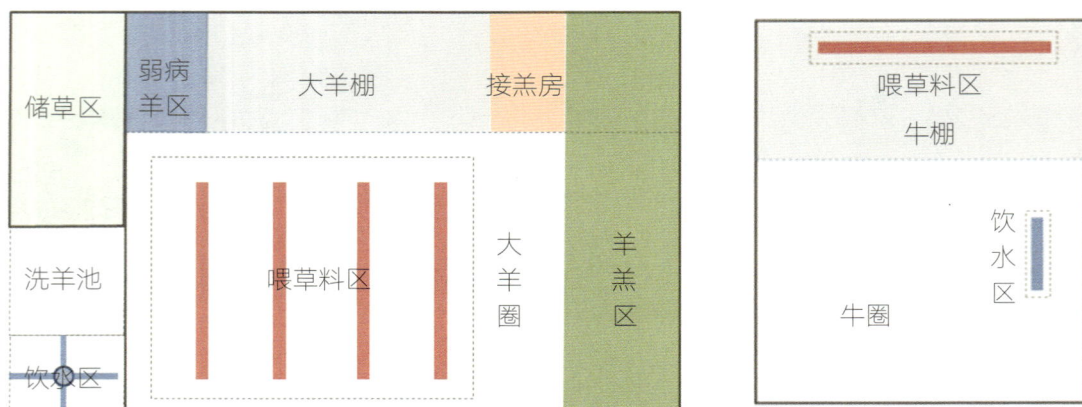

图 2-15　牛羊圈棚功能示意图

（2）结构形式

畜棚的结构形式主要包括土木结构、砖木结构、钢结构。其中，砖混结构最多，土木结构次之，早期的畜棚均采用土木结构，近年来在畜棚的更新过程中正逐步被其他结构形式取代；钢结构近年来在牧区逐渐被牧民所接受。畜棚结构体系包括墙、柱、棚架，围护结构体系包括墙体、窗、棚顶、地面。

①墙与柱

畜棚墙体是畜棚的支撑构件，又是围护结构。墙体类型包括土墙、砖墙、砖土结合墙，因为牲畜对棚内温度要求较低，墙体不需要进行保温处理，且畜棚墙体厚度一般小于住宅墙体，土墙厚度一般为 300mm，砖墙厚度常见的有 240mm 和 370mm。根据采光和通风的需要，围合型畜棚南北两侧墙体需开窗，北侧窗主要作用为夏季通风、冬季封堵，南侧墙体主要作用包括采光和通风，冬季一般不需封堵。畜棚跨度较大，除墙体外还需承重隔墙或柱进行支撑，常见的柱有木柱、砖柱、钢柱等形式。

②棚顶

棚顶一般为单坡棚顶和双坡棚顶，土木结构、砖木结构棚顶的构造形式由内向外包括棚架、望板、草泥、防水油毡或瓦片，钢结构棚顶包括棚架和彩钢瓦。棚架是棚顶的承重结构，根据调查样本，棚架分为木棚架、钢棚架、钢木结合棚架，目前畜棚以木棚架为主，木棚架如图 2-16 a 所示；钢棚架因其简单的结构形式在牧区得到快速发展，如图 2-16 b 所示；但钢结构屋顶的保温性能较差，下雨时产生噪声对牲畜的影响需要进一步研究；钢木结合棚架是比较实用的棚架形式，如图 2-16 c、d 所示，这种形式一般梁架采用钢结构，棚面采用土木材料。

棚面材料常用防水油毡、包括瓦片、彩钢瓦、PC 瓦、阳光板等，如图 2-17 所示。油毡作为棚面材料造价低、施工过程简单，但耐久性较差，每隔 3～5 年需要修缮或更换，早期的畜棚比较常用，目前正逐渐被取代。瓦片、彩钢瓦是目前畜棚采用较多的材料，采用阳光板、PC 瓦材料的棚面基本上是与这两种材料结合。因围合式畜棚采光和争取太阳能的需要，有些畜棚朝阳棚面采用阳光板或 PC 瓦，是目前暖棚建设中较适用的材料，如图 2-17e 所示，有阳光时棚内热环境、光环境均比较舒适。

（a）木棚架

（c）钢木棚架（一）

（d）钢木棚架（二）

（b）钢棚架

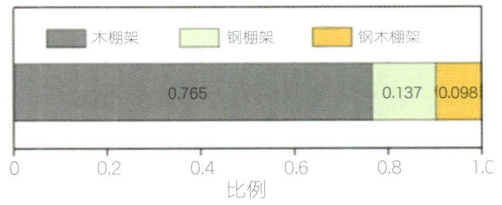

（e）钢棚架类型统计分析

图 2-16　畜棚棚顶结构类型与统计分析

（a）瓦片

（d）PC 瓦

（b）彩钢瓦

（e）透明材料棚内效果

（c）阳光板

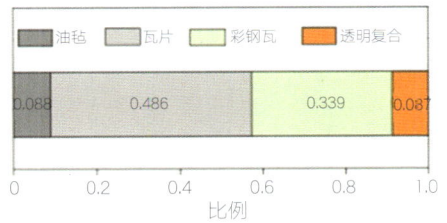

（f）棚面类型统计分析

图 2-17　畜棚棚面材料类型

③地面

调研发现，畜棚地面为土地夯实，夏季羊棚中羊粪需要每天清扫，从入秋开始到第二年开春期间，棚内会积累大量的羊粪，人员及牲畜活动将羊粪踩实，形成约100mm厚的羊粪垫层，可以起到很好的保温作用，开春后将羊粪取出，形成小块羊粪砖，这是牧区非常好的燃料。

2. 生产辅助空间设施

生产辅助空间与设施是生产系统中的重要组成部分，生产辅助空间与设施包括草料存储空间、饮水空间与设施、喂草料设施、洗羊池、羊绒毛修剪设施等，这些空间与设施通常围绕牲畜圈棚设置。

（1）草料存储空间

当前，内蒙古草原牧区的牲畜实行放养与圈养结合制，大部分时间可以放养，每年3~6月各地区根据草场生态及当年雨水情况，会有2~3个月的禁牧期，禁牧期间或寒冷的冬季牲畜一般圈养，因此需要存储大量的草料。秋季牧民在自家草库伦打草、晾干或购买干草储存在储草空间，供牲畜食用。储草空间一般按照生产便利的原则，布置在牲畜棚圈周围，如图2-18所示。储草空间需通过围墙进行围合，常用的围墙包括土墙、砖墙、网围栏等。因干草营养成分低，牛羊从干草中摄取的能量不足以抵御寒冬，目前储青窖是储存青草比较实用的一种方式，如图2-18d、e所示，储青窖是将青草粉碎储存在窖内，通过发酵后在冬季供牲畜食用。储青窖由砖砌筑，水泥抹面，包括地上式和地下式两种，内蒙古草原牧区常用的为地下式，草料粉碎后，封盖进行发酵，使用时通过入口取出。此外，冬季还需储备羊料，主要是玉米，目的也是补充牲畜营养，在冬季食用，羊料也会有专门的存储空间，以储存在库房为宜，地面应架空，防止底层羊料因潮湿发霉。

（2）饲养牲畜设施

饲养牲畜设施包括喂草料设施、饮水设施及其他设施。牲畜喂养是圈养期间一项重要的工作，所需空间面积较大，因此在畜圈设计时应重点考虑，喂草料区一般布置在畜圈中。给羊喂草的方式比较简单，可以直接将草放到羊圈地面上供羊食用，但这种方式会留下很多草根，后续羊圈的清理将增加很多工作量，且容易造成草的浪费。目前喂草一般用羊草槽，如图2-19 a所示，这是牧民比较认可的一种喂草设施，可以减少草的浪费，同时也规范了羊吃草的秩序，对生产规模较大的牧户尤其适用。羊草与羊料设施可以分开设置，亦可结合设置，如图2-19 b所示。牛一般吃碎草，牛槽设置在牛棚内，如图2-19 c所示。饮水是牛羊喂养过程中另一项重要工作，饮水区一般设置在棚圈周边或水井旁，根据牧区水资源应用特征和水源的获取方式，饮水区供水方式包括储水窖供水、水井供水、水桶供水和水塔供水等。牲畜饮水时间冬季一般为14：00~16：00，夏季一般为18：00~20：00，有些缺水地区冬季牲畜两天饮一次水。饮水设施包括水泵、水槽等，冬季水槽剩余的水需做清空处理，供水方式及饮水设施如图2-20所示。除上述牲畜饲养过程中的必备设施外，还包括其他辅助设施，如洗羊池、喂盐石、驱虫室和监控设施等。每年夏季需要进行洗羊，洗羊的目的是驱除羊身上的寄生虫，这是一项比较辛苦的工作，传统洗羊是用人力将羊放入兑好农药的水池中。近年来新的洗羊池开始出现，将羊驱赶通过洗羊池即可完成洗羊，这种方式极大地缩短了洗羊时间，减小了工作量，对养羊规模较大的牧户比较适用。牲畜每隔 1 个月左右需喂盐，传统的喂盐方式是设置专门的喂盐区，铺上青石板，将盐撒在青石上即可。此外，现在牲畜卷棚还安装监控设备，通过监控设备可随时观察牲畜状态，解决了冬季需现场观测牲畜产羔（犊）的问题。总之，随着新设备、新生产空间方案、模式的不断发展，畜牧业生产也正在向自动化、智能化方向发展。

| (a) 储草区 | (b) 储草区（网围栏） | (c) 储草区（砖墙） |
| (d) 储青窖入口 | (e) 储青窖 | (f) 羊料区 |

图 2-18　草料存储空间

| (a) 羊草料槽 | (b) 吃料中的羊 |

(c) 牛槽

图 2-19　喂草料设施

<table>
<tr><td>（a）储水窖饮水设施</td><td>（b）水井饮水设施</td></tr>
<tr><td>（c）水桶饮水设施</td><td>（d）水塔饮水设施</td></tr>
</table>

图 2-20　供水方式及饮水设施

2.3　草原传统牧居的绿色智慧

从草原传统牧居的特征及影响因素可以发现，草原牧居在形成的过程中充分结合了地域、生产方式、气候等因素，主动采取应对措施，充分表现出了牧民利用自然、适应自然的意识和智慧。

2.3.1　游牧的生态智慧

游牧是草原上的牧民根据地域资源、气候条件、季节变化、草场生态情况等而选择的一种生产方式，并由此诞生了游牧文明，迄今为止，游牧仍然是为数不多的以保护生态为前提的生产方式[7]。游牧最主要的特征是"逐水草而牧、逐水草而居"，根据四季的变化选择放牧的地点，春季草原上风比较大，这段时间要找比较背风的地方放牧；夏季天气干热，因此选择高地放牧；秋季需要选择水草丰美、鲜嫩的河边放牧，使牲畜尽可能多地储存应对冬季严寒的能量；冬季则需要选择比较温暖的平原或洼地来度过寒冬。这种放牧方式既符合牲畜生存的规律，也使得草场能够休养生息，符合草原植物再生的规律。

游牧思想是遵循天人合一，注重人与自然和谐共生的可持续发展的思想，游牧方式下的草原牧区生态系统中，人需要的食物来源于牲畜，牲畜需要的能量来源于草原上的植物，人畜产生的废弃物由草地自然消解，生产、居住过程中的材料、设施、能源大部分来源于草原或牲畜，属于零碳运用的过程，形成了零碳排放的生态系统。时至今日，草原牧区的牧民虽已定居，大部分不再具备游牧的条件，但是游牧的生态智慧仍有很多可以借鉴之处，如根据草原植物的生长与再生规律科学地利用草场、结合牲畜的生长规律营建生产设施，将"人—畜—草"平衡的规律贯穿于整个牧居系统的构建中，对于促进草原牧区的可持续发展一定会起到极大的推动作用。

2.3.2　可变的建筑智慧

　　游牧文化促成了游牧居住文化,最具典型的代表是蒙古包。蒙古包是可变的建筑,其可变性主要体现在安装的地点可变、形体可变、大小可变。这些特征,充分适应了地域的气候、资源和生产方式,可变的原理源于蒙古包的结构形式。传统蒙古包围护结构及构件如表 2-14 所示。

传统蒙古包围护结构及构件　　　　　　　　　　表 2-14

蒙古包框架		围护表皮	
框架构件及连接方式	套脑	乌尼杆	哈那片
	套脑与乌尼杆连接	乌尼杆与哈那片连接	
围护构件	墙毡	顶毡	幪毡

　　蒙古包的围护结构包括墙体、门、屋顶、天窗、地面等部分。蒙古包墙体围合为圆柱形,屋顶围合为圆锥形,由框架结构和围护结构组成。框架包括三个主要构件:套脑、乌尼杆、哈那片,材料均为木材,相互搭接形成网壳结构。套脑位于蒙古包顶部,相当于天窗,主要作用是通风与采光;乌尼杆是支撑屋顶的构件,连接套脑和哈那片,一般为圆形或椭圆形的长短一致的细木杆,乌尼杆与套脑、哈那通过卯榫或毛绳连接形成蒙古包圆锥形屋顶;哈那片为墙体结构构件,由细木条相互交叉形成菱形网眼壁架,交叉处打孔,采用皮钉固定。蒙古包围护结构为毛毡,由牧民利用羊毛加工而成,毛毡分为三段:幪毡、顶毡、围毡,毛毡固定一般采用毛绳,毛绳由马鬃马尾搓成。幪毡覆盖在套脑上方,形状一般为正方形,四角各有一根绳子,绳子与

围绳固定,通过绳子可控制套脑开口,从而调节蒙古包的通风与采光。顶毡覆盖在乌尼杆上方,一般为扇形,前后各一片,一大一小,冬季顶毡一般为两层,大小两片相互交错,防止冷风从交错缝隙处侵入,外层毛毡用毛绳固定[8]。

蒙古包的安装地点可变源于其模块化的建构形式,其框架结构与围护体系全部为标准化的模块,细木杆和皮绳形成的哈那片在运输时可收缩,使用时展开,收缩后面积和体积都很小,一辆牛车或一匹骆驼即可运走,两个成年人在 3 小时左右即可完成搭建,1 小时便完成拆卸。

蒙古包的形体可变源于其网壳式的结构形式,哈那片展开后形成矩形,多片围合成圆柱形,与乌尼杆、套脑采用皮绳进行柔性连接,这使得蒙古包成为可变形体的建筑。冬季可将哈那收缩,蒙古包变得瘦高,可减小风压和减少屋顶积雪,夏季将哈那展开,蒙古包边的面积会得到增加。

蒙古包的大小可变也源于其模块化的建构方式,哈那片的多少即可决定蒙古包的大小,牧民当前居住的蒙古包哈那片一般为 4~6 片,蒙古包平面半径为 2~3m,内部空间能满足日常生活需要,1 个火炉可满足牧民冬季采暖及炊事需求。

此外,蒙古包还具备很多的生态特征,如改变其围护毛毡的层数可优化蒙古包的热工性能,在寒冷的冬季,可采用多层毛毡,夏季可采用单层毛毡。毛毡底部及幪毡可开启,夏季根据风向通过开启不同的位置及开口大小调节室内通风,可达到非常舒适的温度。蒙古包使用的材料全部为零碳材料,其框架体系来源于草原牧区的柳木杆,毛毡、毛绳来自牲畜的毛发,其建造过程对生态的影响也微乎其微,地面只需做简单的平整,拆除后植被过一段时间即可恢复。蒙古包在草原上已使用几千年,时至今日,仍有很多牧民选择在蒙古包居住,蒙古包虽然在热工性能、耐久性等方面仍存在一些问题,但其可变、零碳的思想仍可为今日的牧区建筑更新提供很多借鉴。

2.3.3 资源的利用智慧

草原牧区的资源相对匮乏和单一,牧民除了拥有较大面积的草场资源、必备的水资源外,供牧民生活生产直接使用的其他资源较少,在此不利的情况下,牧民经过在长期的生活、生产中不断地挖掘和总结,形成了应对气候、满足生活生产的本土资源利用智慧。

1. 本土建筑材料的应用

从世界各地的传统民居的材料应用可以发现,无论地域资源条件如何,人们总能找到当地仅有的资源,充分发挥其性能,建成适宜地域的建筑。草原牧区可用于建筑的材料非常稀缺,在游牧时期,牧民选择草原上易于获取的细木杆形成蒙古包的支撑骨架,利用牛羊皮制作成皮钉,用以连接细木杆形成网壳结构,利用养毛制作成毛毡,形成蒙古包的外围护体系,利用牛毛制成毛绳对外围护体系加以固定。蒙古包皮钉与细木杆形成的网壳结构,加上细木杆、皮钉本身的弹性,使蒙古包可以应对草原牧区的大风和积雪,毛毡的热工性能与当代常用的聚苯板等保温材料相当,可以抵御草原冬季的严寒。草原牧区定居时期的建筑多为生土建筑,牧民将土制作成土坯或直接采用夯土的方式形成建筑的墙体,在制作土坯或夯土墙时,牧民选择加入山羊毛、驼毛等增加墙体的强度,羊毛、驼毛比干草拉结性能更强。为了提升建筑的热工性能,有些地区牧民将干草做成草砖,敷设在屋顶与吊顶的空腔内,提升屋顶的保温性能,草原上羊草制作的草砖比用农作物制作的秸秆草砖更具有的热工性能，形状也更加容易控制。沙土有时也被用作储热的材料，如有些牧民将热值较大的沙土与土炕结合为室内供暖。从上述材料的选择与应用可以发现，易于获取的材料是牧民的首选，同时也能够充分结合材料固有性能合理地应用到建筑中。

2. 生物质资源的应用

　　草原牧区有大量的生物质资源，主要包括牛粪砖、羊粪砖等。牛粪砖、羊粪砖是草原牧区几千年来用于炊事、采暖最主要的燃料，牧区牛羊数量多，粪便量大，可以充分满足牧民使用，为配合牛羊粪的使用，与之适应的炉灶、火炕、地火龙等方式也相应出现。羊粪除了做燃料以外，还可以在生产建筑中起到很好的保温作用，冬季羊圈一般不清扫，几个月便会堆积到 20cm 左右的厚度，同时养牛的牧民在冬季来临前会将羊圈在牛棚一段时间，使牛棚的地面也形成保温地面，厚厚的羊粪很好地提升了畜棚中地面的温度，有利于帮助牲畜度过寒冬。春季，牧民会将羊粪刃割成类似于土坯大小的羊粪砖，羊粪砖作为燃料具有热值高、燃烧时间长的特点。另外，还可将粪砖砌筑成生产设施的围护结构，如储存干牛粪的粪棚，做法与土坯砌筑的方式类似。剩余的牛羊粪粪沫，可以作为填充定居点附近车辙的材料，定期修复路面。草原牧区对牛羊粪进行了充分的应用，当前随着煤炭等化石燃料的出现，牛羊粪作为燃料在牧区应用量已经在减少，牛羊粪的应用对草原生态系统而言是一个完整的循环，牛羊通过吃草产生牛粪，牛粪燃烧产生的碳排放到大气中，草原植物的再生会吸收空气中的碳，因此这个循环可以看作零碳循环，在国家实施"双碳"战略的今天，其应用价值需要被高度关注。

3. 水资源的应用

　　水在草原牧区除了人的日常生活用水之外，还需要满足牧业生产的用水，生产用水要远远多于生活用水。水资源匮乏是大部分草原牧区需要面对的问题，分散的居住方式也无法进行集中供水，因此，牧民用水只能自行解决。游牧时期，牧民只能围绕天然湖泊、河流、湿地进行放牧。定牧后，牧民需要到每个嘎查固定区域运水。因此，每户需要存储足够的用水，大部分牧民定居点都采用了水窖的方式储水，在提供足够储水空间的同时，也可以利用地窖的恒温特性防止冬季结冰。水的提取多采用太阳能电力水泵的方式，在夏季，有些牧民通过自建的水塔依靠水自身的重力实现自动供水。用水设备传统的方法一般采用当地的石材制成石槽，冬季，有些牧民利用寒冷的气候在饮水的过程中可以自动形成冰槽，用于牲畜饮水。牧民对水资源的运用，是面对缺水现状下无奈的选择，尽可能地采用简单的方式解决用水困难的问题，虽然这些方式在水资源富足的地区看起来微不足道，但在草原牧区，这些方式就是生存的根本。

本章参考文献

[1] 中华人民共和国国家统计局 . 2020 内蒙古统计年鉴 [M]. 北京：中国统计出版社 , 2020.

[2] 王玉华 , 高学磊 , 白力军 , 等 . 内蒙古北方生态安全屏障建设研究 [J]. 环境与发展 , 2019,31(9):202-205.

[3] 李舒婷 , 周艺 , 王世新 , 等 . 2001—2015 年内蒙古 NDVI 时空变化及其对降水和气温的响应 [J]. 中国科学院大学学报 , 2019,36(1):48-55.

[4] 岳晓鹏 . 基于生物区域观的国外生态村发展模式研究 [D]. 天津：天津大学 , 2011.

[5] PETER M. Bioregionalism and Civil Society: Democratic Challenges to Corporate Globalism[J]. Canadian Journal of Political Science/Revue Canadienne de Science Politique, 2006,39(2):440-441.

[6] 王竹 , 项越 , 吴盈颖 . 共识、困境与策略——长三角地区低碳乡村营建探索 [J]. 新建筑 , 2016(4):33-39.

[7] 包庆德 . 游牧文明 : 生存智慧及其生态维度研究评述 [J]. 内蒙古社会科学（汉文版）, 2015,36(1):145-153.

[8] 刘铮 , 巴特尔 . 内蒙古草原传统民居的生态智慧 [C]. 西安：第十五届中国民居学术会议 , 2007.

第3章

草原绿色牧居体系框架

道萨迪亚斯根据人类聚居的人口规模和土地面积的对数比例，将人类聚居系统划分为 15 个单元，可分为三大层次，乡村则属于第一层次——个人到邻里，是小规模的人类聚居。从聚居的类型上，乡村聚居的基本类型有游牧聚居（或称临时聚居）、半游牧聚居（或半永久）、独户永久性聚居（如家庭农场）、复合永久性聚居（或称村庄）、半城半村式聚居（如城乡结合型中心）等 [1]。在此基础上，道萨迪亚斯总结了乡村型聚居依赖自然、规模较小、自然生长、从事种植养殖等基本特征 [2]。

从内蒙古草原牧区的聚居特征可以发现，牧区与乡村的区别是在牧区生活的牧民主要从事畜牧业，草场是生存的根本，因此草场也决定了聚居的规模，相对乡村而言规模更小，也更加分散，经常以独户的形式出现。内蒙古草原牧区的县城是旗县的政治文化中心，主要功能包括政治、文化、医疗、教育等，乡镇是畜牧产品的集散地，大多属于农贸型，依据道萨迪亚斯针对乡村型聚居的分类方式，县城郊区及乡镇属于半城半村式聚居及复合永久性聚居，这些聚居区居民的生产方式已不再是畜牧业。草原牧居研究的重点是分布在乡镇周边的以畜牧业为主要经济来源的草原牧区。随着社会制度的变革，游牧聚居方式在内蒙古草原牧区已基本绝迹，当前的聚居类型主要包括半游牧聚居、独户永久性聚居两种类型。

草原牧区是乡村人居环境的一种特殊形式，"逐水草而牧，逐水草而居"是几千年来我国北方游牧民族的生活方式，这种生活方式形成了独具特色的游牧文明。游牧的生活方式很好地适应了北方草原干旱的气候环境，形成了"人—畜—草"的平衡，保护了北方草原的生态环境。这种游牧的生活方式形成了随生产移动的居住方式，在广阔的草原上随季节和水草在一定范围内迁徙。随着社会的变革，20 世纪 50 年代，牧民开始定居，从而牧区苏木、嘎查、浩特的行政层级及边界开始明确。20 世纪 80 年代，随着"畜草双承包责任制"的实施，牧民开始在自家草场放牧，"游牧"的生活状态开始转为"轮牧"，放牧的地点分为冬营地和夏营地，冬营地有固定的住宅，夏营地以蒙古包为主。根据第 1 章对"草原牧区"的界定，可以将本书语境中草原牧区人居环境定义为："依托草原空间、资源、能源，以畜牧业为主要生产方式的人类聚居场所"。草原牧区人居环境系统的构建应回归到最本质的问题，即"人—畜—草"平衡的"三生"功能的协调问题，应避免单一地从保护生态论生态建设、从改善居住环境论环境建设等错误的观念。

3.1　绿色牧居的概念

草原牧区随着草场边界的明确，形成了半永久或永久性居住和生产单元。单元是指样本中自为一体或自成系统的独立成分，每个学科对单元有进一步的划分，如存储单元、知识单元、动力单元等，在人居环境领域可以是一个聚落，也可以是一栋建筑或建筑的一部分。草原牧居是牧区聚落中的最小单位，以独户或联户的形式形成了牧民的居住和生产单元。

草原牧居的生态绿地系统与人工建筑系统之间存在着能量、物质和信息的流动，其内在的需求是人与自然的和谐共生。绿色建筑的理念是节约资源、保护环境、减少污染，为人们提供健康、适用、高效的使用空间，其最终目标是最大限度实现人与自然的和谐共生[3]。处理好牧区生态绿地系统与人工建筑系统之间的关系是当前牧区发展的症结所在，绿色建筑技术的发展为解决这一问题提供了新思路。

因此，在草原牧居建设的过程中，融入绿色建筑的理念与技术，构建绿色牧居，即是以实现草原牧区生态系统的良性循环为目标，充分利用本土化能源、资源，保护环境、减少污染，为牧民提供环境宜居、文化适应、生产适用、技术适宜的居住与生产空间，最大限度地实现生态、生产和生活系统和谐共生的高质量居住环境。

3.2　绿色牧居系统构成

草原牧居类型主要为半游牧聚居、独户永久性聚居、复合永久性聚居，其构成并不完整，从聚居层级上属于最低层级。按照道萨迪亚斯的人类聚居理论，如果把草原牧居看作一个聚居，整个草场属于这个系统本体，草场上的草地资源、水资源是该系统的基础，牧民的生活、生产均离不开草场的自然资源；住宅及生产建筑是中心部分，牧民对居住舒适性的生理需求，对人际关系、安全、美感等方面的情感需求均需要在中心部分完成，生产建筑及空间决定的生产水平则是生理、情感需求得到满足的基础；道路是循环系统，是牧民与外界联系、沟通的主要通道；敖包属于特殊部分，原是牧民用石头堆成的道路和境界的标志，当前演变成祭祀的载体。草原牧居按照规模有单户、联户等形式，按道萨迪亚斯理论草原牧居的组成如图 3-1 所示。

吴良镛先生在《人居环境科学导论》中将人居环境从内容上划分为自然系统、人类系统、社会系统、居住系统、支撑系统五大系统，同时阐释了人类系统和自然系统是两个基本系统，居住系统和支撑系统是人工创造与建设的结果，任何一个聚居环境中，人居环境科学的五大系统都综合存在，且都有如何面向可持续发展的问题，核心应该是人、自然和社会要协调发展，在研究过程中，对象不同侧重点可以不同。根据草原牧居的组成可以发现，草原牧居从聚居层级上属于最低层级，其构成相对简单，按照人居环境科学的五大系统进行分解，可得出草原牧居系统构成模型，如图 3-2 所示。

草原牧居的自然系统可简单地分解为生态环境和自然资源。自然资源包括植物、水土、气候资源等，自然资源状况密切地影响着社会经济收入、居住质量、人类的生理与安全需求，而自然资源中的植物、水土与生态环境密切相关，生态系统决定着资源的多少及优劣，因此生态系统的良性循环在草原绿色牧居构建中是首先需要解决的问题。居住系统是草原牧居的中心，居住系统的质量受自然资源状况、基础生活设施、经济与文化水平的制约，其核心是满足人类生理、安全、心理等方面的需求，从前文可见，草原上的居住问题是当前亟待解决的另一个重要问题。社会系统可以分解为经济、文化、公共管理和法律，经济是决定居住生活系统最主要的基础条件，草原上经济的主要来源是畜牧业，除了自然资源外，畜牧业还需要生产空间、生产辅助设施的支撑，从社会系统中也可以发现草原生态系统需要公共管理与法律进行保障，这些管理与保障也可以体现在生产活动中。因此，草原绿色牧居构建的第三个需要解决的问题是牧业生产系统如何建立。由上述分析可见，人居环境五大系统在草原牧居中生态环境系统是根本，人类系统及支撑网络进行归并后可通过构建居住生活系统来实现，社会系统在草原牧区中最主要的应是将管理、支撑等融于畜牧业生产方式中，建立牧业生产系统，从而形成绿色牧居"三生"

系统构成模型，如图 3-3 所示。

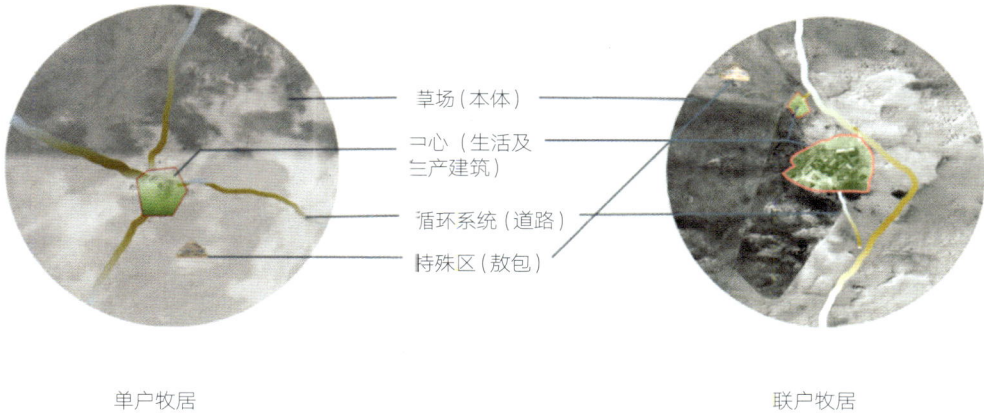

草场（本体）
中心（生活及生产建筑）
循环系统（道路）
特殊区（敖包）

单户牧居

联户牧居

图 3-1　草原牧居的组成

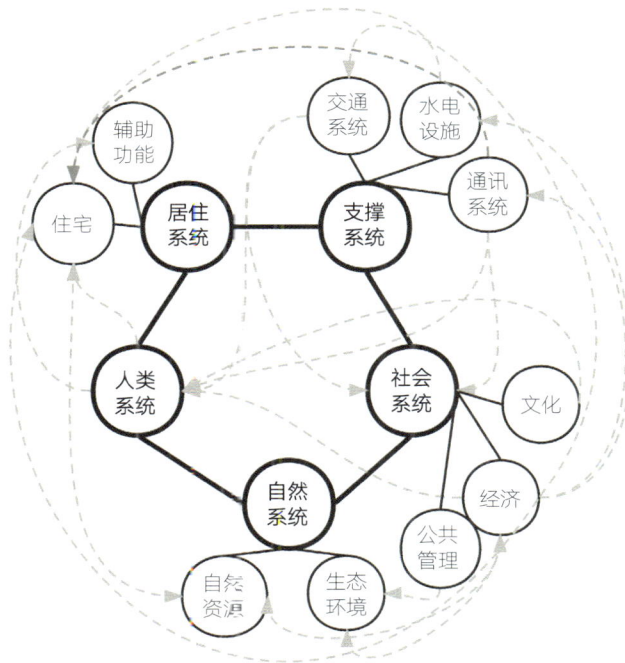

辅助功能
交通系统
水电设施
通讯系统
住宅
居住系统
支撑系统
人类系统
社会系统
文化
自然系统
经济
公共管理
自然资源
生态环境

图 3-2　草原牧居系统构成模型

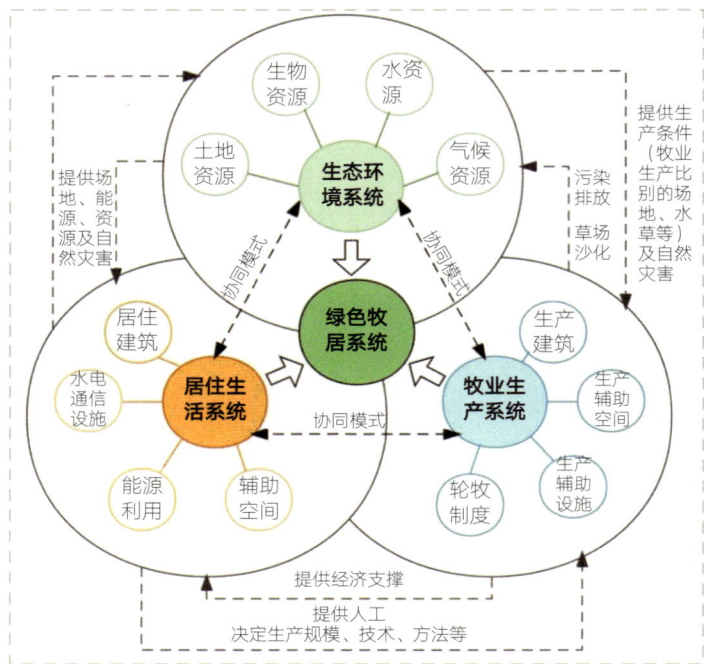

图 3-3　草原绿色牧居"三生"系统构成模型

3.2.1　生态环境系统构成要素

生态环境系统是绿色牧居的核心与基础，它直接影响着生产系统的运转方式与规模，也直接影响着居住生活系统的品质，决定着各系统运转的原动力——能源与资源。内蒙古草原气候严寒多风、干旱少雨，土地多为平原与丘陵，冬季严寒的气候、强劲的风雪流使畜牧业生产难度骤增，干旱少雨与畜牧业生产不合理很容易造成草场快速退化，人员的活动对生态环境系统的影响也非常严重，绿色牧居的生态环境系统应综合考虑草原牧区地形地貌、气候环境、草场资源、牧居风貌、自然灾害等因素的特征，充分利用这些因素的优势，通过设计手段最大化改善生态环境系统，绿色牧居生态环境系统分析如表 3-1 所示。

绿色牧居生态环境系统分析　　　　　　　　　　　表 3-1

子系统	因素	现状	构建思路
生态环境系统	地形地貌	内蒙古草原地形包括平原、丘陵、山地，其中以平原和丘陵为主	合理利用地形，与周围生态环境相适应，综合考虑选址与畜牧业生产的联系
	气候环境	冬季严寒、多雪、多风，昼夜温差大；春秋季风力强劲、干旱；夏季凉爽、降水较少	牧居布局应充分体现气候适应性，利用合理布局改善生活生产空间微气候，居住建筑、生产建筑做好冬季防寒，防止冬季强风、风雪流的侵袭

续表

子系统	因素	现状	构建思路
生态环境系统	草场资源	草场生态差别较大，大部分地区生态相对脆弱，春季最为严重	根据草场生态承载力，通过圈棚严格控制畜牧业规模；结合当地草场、气候现状，有定期休牧计划，休牧匿养期间圈棚应具备圈养功能与设施；放牧期间对草场利用有合理的规划，有明确的"轮牧"规划
	水土利用	水资源匮乏，土质易沙化，土地利用无合理规划	进行绿色牧居整体土地利用规划，合理进行牧居本体、中心、循环系统及特殊区功能划分；结合水资源条件，分类综合利用水资源，充分利用雨雪

3.2.2　居住生活系统构成要素

　　居住生活系统是牧民生活的核心，决定着牧民的生活质量。从前文可见，草原牧区居住生活系统有与自然和谐相宜的生态智慧，但居住舒适性、便利性等方面存在着诸多问题，既有鲜明的文化特征，又面临着何去何从的发展困境。绿色技术的发展为改善牧居居住生活系统的问题提供了非常好的解决思路，绿色牧居居住生活系统分析如表 3-2 所示。居住生活系统包括居住建筑和生活空间，居住建筑主要影响因素包括建筑设计、结构材料、建筑设备、室内环境等，生活空间影响因素主要有布局与功能、基础设施、牧居绿化、室外环境等，能源资源是居住生活系统和生产系统的基础，决定了生活生产的便利性、生产规模、生活方式等，包括商品能源、可再生能源、材料等。构建绿色牧居居住生活系统在遵从相应标准规范的前提下，应结合现状与问题，综合考虑各方面因素，提出改善策略。

绿色牧居居住生活系统分析　　　　　　　　　　　　表 3-2

子系统	构成	要素	现状与问题	构建思路
居住生活系统	居住建筑	建筑设计	◇有特色，但风貌特色传承与发展存在困境； ◇功能布局不合理，不利于当地牧民生活； ◇被动式设计措施不足； ◇围护结构热工性能差	◇采用适宜牧区特色建筑风貌设计，传承更新地域居住文化； ◇结合牧民生活及民族习惯，优化空间布局； ◇充分利用被动式技术； ◇优化围护结构，降低能耗
		结构材料	◇结构体系建设随意，有待规范； ◇就地取材案例较少	◇强化结构设计标准的执行； ◇挖掘适宜牧区本土、绿色材料
		建筑设备	◇供暖设备性能差别较大，传统设备优势有待挖掘和改进，设备的选择和布置随意； ◇供排水设备极不完善，大部分住宅无厕所； ◇受电网限制，用电不平衡	◇充分挖掘改进传统供暖方式，优化供暖设备选用与设计； ◇结合牧区特点完善室内供排水设施； ◇结合电网和可再生能源，优化电气系统

子系统	构成	要素	现状与问题	构建思路
居住生活系统	居住建筑	室内环境	◇能获得很好的通风，炊事期间室内空气质量差； ◇冬季室内热舒适性差，昼夜温差大，湿度低； ◇室内能获得较好采光，日照充足，均匀性有改进空间； ◇大部分住宅有较好声环境	◇改善供暖、炊事设备的排风设施，改善燃料的燃烧效率； ◇充分利用被动式太阳能利用技术，优化住宅围护结构热工能，提升室内热舒适； ◇改善室内光环境，结合节能优化窗地比、窗墙比
	生活环境	空间布局与功能	◇布局差异大，有些布局不利于生活，且与生产系统联系不够； ◇功能单一	◇充分利用地形地貌，优化空间布局，明确功能主次关系
		基础设施	◇供水系统不完善，很多地区需远程运水，无排水设施； ◇草原深处道路系统不完善，雨雪天出行困难； ◇集中供电系统不完善，风光互补发电利用效果有待提升	◇结合水源条件，改善供水系统，充分利用雨雪水，缓解缺水地区用水压力； ◇改善牧区道路体系； ◇充分利用风光发电系统，完善供电设施
		牧居绿化	◇无绿化或绿化仅以天然牧草为主，少乔木； ◇牧居内沙化严重	◇结合草原土壤、气候条件，配置牧居绿化； ◇设置生态通道，明确出行道路，保护牧居内植被
		室外环境	◇室外春、秋、冬季风速大，容易受风雪流侵袭； ◇有很好的声光环境，阴影区较少，不利于夏季室外活动； ◇垃圾处理随意	◇通过牧居生活生产系统的总体布局，合理控制人员活动空间风速，设置阻挡风雪流屏障； ◇优化布局，改善室外微气候； ◇设置垃圾点，垃圾集中处理
	能源资源	商品能源	◇以煤炭为主，大部分地区需到城市采购	◇减少商品能源的应用，充分利用可再生能源
		可再生能源	◇太阳能、风能、低能、地热能、生物质能丰富，利用效果差	◇提升可再生能源利用效果，加强被动式技术利用，主动式从单一的风、太阳能光电利用扩展到光热利用，充分发挥地热能、生物质能优势，开发可再生能源与牧居的集成应用体系
		建筑材料	◇木材匮乏，建材运输成本高	◇开发本土化的绿色建材

3.2.3 牧业生产系统构成要素

牧业生产系统是牧居的重要组成部分之一，是牧民经济收入的主要来源。随着科学技术的不断发展，一些先进的畜牧业生产技术开始在内蒙古草原牧区出现，这些技术主要体现在牲畜圈棚建设和生产辅助设施的更新等方面。但由于经济、观念、技术等原因，整体发展速度缓慢，目前牧居畜牧业生产系统存在最主要的问题是建设随意，未与生活系统综合考虑形成生活、生产便利性很强的系统，绿色牧居牧业生产系统分析如表 3-3 所示。绿色牧居牧业生产系统的构成包括牲畜圈棚和生产辅助空间与设施，牲畜圈棚设计的要素包括畜棚设计、结构材料、空间功能等，生产辅助空间与设施主要为围绕圈棚和畜牧业生产必备的空间与设施，包括草料存储空间、喂草料设施、饮水设施、消毒设施等。

绿色牧居牧业生产系统分析　　　　　表 3-3

子系统	构成	因素	现状与问题	构建思路
生产系统	牲畜圈棚	畜棚设计	◇畜棚多为牧民自行设计，有些圈棚并未结合生活空间综合考虑； ◇功能布局单一，不适合当代畜牧业生产需要； ◇被动式措施考虑不足	◇结合牧居总体风貌、气候条件，与生活空间协调设计； ◇根据当前畜牧业生产技术，优化畜棚功能与布局； ◇结合牲畜特点，充分利用被动式设计手段，做好冬季防寒与夏季通风
		结构材料	◇结构体系建设随意，有待规范； ◇就地取材案例越来越少	◇强化结构设计标准的执行； ◇挖掘适宜牧区的本土、绿色材料
		圈棚空间与功能	◇圈棚空间布局随意	◇根据牲畜饲养特点，以便利性为原则，丰富圈棚功能，合理布置圈棚空间
	生产辅助空间与设施	辅助空间	◇布局随意，不利于生产； ◇功能单一； ◇生产垃圾处理随意	◇辅助空间应结合牲畜圈； ◇棚、生产过程设置，总体体现为生产便利性
		辅助设施	◇设置随意，便利性差； ◇节草料、水措施有待优化	◇辅助设施结合牲畜圈棚； ◇生产过程设置，提升便利性； ◇根据生产过程，采取有效的节草料、节水措施

3.3　绿色牧居构建的原则

内蒙古草原牧区有鲜明的地域特征，绿色牧居的构建应在原有牧居体系的基础上，结合当地自然环境、气候特征、居民习惯、生产方式、经济技术水平，按照"功能协调、技术适宜、地域适应"的原则进行。

3.3.1　功能协调原则

绿色牧居构建时要充分考虑生态环境系统、居住生活系统、牧业生产系统三者的协调关系。主要包含以下三个方面：

1. 生态优先

必须认识到草原生态对牧区人居环境可持续发展的重要作用，对进行牧居整体设计之前，认真评估基地的草原生态状况，依据草场生态承载力，采用利于保护的方式，制定草场利用的空间布局方案。

2. 生产适用

牧业生产既要改变过去掠夺式的草场利用方式，也要避免"禁用"的极端方式，应该结合牧民的生产习惯与需求，根据植被在一个放牧周期内的再生规律，融入现代的放牧理念与先进技术，在草场保护的基础上，形成"禁""放"有度，以"轮"为主的最大化满足、方便牧业生产的方式规划空间布局，合理地设置生产设施。

3. 生活便利

生活建筑与空间的选址要顺应地形地势，合理规划交通路线，减少人员活动对生态的影响，减少生活过程产生的废弃物，并以环境可接受的方式处置废弃物。设计要结合生产空间，主动适应草原牧区寒冷的气候、冬季的大风天气，应对自然灾害，合理利用可再生能源，并从便利性的角度思考定居点布局。

3.3.2　技术适宜原则

绿色牧居选用的技术应以达到保护生态环境，提高能源、资源的利用效率，创造舒适的生活和生产环境为目的。主要包含以下四个方面：

1. 被动优先

充分结合草原牧区气候，合理规划定居点布局，控制建筑的体型、朝向，优化平面布局，充分发挥太阳能被动利用光热的优势。采用良好热工性能的围护结构，充分利用草原牧区的生态保温材料，最大化地减少对主动式能源的依赖。

2. 易于建造

考虑牧区技术水平，最大限度地降低建造的难度，通过适宜的模块化空间组织、模块化建造技术、建筑结构一体化等方式，并考虑建筑的耐久性及建筑空间的可变性，达到节材及提升建筑质量的目的。

3. 低碳用能

以能源"自足性"为目标，最大限度地利用太阳能、风能、生物质能、地能等可再生能源，通过适宜的新能源利用技术，将被动式技术与新能源集成应用，并考虑经济可行性。

4. 循环用水

充分考虑当地水资源的条件，采用节约用水的相关措施，减少水资源的直接浪费，采用适宜的生产生活循环利用用水技术，并考虑技术的经济性及易操作性。

3.3.3　地域适应原则

绿色牧居的构建要充分考虑地域因素，注重文化的传承和发扬，注重传统建筑的技术优势，充分利用本土化的材料。主要包括以下三个方面：

1. 传统文化传承

以牧区几千年来形成的居住文化为主线，在传承牧民居住文化的同时进一步延伸和拓展，构建符合时代特点、具有地域文化的草原牧居，避免千篇一律的现象。

2. 地域技术更新

传统的草原牧居有很多生态智慧，如蒙古包的形体可变、装配方式等，可以结合新时代新牧居的建设需求，将这些传统智慧进行更新，与现有的新技术形成互补，以达到低技术、中间技术、高技术结合的目的。

3. 本土材料应用

结合草原牧区的地域资源，选用隐含能源较低的材料，挖掘本土建筑材料并进行适当更新，解决牧区居住散带来的运输成本高、不方便等问题，以达到减少运输过程中能源消耗的目的。

绿色牧居构建在满足上述原则的同时，还需要关注居民的行为方式，注重引导健康的行为模式和改善室内空间环境的舒适度，按照可持续的发展理念，在不损害后代利益的同时最大化地满足当代牧民的需求。

3.4　绿色牧居的技术框架

绿色牧居在生态环境系统构建方面　主要目标是解决如何充分地利用草场资源，同时又能维持良好的生态环境，持续支撑生产生活系统的运行。居住生活系统构建方面，主要目标是为牧民营造舒适、健康的居住环境，同时减少对生态环境的影响，形成与生产系统的良性互动。生产系统的构建方面，主要目标是为牧业生产创造高效、便利、适用的生产环境，同时减少对生态环境的影响，形成与生活系统的良性互动。

3.4.1　生态环境系统相关绿色技术

生态环境系统包括土地利用、场地环境、草场生态、卫生环境四个方面。土地利用方面应结合地形地貌、气候条件、放牧规律进行定居点选址，同时根据定居点、草场、水源地的关系，选择科学的总体布局方案；场地环境在牧居系统中是生产生活系统共性的、整体性的内容，从技术上主要是为场地创造良好的微气候，应从布局、防风雪设施等方向着重考虑；草场生态方面应该在认真分析草场生态承载率的基础上，结合牧草再生规律，基于科学的放牧方法确定适宜的生态系统布局方案，合理地规划牧道，制定水草保护机制；卫生环境方面应对生产、生活系统产生的垃圾进行分类处理，尽可能采用自然降解的方法处理垃圾，杜绝向生态系统中直接排放废弃物。生态环境系统相关绿色技术框架如表 3-4 所示。

生态环境系统相关绿色技术框架　　　　　　　　　　　　表 3-4

技术分类	技术内容	可应用的绿色技术
土地利用 相关技术	定居点选址 与空间布局	◇充分结合地形、地貌、气候、放牧距离等因素，合理选址； ◇分析牧民规模，结合"轮牧"或"游牧"的放牧方式进行合理布局； ◇充分考虑定居点、草场、水源地的关系，结合牲畜的日行走距离，确定合理的方案
场地环境 相关技术	定居点微环境 营造技术	◇采用被动式技术，充分利用生产建筑、生活建筑及设施优化定居点布局，营造适宜的室外风环境； ◇设置风雪流防控屏障，减少风灾、雪灾对牧民生产生活的影响

续表

技术分类	技术内容	可应用的绿色技术
草场生态相关技术	草场生态保护与利用技术	◇控制畜牧业规模不超出牧居所处草原载畜率上限； ◇基于"划区轮牧"等先进的放牧技术，结合生态、生产、生活系统关键要素的位置关系进行草场的利用规划及放牧通道规划
卫生环境相关技术	垃圾处理技术	◇合理设置生活垃圾存放点，不可降解垃圾采用无害化处理措施； ◇设置生产垃圾分类存放设施，具备牲畜粪便利用的前期处理条件

3.4.2　居住生活系统相关绿色技术

　　居住生活系统的构建是绿色牧居构建的重点，涉及的具体技术也最多。居住建筑方面需要考虑传统民居的传承与发展、牧民需求，从建筑形态、功能布局、围护结构与材料、建筑设备与能源应用、结构与安全等层面入手，合理地采用被动式的设计手段控制体型系数、建筑朝向，优化平面布局，提升围护结构的节能效果，挖掘地域生态建筑材料，提升建筑设备的使用效率及节能率，充分地利用可再生能源，采用基于抗震性能的设计并合理提高建筑的抗震性能。基础设施方面应重点解决储水设施，采取建筑给水的自动化设施、水循环利用技术、排水及简单的处理技术，采用太阳能光伏、风力发电等措施满足建筑电力需求。室内环境方面应满足国家现行的热、光、声、空气质量的相关标准，采用被动式技术，充分利用太阳光热资源，调节室内的光热环境，合理控制建筑朝向，采用适宜的构件，减少因风速过大引起的噪声。道路交通方面应重点考虑与草场的关系、生产空间的关系及公路的关系，并有道路围护的措施，减少对草场的破坏。居住生活系统相关绿色技术框架如表3-5所示。

居住生活系统相关绿色技术框架　　　　表3-5

技术分类	技术内容	可应用的绿色技术
居住建筑营建技术	建筑本体节能	◇优化平面：卧室、起居室等主要房间设置在南侧，厨房、卫生间、储藏室等辅助房间设置在北侧； ◇优化体型：合理降低建筑体型系数，汉式住宅采用矩形平面，利用双拼式或联排式降低体型系数，蒙古包式建筑采用组合形式并优化体型； ◇利用阳光：利用被动式太阳房技术，建筑南向设置阳光间等直接或间接利用太阳能的方式； ◇保温隔热：强化围护结构的保温隔热性能和气密性，优化传统蒙古包毛毡围护方式，探索夯土、模块化等墙体保温构造方式，使用热工性能较好的门窗； ◇蓄热性能：采用大热质建筑材料，增加储热能力，提升热稳定性
	建筑设备节能	◇充分挖掘和改进传统供暖方式，选用新型生物质炉或节能炉合理进行散热器的选择和布置； ◇利用火炕、火墙、地面等形成采暖系统末端，与供暖设施集成，提升室内热稳定性； ◇优化供暖设备选用与设计，利用太阳能采暖技术、风电采暖技术、热泵技术等设备供暖； ◇结合牧区特点完善室内供排水设施，利用水泵、水塔、气压罐等设备实现自动供水； ◇结合电网和可再生能源，优化电气系统，选用节能电气设备

续表

技术分类	技术内容	可应用的绿色技术
居住建筑营建技术	可再生能源利用	◇太阳能被动式利用，包括：阳光间、阳光间与南向外墙形成特朗勃墙体系、石床、屋顶蓄热系统等； ◇太阳能主动式利用，包括：光伏发电系统、太阳能热水系统、太阳能热水、热风采暖（需与地板、墙体蓄热等供暖末端进行集成）； ◇风能主动式利用，包括：微型风力发电系统、风电采暖（需与地板、墙体蓄热等供暖末端进行集成）； ◇热泵技术利用，包括：浅层地源热泵技术、空气源热泵技术； ◇生牧质能利用，利用牛羊粪等燃料，采用生物质锅炉采暖，可与太阳能热水供暖系统互补
	绿色建材使用	◇挖掘适宜牧区本土的绿色材料，优先使用木材、羊毛、夯土等材料
室内外环境控制技术	室内环境控制	◇通过围护结构优化、供暖设备优化创造较好的室内热环境，充分利用太阳辐射，合理地设置开口组织自然通风，提升主要功能房间热舒适； ◇充分利用自然光，合理地控制窗地比、窗墙比，优化室内光环境，控制人员主要活动区的眩光； ◇改善供暖、炊事设备的排风设施，改善燃料的燃烧效率，减少污染物的产生；采用生态装修材料，控制室内空气污染源
基础设施营建技术	水资源利用设施	◇结合水源条件，利用水窖等设施形成室内给水系统，排水与室外绿地结合处理； ◇充分利用雨雪水，建立中水回用设施； ◇利用光伏发电、风力发电等技术，解决水泵用电问题
	供电与通信	◇未供电地区采用太阳能光伏、风力发电等满足建筑电力需求，供电地区可作为电力补充； ◇通过卫星电视、信息网络等通信设施解决通信问题
道路交通设施营建技术	道路系统硬件与围护	◇优先采用硬化或砂石路面； ◇对道路进行有效的维护，防止车辆因道路失修而造成草场破坏

3.4.3　牧业生产系统相关绿色技术

　　牧业生产系统也是草原绿色牧居系统构建的重点之一，包括牲畜圈棚、储草料空间、饲养设施、防疫设施四个方面。牲畜圈棚从圈棚形式、圈棚规模、功能布局、卷棚结构与材料、圈棚热湿环境控制等层面进行营建，圈棚形式上应根据牲畜类型进行选择，结合太阳辐射、冬夏季主导风向、与居住建筑的位置关系等因素确定圈棚朝向，尽可能采用被动式的手段营造出适宜生产的热湿环境，围护结构既要考虑冬季防寒也要考虑夏季通风，合理地设置开口，材料有限地选择本土的绿色建材；储草料空间的营建要充分利用地形、地势，建设发挥土壤恒温作用的储青窖，保存青草养分；饲养设施的营建可以采用利用光伏或风力发电自动供水饮水系统，采取一定的加温、保温或防冻措施，选用具有牲畜自动分流、节省草料的措施饲草料设施，设置智能监控系统，随时观察牲畜动态；防疫设施方面设置具备了羊自行通过即可完成洗羊功能洗羊池，洗羊池设置药水回流区，有效地节约用水及药剂。牧业生产系统相关绿色技术框架如表 3-6 所示。

牧业生产系统相关绿色技术框架　　　　　　　　　　　　表 3-6

技术分类	技术内容	可应用的绿色技术
牲畜圈棚营建技术	被动式技术	◇结合牧居总体风貌、气候条件，与居住生活系统协调设计，充分利用生产建筑、生活建筑、挡风雪屏障等优化定居点布局，营造舒适的生产活动区域，减少风雪的侵袭； ◇利用阳光：控制生产建筑朝向，棚顶设置阳光板等透明材料，争取较多的太阳辐射； ◇根据圈棚功能合理布局，保证产羔区处于阳光充足、温度较高的区域； ◇冬季御寒：保证迎风面围护结构的保温性、气密性，减少热量的散失和冷风的渗透； ◇夏季通风：结合风向合理组织气流，设置迎风面可随时启闭的开口，保证棚内良好的通风
	结构与材料	◇挖掘适宜牧区本土的绿色材料，优先使用木材、夯土、沙袋等材料； ◇采用沙袋、土坯、钢木等结构形式
生产辅助空间与设施营建技术	储草料空间	◇充分利用地形、地势，建设发挥土壤恒温作用的储青窖，保存青草养分
	饲养设施	◇饮水系统利用光伏或风力发电自动供水，采取一定的加温、保温或防冻措施； ◇选用具有牲畜自动分流、节省草料的措施饲草料设施； ◇设置智能监控系统，随时观察牲畜动态
	防疫设施	◇设置具备了羊自行通过即可完成洗羊功能的洗羊池，洗羊池设置药水回流区，有效地节约用水及药剂

从绿色牧居的技术框架可以发现，在绿色牧居的构建过程中，三个系统均有相关的技术内容，其中生态环境系统相对较少，其重点主要是在如何高效地利用草场、保护生态等方面，居住生活系统、牧业生产系统设计的营建技术较多，前文框架仅仅是对相关的绿色技术进行了梳理，并未涵盖所有的技术。在草原绿色牧居构建过程中如何选择适宜的技术，不同的技术人员选择会有很大的不同，但是结合牧居所处的地域、资源、气候、文化等情况，绿色牧居构建中的关键技术应该受到重视。

"三生"功能系统协调是绿色牧居的主要目标之一，这一目标的关键是要处理好"人—畜—草"的关系，同时随着社会的发展和技术的进步，牧民对居住、生活空间物理环境的舒适性，水电通信设施的便利性，空间环境的整洁性均有了更高的需求，这些需求仅依靠传统的营建理念及技术是无法解决的，需要探讨牧区气候、环境、能源、资源及牧民需求的适应性关系，探索符合当地文化、经济、技术特征的绿色牧居营建技术。因此，结合传统牧居的特征与问题、草原牧区的空间分布以及定居点应对气候测试数据等内容，认为绿色牧居的构建应重点解决以下四个方面的问题：

一是草原牧区"人—畜—草"的冲突一直存在，这一关系如何处理一直是困扰社会各界的问题，极端的"禁""封"方式显然不适合牧区的发展，因此"轮""休"应该成为主要的方向。因此，结合草场植被的再生规律，可以采用科学有效的方法（如"划区轮牧"方法），进行生态系统、生活系统、生产系统的统筹与规划，形成良性的循环，才能保障牧区的可持续发展。

二是几千年的游牧生活，使牧民形成了独特的居住文化，虽然测试过程中发现传统的蒙古包很难满足舒适的要求，牧民选择固定住宅居住是在对居住环境提升的前提下的被动选择，因此，对传统民居的现代更新仍然是重要的课题，这一课题解决的着眼点首先就是应对寒冷气候的技术性问题。除建筑本身的舒适性以外，牧民需要很长的时间在室外活动，冬季的风雪对牧民生产生活的影响较为严重，从各种定居点风环境实测可以发现，布局对风环境有较大影响，而这一问题完全可以通过设计的方式得到改善。

三是草原牧居高度分散，距离城市较远，材料运输难，技术水平低都是比较现实的问题，材料的在地解决可以减少运输成本，同时当前建筑工业化的发展为定居点的营建提供了很好的思路，因此需要探讨适宜草原牧区的材料及建造模式。

四是在草原牧区应对气候的一个有利条件是丰富的风能、太阳能、生物质能，可再生能源的应用一方面可以解决化石燃料的远距离运输问题，另一方面也可以与建筑本体形成一体化的模式，按照主动式建筑的理论，使用被动式手段与主动式手段形成互补，从而解决居住的舒适性问题和能源的消耗问题。

本章参考文献

[1]　吴良镛 . 人居环境科学导论 [M]. 北京：中国建筑工业出版社 , 2001.

[2]　梁林 . 基于可持续发展观的雷州半岛乡村传统聚落人居环境研究 [D]. 广州：华南理工大学 , 2015.

[3]　中华人民共和国住房和城乡建设部 . 绿色建筑评价标准：GB/T 50378—2019 [S]. 北京：中国建筑工业出版社 , 2019.

第4章

草原绿色牧居规模与布局

吴良镛先生在《人居环境科学发展的趋势论》中认为新形势下人居环境科学的基本立足点应该是关注民生，"以人为本""安其居　乐其业"是优秀文化传统，是社会科学发展的核心，应该重新思考可能的新模式，推进人居环境的绿色革命[1]。草原牧居的基本特征是牧民生存依赖于自然环境，主要从事畜牧业生产，聚居的规模很小，呈现高度分散的形式，牧居很少经过规划，属于自然生长的过程。随着草原牧区生产方式的变革和绿色建筑技术的快速发展，系统地分析草原牧居"三生"系统构成要素的协同关系，制定适宜草原牧居构建的思路、步骤和方法，才能实现草原牧区人居环境的可持续发展。

4.1　草原传统牧居主要矛盾

牧民收入大部分来源于畜牧业，完全依赖草场资源，因此，草场生态成为牧民生计的重要支撑。以内蒙古自治区锡林郭勒盟为例，牧区旗县面积为 17.95 万平方公里，牧区人口 23.82 万，这是内蒙古地区重要的牛羊肉产地，也是牧民主要聚居区。锡林郭勒草原牧区基本情况如表 4-1 所示。

锡林郭勒草原牧区基本情况　　　　　　表 4-1

旗县	苏木乡镇数（个）	嘎查数（个）	牧民户数（户）	牧区人口（人）	草场载畜量（亩/羊单位）	牧区住房面积（m²/人）	畜棚面积（万 m²）	畜圈面积（万 m²）
二连浩特	1	5	871	2273	29.4	—	2.46	0.47
锡林浩特	4	22	2917	8198	11.7	22.6	73.4	156.31
阿巴嘎旗	6	71	5865	20119	13.1	19.7	101.86	187.6
苏尼特左旗	6	49	564	20192	26.1	20.1	70.09	133.97
苏尼特右旗	6	58	8602	21885	26.2	19.4	63.94	172.9
东乌珠穆沁旗	8	57	8312	32702	12.9	19.2	113.29	586.42
西乌珠穆沁旗	6	93	14139	41829	11.1	22	125.69	244.06
太仆寺旗	1	19	1304	2945	12.5	—	115.02	208.91
镶黄旗	3	60	7043	18718	11.6	34.6	74.34	67.15

续表

旗县	苏木乡镇数（个）	嘎查数（个）	牧民户数（户）	牧区人口（人）	草场载畜量（亩/羊单位）	牧区住房面积（m²/人）	畜棚面积（万m²）	畜圈面积（万m²）
正镶白旗	3	54	11981	26819	11.1	19	128.28	174.59
正蓝旗	5	82	13396	39721	10.1	22.8	150.96	353.35
乌拉盖管理区	1	9	942	2775	10.8	52	38.11	94.69
总计	50	579	80986	238176	—	—	1057.44	2380.42

　　锡林郭勒盟 12 个旗、县、市、区均以畜牧业为主，其中苏木、乡、镇数有 50 个，牧民总户数 80986 户，牧民总计 238176 人。各地草场的载畜量有很大差异，最低的是二连浩特市；其次是苏尼特左旗和苏尼特右旗，草场载畜量均在 25 亩/羊单位以上；乌拉盖管理区、西乌珠穆沁旗、正镶白旗、锡林浩特等的草场载畜量较高，均在 12 亩/羊单位以下。牧民曾经有很强的生态意识，几千年的游牧生活很好地保护了草原生态。自从草原上的"游牧"方式转为"定牧"开始，由于草场的限制及牲畜数量的增长，草原生态破坏越来越严重，部分地区草场出现严重的沙化。草原生态破坏一般从定居点向周围辐射，越靠近定居点生态破坏越严重，生态承载能力越低，典型草原牧区定居点周边沙化情况如表 4-2 所示。

典型草原牧区定居点周边沙化情况　　　　表 4-2

位置	实景图片（同一片草原拍摄）		
牧居内部			
牧居周边			
距牧居较远处			

　　草原生态决定了草场载畜量，牲畜数量决定了牧民的收入水平，长期以来由于过度地追求经济利益，导致草原生态不断恶化，荒漠化不断加剧，湿地资源快速枯竭。进入 21 世纪以来，在政府的干预下采取了一系列保护草原生态的措施，如锡林郭勒盟对全盟草原进行了规划，包括"四区、四带、十二环"，四区是退耕还林还草区、沙地治理区、围栏轮牧区、围封禁牧区，

采取禁牧、轮牧、休牧等措施，以保护草原生态环境。2000 年以来，为解决生态问题，政府也采取了"生态移民"等措施，但这些措施往往顾此失彼，导致生态环境与经济发展之间的矛盾更加凸显，而牧民的居住环境却未得到根本性的改善。

4.2 分散化的牧区聚居模式

牧区的行政层级包括苏木、嘎查、浩特，苏木的行政级别相当于乡、镇，是内蒙古地区介于旗（县）、嘎查（村）之间的行政单位。以锡林郭勒盟为例，苏木的土地面积一般在 1000km² 以上，部分苏木面积达到 3000km² 左右；嘎查的行政级别相当于行政村，嘎查下辖多个浩特，每个嘎查的土地面积在 100km² 以上，有些嘎查的土地面积甚至达到 400km² 以上；浩特是牧区最小的聚居单元，隶属于嘎查，一般以 3~5 户牧民组成一个聚居小组。分散化、小规模是牧区最主要的居住特征，各旗县以政府所在地为中心，形成了苏木以为相对集中的聚落，牧居或以浩特的方式和单独的方式分布在草原各处。本节以位于内蒙古草原中部的锡林郭勒盟阿巴嘎旗为例进行分析，其各苏木（乡、镇）、嘎查（村）基本情况如表 4-3 所示。

阿巴嘎旗各苏木（乡、镇）、嘎查（村）基本情况　　　　　　表 4-3

苏木、镇	嘎查名称	面积（km²）
别力古台镇（旗政府）	巴彦塔拉、阿日哈夏图、恩格尔哈夏图、阿拉坦杭盖、敖伦宝拉格、巴彦毕力格图、巴彦乌拉、奔道元、额尔敦宝拉格、巴彦杭盖、乌日根塔拉、萨如拉塔拉、阿立坦锡力、赛罕图门	6180
查干淖尔镇	乌日根温都日勒、查干淖尔、脑干锡力、达布希拉图、阿拉坦图雅、乌兰图雅、那仁宝拉各、巴彦淖尔、乌兰图嘎、巴彦宝拉格、乌兰宝拉格	3963
洪格尔高勒镇	巴彦呼格吉勒图、巴彦青格尔、巴彦高勒、萨如拉、哈夏图、巴彦布日都、灰腾高勒、巴彦共格尔、萨如拉锡力、伊和宝拉格、岗根锡力、阿拉坦图格日格	3299
那仁宝拉格苏木	额尔敦敖包、那日图、阿木古楞、吉尔嘎郎图、都新高毕、阿拉坦陶高图、巴彦锡力	4869
吉尔嘎朗图苏木	巴彦敖包、巴彦吉尔嘎郎图、巴雅尔图、巴彦门都、海尔罕、巴彦图嘎、乌格木尔、乌力吉毕力格图、脑木罕、巴彦德勒格尔	5394
伊和高勒苏木	吉呼郎图、乌力吉图、新宝拉格、额尔敦乌拉、德勒格尔	3750

4.2.1 苏木的分布特征

苏木除具备乡镇的行政职能外，也是牧民相对集中的聚集地，基础设施相对完善，一般包括医院、商店、学校、加油站等，牧民可在苏木获取到必备的生活、生产用品。从 1998 年开始，随着国家撤乡并镇工作的开展，内蒙古地区的苏木根据实际情况也开始合并，阿巴嘎旗到 2006

年从原来的 12 个苏木（乡、镇）调整为 6 个，这就使得各苏木辐射的半径进一步增大，一般苏木辐射半径均在 30km 以上，边远地区的牧民与苏木的联系难度也进一步增加。阿巴嘎旗以旗政府所在地别力古台镇为中心，其余 5 个苏木、镇在其南北方向均匀分布，阿巴嘎旗各苏木（乡、镇）分布图如图 4-1 所示。

　　近年来，随着基础设施的不断完善，旗政府通向各个苏木的公路设施比较完善，县级公路遍及全旗，但各苏木与旗政府相距较远，阿巴嘎旗各苏木（乡、镇）政府位置信息如表 4-4 所示。其中，距离最近的查干淖尔镇距旗政府直线距离为 57km，公路里程为 78.2km。公路里程最远的洪格尔高勒镇直线距离 97km，公路里程达到 139km，驾车时间几乎在 1h 以上。

　　内蒙古自治区其他旗县都与阿巴嘎旗类似，虽然各苏木（镇）具有一定的公共设施，但内蒙古地区的苏木、乡、镇与我国其他发达地区相比有很大差距。主要原因是地区经济发展还相对落后，牧区人口总量少，苏木只能满足牧民日常生活、生产用品的采购。

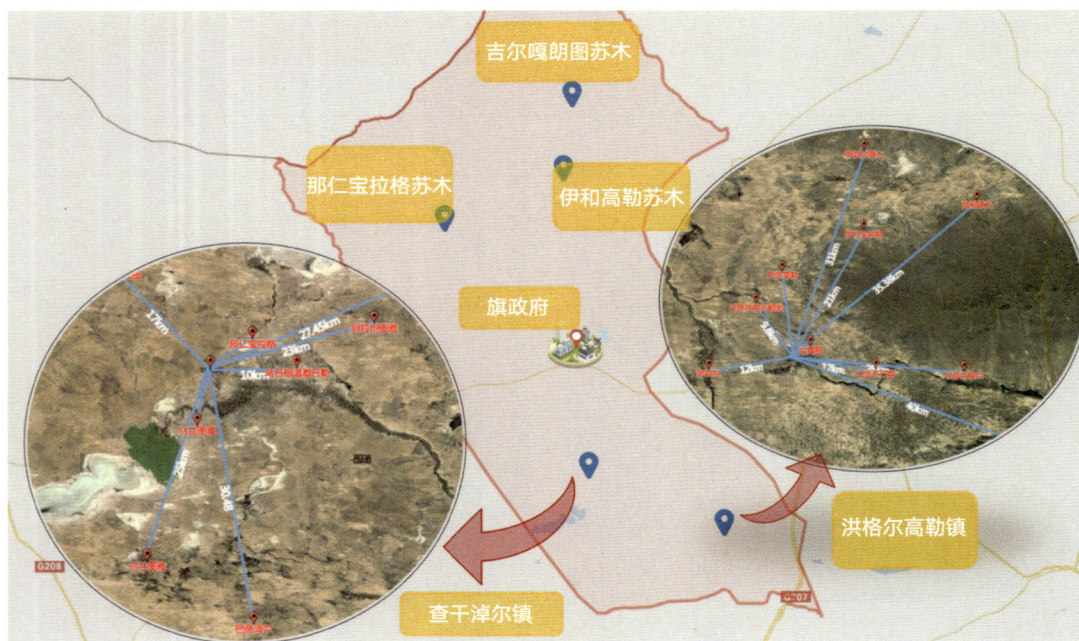

图 4-1　阿巴嘎旗各苏木（乡、镇）分布示意图

阿巴嘎旗各苏木（乡、镇）政府位置信息　　　　　　　　　　　表 4-4

苏木乡镇	苏木（乡、镇）政府及方位		与旗政府距离
查干淖尔镇		旗政府正南方向	公路距离 78.2km，直线距离 57km

苏木乡镇	苏木（乡、镇）政府及方位		与旗政府距离
洪格尔高勒镇		旗政府东南方向	公路距离 139km，直线距离 97km
那仁宝拉格苏木		旗政府西北方向	公路距离 119km，直线距离 92km
吉尔嘎朗图苏木		旗政府正北偏东方向	公路距离 124km，直线距离 115km
伊和高勒苏木		旗政府正北偏东方向	公路距离 84.6km，直线距离 79km

4.2.2　嘎查的分布特征

内蒙古地区的嘎查（村）根据牧民的生产方式不同，可以分为牧区、半牧区、农区，牧区的牧民居住方式高度分散，农区则比较集中，半牧区介于牧区与农区之间，内蒙古地区不同类型嘎查（村）的分布形态如表 4-5 所示。由表中可见，牧区的牧居多以单独的形式存在，有的以 3 户左右的牧居形成一个小的聚落；半牧区与牧区相比，居住方式相对集中，半牧区大多属于半农半牧区，居民多以蒙古族牧民为主，由于居住地区生态恶化、牧场面积不足等原因，蒙古族牧民向当地汉族人民学习耕种技术，形成了以牧业和农业兼顾的生产方式；农区以汉民为主，村落的布局与北方其他省市的布局方式基本相同，居住方式比较集中，经济来源以农业为主，但部分农区牧业也占有较大的比重。

草原牧居以牧区、半牧区为主，近年来虽然新农村的建设不断加强，牧区的基础设施不断完善，但由于居住得过于分散，牧民生活的便利性仍然较差。浩特与浩特、牧居之间的联系一般通过在草原上压出的车辙，由于各浩特之间相距较远，浩特之间的道路一般没有硬化，和外界的联系也需通过车辙到达公路，最远的达到几十公里，这些牧民与外界的联系极不方便。以阿巴嘎旗距离旗政府最近的查干淖尔苏木和最远的洪格尔高勒镇为例，其嘎查（村）分布情况如表 4-6、表 4-7 所示。

根据表中数据，通过进一步统计分析，得出阿巴嘎旗各嘎查（村）与城镇距离箱线图（图 4-2），图的框线为根据距离形成的概率图，右侧的点为各嘎查到达不同位置距离的散点。由图4-2可见，嘎查距离最近的公路平均距离为3km左右，通过调研发现，虽然通过近年来村级道路的建设，有些嘎查已有硬化路面，但由于分散的居住方式，这些路面惠及的牧民仍然很少，牧民出行还需走平均3km左右的土路才能到达公路，最远的牧居距离公路达到20km以上。嘎查到达苏木（镇）的平均公路里程约为20km，最远的超过60km。嘎查到达旗政府所在地的平均公路里程约为110km，最远的超过180km。

内蒙古地区不同类型嘎查（村）的分布形态　　　　　　　　　　表4-5

牧区	半牧区	农区
乌兰敖都嘎查	宝日温都日嘎查	查干花村
达布希拉图嘎查	哈如啦嘎查	大新庙村

阿巴嘎旗查干淖尔镇嘎查（村）分布情况（距离旗政府最近）　　　　表4-6

嘎查（村）名称	最近公路距离（km）	到苏木、镇距离（km）		到旗政府距离（km）	
		公路里程	直线距离	公路里程	直线距离
乌日根温都日勒	6	13	10	94	56
脑干锡力	2.3	28	27.5	100	54
达布希拉图	1.6	18	17	64.8	39
阿拉坦图雅	3.7	25	23	103	56
乌兰图雅	15	28	25	108	75
那仁宝拉格	0.2	7	6.3	87	51
巴彦淖尔	23	33	30.5	113	84
乌兰图嘎	0.6	8	7.4	88	60

阿巴嘎旗洪格尔高勒镇镇嘎查（村）分布情况（距离旗政府最远）　　表 4-7

嘎查（村）名称	最近公路距离（km）	到苏木、镇距离（km）		到旗政府距离（km）	
		公路里程	直线距离	公路里程	直线距离
巴彦呼格吉勒图	4.1	11.1	9.6	128	85
巴彦青格尔	2.2	62	40	183	130
巴彦高勒	3.6	15.6	12	163	82
萨如拉	7.4	15.6	12	139	89
哈夏图	1.4	7.42	3	146	94
巴彦布日都	6.3	14.7	12	156	102
巴彦洪格尔	7	32	25	183	113
萨如拉锡力	0.8	37.2	31	95	80.39
岗根锡力	12	66	35	158	99
伊和宝拉格	4	22.3	20	96	89

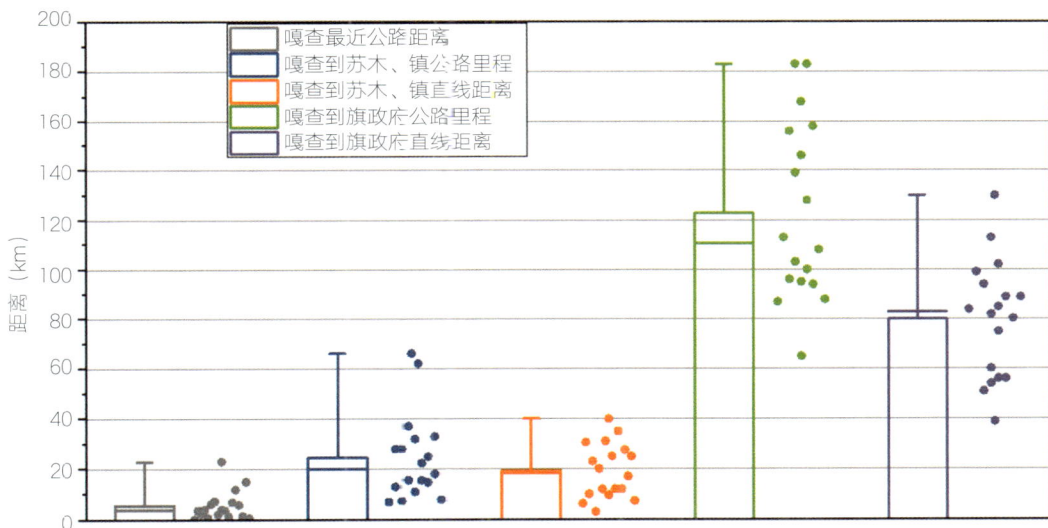

图 4-2　阿巴嘎旗各嘎查（村）与城镇距离箱线

4.3　绿色牧居的类型与规模

4.3.1　绿色牧居类型确定

草原牧居分布情况有多种因素影响，主要为各地区的人口、草场资源、畜牧业规模等，往往草场资源越丰富，户均畜牧业规模越大，牧居分布越分散。根据内蒙古地区草原牧居的分布情况，将牧居分为高度分散型、相对集中型、集中型三类。高度分散型、相对集中型牧居形成于 20 世纪 50、60 年代，从牧民定居后开始形成，集中在呼伦贝尔草原、锡林郭勒草原、鄂尔多斯草原等；集中型主要为 2000 年前后的生态移民村，主要分布在内蒙古中部地区。

1. 高度分散型

草原上虽然有嘎查的行政级别，但是嘎查内的牧居呈现的是高度分散的状态。夏季，牧民的牧业生产以轮牧方式为主，在自家草场上采用移动的居住方式，根据草场情况迁徙。冬季，为应对草原的严寒天气，牧民回到固定住所居住，固定住所一般在自家草场上建设，与牲畜卷棚、储草空间等形成定居点。通过对位于内蒙古东部呼伦贝尔草原的伊和诺尔嘎查，中部锡林郭勒草原的伊和宝拉格、达布希拉图、那仁宝拉格 3 个嘎查，西部鄂尔多斯草原的巴音陶老盖嘎查数据进行分析，每个嘎查选取牧居相对集中，面积在 15 万亩左右的区域，高度分散型牧居的分布情况如表 4-8 所示。

由表 4-8 可见，位于呼伦贝尔草原和锡林郭勒草原的牧居每万亩在 2 个左右，最近牧居的距离约 100m，位于西部鄂尔多斯的牧居每万亩超过 3 户，最近牧居的距离为 163m。从居住密度发现锡林郭勒草原和呼伦贝尔草原相当，鄂尔多斯地区密度相对较大，但总体分布特征仍然都是高度分散的状态。这种高度分散的居住方式可以为牧业生产提供充足的空间和放牧的自由度，但给生活也带来很多的困难，如道路建设、水电设施、公共服务设施等。

高度分散型牧居的分布情况　　表 4-8

嘎查	牧居分布图（嘎查基本情况）	嘎查	牧居分布图（嘎查基本情况）
伊和宝拉格嘎查（Ⅰ）	嘎查隶属：锡林郭勒盟阿巴嘎旗洪格尔高勒镇；嘎查面积：12 万亩；牧居个数：24 个；最近牧居距离：94m；每万亩户数：2 户 / 万亩	达布希拉图（Ⅱ）	嘎查隶属：锡林郭勒盟阿巴嘎旗查干淖尔镇；嘎查面积：15 万亩；牧居个数：19 个；最近牧居距离：245m；每万亩户数：1.3 户 / 万亩
伊和诺尔嘎查（Ⅲ）	嘎查隶属：呼伦贝尔市新巴尔虎右旗达来东苏木；嘎查面积：16 万亩；牧居个数：19 个；最近牧居距离：342m；每万亩户数：1.2 户 / 万亩	巴音陶老盖嘎查（Ⅳ）	嘎查隶属：鄂尔多斯市鄂托克旗阿尔巴斯苏木；嘎查面积：14 万亩；牧居个数：51 个；最近牧居距离：163m；每万亩户数：3.6 户 / 万亩

2. 相对集中型

　　牧居分布相对集中的嘎查与高度分散的嘎查相比居住密度较低，牧民牧业生产仍然是以轮牧为主，但户均草场面积相对较少。通过对位于内蒙古东部呼伦贝尔草原的嘎啦布尔嘎查和赤峰的翁根艾勒嘎查、中部锡林郭勒草原约达布森塔拉嘎查、西部希拉木仁草原巴荣鄂黑嘎查的数据进行分析，相对集中型牧居的分布情况如表 4-9 所示。

　　由表 4-9 可见，相对集中型嘎查草原牧居密度相对集中，如位于呼伦贝尔草原的嘎啦布尔嘎查每万亩有牧居 360 个左右，最近牧居的距离约 50m，位于锡林郭勒草原的达布森塔拉嘎查每万亩有牧居 1200 个左右，最近牧居的距离为紧邻，位于赤峰市的翁根艾勒嘎查和包头市的巴荣鄂黑嘎查每万亩也在 100 户左右，牧居最近距离也相对较小。虽然这类嘎查牧居分布相对集中，但与以农业为主的传统农村相比仍然比较分散，这些地区供电设施一般比较完善，其他公共设施仍不完善。

相对集中型牧居的分布情况　　　　　　表 4-9

嘎查	牧居分布图（嘎查基本情况）	嘎查	牧居分布图（嘎查基本情况）
嘎啦布尔（Ⅰ）	嘎查隶属：呼伦贝尔市新巴尔虎左旗嵯岗镇；嘎查面积：0.025 万亩；牧居个数：9 个；最近牧居距离：50m；每万亩户数：360 户/万亩	达布森塔拉（Ⅱ）	嘎查隶属：锡林郭勒盟阿巴嘎旗洪格尔高勒镇；嘎查面积：0.0116 万亩；牧居个数：14 个；最近牧居距离：紧邻；每万亩户数：1207 户/万亩
翁根艾勒（Ⅲ）	嘎查隶属：赤峰市巴林右旗宝日乌苏镇；嘎查面积：0.18 万亩；牧居个数：16 个；最近牧居距离：50m；每万亩户数：89 户/万亩	巴荣鄂黑（Ⅳ）	嘎查隶属：包头市达尔罕茂明安联合旗希拉木仁镇；嘎查面积：0.044 万亩；牧居个数：12 个；最近牧居距离：10m；每万亩户数：273 户/万亩

3. 集中型（生态移民村）

　　集中型的嘎查主要为生态移民村，新中国成立后内蒙古自治区人口快速增长，到 2010 年从 600 余万增加到 2472.2 万。人口的快速增长，导致牧区畜牧业生产总量急速上升，过度的牧业生产和人员活动导致生态不断恶化。生态移民村是政府为缓解草原生态压力，同时改善牧民居住环境而采取的一项移民措施，内蒙古地区的生态移民主要集中在 2000 年至 2010 年间，一般选择在旗、镇政府附近集中建设。生态移民村建设内容包括住房、牲畜棚圈、贮青窖、水井等，村落一般成行列式布局，户与户紧邻。生态移民村主要分布在内蒙古自治区赤峰市、锡林郭勒盟、乌兰察布市、包头北部草原等地区，选取四个典型的生态移民村进行分析，集中型（生态移民村）牧居的如表 4-10 所示。

集中型（生态移民村）牧居的分布情况　　　　　　　　　　表 4-10

嘎查	牧居分布图（嘎查基本情况）	嘎查	牧居分布图（嘎查基本情况）
生态移民村（Ⅰ）	嘎查隶属：锡林郭勒盟镶黄旗新宝拉格镇；嘎查面积：112 亩；牧居个数：56 个；最近牧居距离：紧邻；每万亩户数：2 亩/户	生态移民村（Ⅱ）	嘎查隶属：锡林郭勒盟阿巴嘎旗洪格尔高勒镇；嘎查面积：220 亩；牧居个数：64 个；最近牧居距离：紧邻；每万亩户数：3.4 亩/户
生态移民村（Ⅲ）	嘎查隶属：赤峰市巴林右旗宝日乌苏镇；嘎查面积：120 亩；牧居个数：32 个；最近牧居距离：紧邻；每万亩户数：3.2 亩/户	生态移民村（Ⅳ）	嘎查隶属：包头市达尔罕茂明安联合旗希拉木仁镇；嘎查面积：277 亩；牧居个数：96 个；最近牧居距离：紧邻；每万亩户数：2.9 亩/户

　　生态移民村与传统嘎查相比有很大的优势，位于旗、镇政府周边，交通比较便利，居民购物、就医、子女上学等问题得到很好的解决，村中供电、供水设施由政府统一建设，有基本的公共服务设施，居住条件得到了一定的改善。生态移民政策对于缓解当地草原生态起到了很大的作用，但是牧民的生计主要是畜牧业生产，生态移民村中牧民从养殖牛、羊转为养奶牛等作为主要经济来源，但奶牛的养殖技术要求高，大部分牧民不具备这类养殖技术，因此生计成为最主要的问题。生态移民村建立后，很多牧民又搬回了原有的牧居，大部分生态移民村住户闲置率较高，如包头市达尔罕茂明安联合旗希拉木仁镇生态移民村，该村最初设计共可容纳 96 户牧民，2018 年研究团队调研时发现，该村仅剩住户 28 户，闲置住户有 80% 在建村 2~5 年后搬回了

原来的定居点。虽然生态移民的方式有助于解决现有牧居水电、公共设施等问题，居住环境、生态环境均能得到改善，但这种方式带来的是牧民生存的问题，因此，生态移民村不是解决草原生态和牧区人居环境的最佳办法。

构建稳定健康的牧居是实现牧区人居环境可持续发展的根本途径。通过前文分析，适宜牧民聚居的类型包括高度分散型、相对集中型，这主要是受畜牧业生产方式所制约。根据道萨迪亚斯关于乡村型聚居的分类，当前草原牧居的基本类型包括半游牧聚居、独户永久性聚居、复合永久性聚居。半游牧聚居是牧民在两个或两个以上固定地点进行循环放牧的形式，大部分分夏冬两个营地（有些地区聚居分为春夏秋冬四个营地），夏季牧民转到夏营地，居住方式以移动式住宅为主，冬季迁回冬营地，冬营地以固定住宅为主，同时建有牲畜圈棚。随着交通工具的不断改进及固定住居的发展，这种半游牧的方式已逐渐被独户永久性聚居方式所取代。近年来，牧业合作社在草原牧区兴起，这种合作的方式一般是牲畜归牧民所有，经营权归合作社所有，合作社通过整合草场，建立集生产、经营、草场保护等为一体的合作机制，整合的草场可达几十万亩，改善了由于家庭草场面积过小而无法轮牧的状况，对牧区可持续发展是极为有利的一种方式，合作式半游牧聚居的方式也由此产生。联户永久性聚居方式，一种是集中在人均草场面积较少的地区，另一种是由于家族式的居住方式，子女成家后围绕在父辈周边建立住宅，共用一片草场，这种方式在草原牧区也将长期存在。

综上，结合草原牧区聚居方式的转变及未来发展趋势，参照道萨迪亚斯关于乡村型聚居的分类方式，将草原绿色牧居的类型确定为独户永久性绿色牧居、联户永久性绿色牧居、合作式半游牧绿色牧居。草原绿色牧居类型如图 4-3 所示。

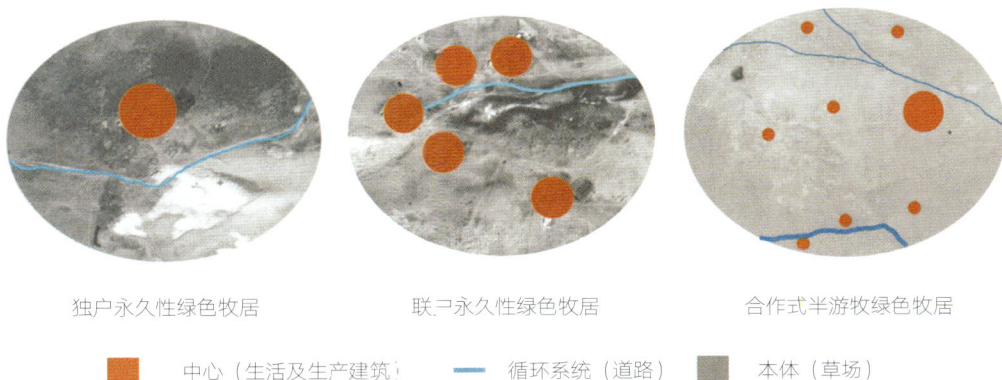

独户永久性绿色牧居　　　　联户永久性绿色牧居　　　　合作式半游牧绿色牧居

■ 中心（生活及生产建筑）　　—— 循环系统（道路）　　■ 本体（草场）

图 4-3　草原绿色牧居类型

4.3.2　绿色牧居规模分析

牧居规模取决于牧户草场面积，根据实地调研及各地方政府统计数据，抽取锡林郭勒盟 4 个旗县、208 个嘎查进行牧户及人均草场情况分析，调查的牧户草场面积包含了锡林郭勒草原户均草场最多地区和最少地区。调查的草场为可利用草场，共计 7426600hm² ，包括 22272 户牧民。调查的结果显示，上述地区牧民户均草场面积 333hm²（4995 亩），但各地区户均草场面积非常不均衡，其中最少的地区户均 65hm²/ 户，最多地区户均可达 885hm²/ 户。

1. 独户永久性绿色牧居规模

如果按照独户形式构建牧居，草场规模既是牧居的规模，独户牧居居住生活系统和牧业生产圈棚占地面积一般在 1hm² 以内，其余均为草场。由表 4-11 数据可见，牧户草场面积差距较大，为了进一步了解牧户草场面积情况，采用等距分组的方法进行分析，将牧户户均草场面积分为等距的 6 组，代码分别为 I、II、III、IV、V、VI，组距为全距与组数的比值，6 组独户永久性绿色牧居的户数分布情况如表 4-12 所示。

从分组数据可见，属于第 I 组（65~202hm²/户）、第 II 组（203~340hm²/户）的牧民户数最多，分别占总牧户数量的 30%、29%，两组总数达到 59%；第 VI 组（755~885hm²/户）的牧民户数最少，占总牧户数量的 4.6%；第 III 组（341~478hm²/户）、第 IV 组（479~616hm²/户）、第 V 组（617~754hm²/户）的户数居中，分别为 11.3%、14.3% 和 10.8%。

锡林郭勒草原牧户草场情况　　　　　　　　　　表 4-11

旗（县）	苏木、镇	嘎查（个）	牧户（户）	牧民（人）	可利用草场（hm²）	户均草场（hm²/户）	人均草场（hm²/人）
阿巴嘎旗	别力古台镇	12	1308	3667	460800	352	126
	查干淖尔镇	16	1333	5665	425900	320	75
	洪格尔高勒镇	12	1077	3950	267400	248	68
	那仁宝拉格苏木	9	862	2272	449200	520	198
	吉尔嘎朗图苏木	7	449	1569	286200	637	182
	巴彦图嘎苏木	9	746	3149	493900	662	157
苏尼特右旗	赛罕塔拉	8	639	2303	329400	515	143
	乌日根塔拉	9	673	1939	372900	554	192
	额仁淖尔苏木	8	1202	2667	451200	375	169
	桑宝拉格苏木	9	1307	3425	345200	264	101
	赛罕乌力吉苏木	8	826	2512	264000	320	105
苏尼特左旗	满都拉图镇	8	1018	3468	539700	530	156
	巴彦乌拉苏木	9	1203	4228	770200	640	182
	赛罕高毕苏木	6	580	1866	469000	809	251
	查干敖包镇	4	445	1521	393800	885	259
	巴彦淖尔镇	14	1918	6462	609600	318	94
镶黄旗	文贡乌拉苏木	18	1736	4637	159600	92	34
	宝格达音高勒苏木	21	2643	6700	172600	65	26
	巴音塔拉镇	21	2307	6513	166000	72	25
总计		208	22272	68513	7426600	333	108

不同类型草场面积的独户永久性绿色牧居户数分布情况　　　　表 4-12

分组代码	草场面积（hm²/户）	户数	比例（%）
I	65~202	6386	30.0
II	203~340	6461	29.0
III	341~478	2510	11.3
IV	479~616	3192	14.3
V	617~754	2398	10.8
VI	755~885	1025	4.6

组距 = 全距 / 组数 =（885-65）/7=137hm²/ 户

2. 联户永久性绿色牧居规模

联户永久性绿色牧居采用联户经营的方式进行放牧，附近几家牧户共用草场，通过这种方式使草场面积足以进行划区轮牧，有助于草原牧区的可持续发展。草原牧区联户经营的牧户一般有亲属关系，如父母和子女、兄弟姐妹共用草场，即使最小规模的牧户，4 户联户运营既可达到在单元内轮牧的生产方式。联户一般以 4 户左右为宜，由于联户属于牧民自发行为，4 户左右便于牧民间达成共识。联户永久性绿色牧居通常有各自独立居住的生活和生产建筑，联户牧民共用草场，草场划区规划、道路规划是从生态保护角度进行牧居构建的重点，距离较近的住宅及生产建筑亦可形成组团，从气候适应的角度进行居住生活及生产空间设计。不同类型草场面积的联户永久性绿色牧居规模如表 4-13 所示。

不同类型草场面积的联户永久性绿色牧居规模　　　　表 4-13

分组代码	草场面积（hm²/户）	单元规模（hm²/2 户）	单元规模（hm²/4 户）
I	65~202	130~404	260~808
II	203~340	405~6802	809~1360
III	341~478	681~956	1361~1912
IV	479~616	957~1232	1913~2464
V	617~754	1233~1508	2465~3016
VI	755~885	1509~1760	3017~3540

3. 合作半游牧绿色牧居规模

近年来，牧业合作社在内蒙古草原牧区快速兴起，牧业合作社是通过整合牧民草场及牲畜，以改变粗放式的传统畜牧业为目的，通过规模化、专业化的养殖方式，对于保护草原生态、联合应对自然灾害、整合牧业生产要素等方面均具有重要意义，逐渐被牧民所接受。合作社规模与联户经营相比规模更大，如锡林郭勒盟东乌珠穆沁旗哈日高壁牧业合作社，共有 64 个牧户，432 名牧民，草场面积达 3 万 hm² [2]。这种大规模草场可实现大范围的迁徙和游牧，牧户根据季节冬季居住在冬营地的固定住宅，其他季节在草场范围内游牧，形成半游牧的居住方式，对于实现草场资源的可持续非常有利。合作社一般由企业或畜牧能手负责经营，参与合作社的牧民仍然居住在原有住所或选择居住在就近城镇。合作社一般需要固定的冬营地，营地规模较大，功能也更加完善。

4.4　绿色牧居空间布局方案

　　绿色牧居的组成包括本体、中心、循环系统、特殊区，空间布局的核心应该是处理好各组成部分之间的关系。绿色牧居空间布局的理念仍然是可持续发展，牧区可持续发展的关键既是在牧业生产过程中要维护好人、畜、草三者的平衡，要处理好生产、生活、生态三者的关系，这一关系首先需要建立合理的空间布局。空间布局取决于放牧形式，放牧形式包括游牧、自由放牧和划区轮牧。一直以来，"游牧"是干旱草原、半干旱草原、高寒草原上的主要放牧方式，这一方式是牧民通过在很大面积的草场范围内，在不同的季节根据不同水草情况进行长距离游走和迁徙，从而使草地有充足时间得以休养生息，是保护草原生态的最佳方式，而游牧方式受草场面积制约，往往仅能通过牧业合作的方式才能实现。自由放牧是一种无序的放牧方式，这种方式是目前牧区主要的放牧方式，由于这种方式缺乏在放牧过程中对草场的科学管理，因此对草场生态保护极其不利。划区轮牧（RGS,Rotational Grazing System）是很多学者目前关注的一种放牧形式，由欧洲学者 Currie 于 1798 年首次提出 [3]，划区轮牧即按照一定的放牧方案，在放牧地内严格控制家畜采食时间和采食范围而进行草地利用的一种管理方式，对于提高草地生态功能、提高饲草产量及被利用度、降低牲畜肠胃疾病感染率等方面具有一定的优势。

4.4.1　划区轮牧的空间布局方法

　　划区轮牧需根据草场的载畜率、放牧时间、放牧频率等要素，确定小区面积及块数。因此，在进行划区轮牧的空间规划前应了解如下概念 [3]：

　　轮牧周期： 轮牧周期指牧草放牧之后，其再生草长到下一次可以放牧利用所需的时间，实际上就是同一个小区内连续 2 次放牧所需要的时间。轮牧周期需要结合草场植物类型、密度等进行确定。

　　放牧季： 牧草生长季内家畜在放牧地上需要放牧的全部天数。

　　放牧频率： 一个小区在一个放牧季可轮流放牧的次数。一般北方草地植物再生恢复的间隔日数为 30 天 ±5 天。

　　放牧密度： 单位面积草地上同一时间内放牧的家畜头数。

　　小区放牧天数： 单个轮牧小区一个轮牧周期内可放牧利用的天数，根据牧草类型、牧草再生率确定，牧草被采食后一般 4~7 天开始恢复再生，因此一个小区一般放牧天数为 7 天左右。

　　载畜量： 在一定的草原面积内，在适度放牧利用并维持草场可持续生产的条件下，能满足放牧家畜生长、繁殖和生产需要，所能承受的家畜头数及时间。载畜量的高低决定草场上的放牧密度。

在进行牧居空间规划时，草场的载畜率和草场面积属于确定的指标，可以在此基础上确定小区的数量和大小。空间划分时需要保留一定的割草场，剩余草场根据划区轮牧的原则进行分区，区块的数量可按如下公式计算：

$$F = R/T \qquad X = T/t \qquad S = A/X \tag{4-1}$$

式中：F 为放牧频率，次；R 为放牧季，天；X 为小区块数，块；T 为轮牧周期，天；t 为小区放牧天数，天；S 为每个小区面积，hm^2/块；A 为草场面积，hm^2。《草原划区轮牧技术规程》NY/T 1343—2007 对不同类型草原划区轮牧设计的主要技术参数做了规定，如表 4-14 所示。

不同类型草原划区轮牧设计的主要技术参数 [4]　　　表 4-14

草地类型	放牧频率（次）	小区放牧天数（d）	轮牧周期（d）
温性草甸草原类	3 ～ 4	3 ～ 5	30 ～ 40
温性典型草原类	2 ～ 3	5 ～ 8	50 ～ 75
温性荒漠草原类	2	6 ～ 12	75 ～ 80
高寒草原类	2	6 ～ 10	75 ～ 90
温性草原化荒漠类	2	6 ～ 10	75 ～ 90
低地草甸类	3 ～ 4	3 ～ 5	30 ～ 40
山地草甸类	3 ～ 4	3 ～ 5	30 ～ 40
高寒草甸类	2	6 ～ 12	75 ～ 80
热性草丛、灌木丛	9 ～ 12	2 ～ 4	30 ～ 40
暖性草丛、灌木丛	8 ～ 11	2 ～ 4	35 ～ 45

从草场生态保护的角度，充分考虑放牧密度后的区块划分越多对草场保护越有利，但从生产效率最大化角度考虑，区块并不是越多越好，区块多意味着轮牧周期长，轮牧周期变长，小区内的草会变得纤维化，从而导致营养下降。除此以外，牧居的空间布局还需考虑牧居中心（定居点）的位置、水源、牧区循环系统、家畜的活动规律等因素，应遵循如下原则：

（1）对于规模较小的牧居，定居点是畜牧业生产的基地，也是牲畜、人员活动最频繁的区域，区块的划分应充分考虑定居点在整个单元中所处的位置，合理规划定居点连接各区块的路线。

（2）区块规划应考虑水源的距离，规模较小的牧居往往定居点就是水源地，路线可以与定居点同步考虑，对于规模较大的牧居，除定居点外可能还会有其他天然或固定水源地，或根据牧居规划开发固定的水源地，这需要将定居点、水源地、区块进行统筹规划。

（3）区块的划分可以是不规则的，如三角形、矩形、正方形、梯形等，但从使用的角度矩形比较适宜，且矩形的长宽比应在 2 1~3 : 1 之间，畜群规模较大可以按照 1 : 1 进行划分。区块划分除考虑形状外，最主要的还是考虑放牧的流线及区块分隔设施的长度。

（4）放牧通道应尽可能短，一般包括主干牧道、次要牧道、区块间牧道，牧道宽度取决于牲畜的种类及数量，一般 100 头牛、马的牧道宽度为 20~25m，600 只羊的牧道宽度为 30~35m。每头牲畜放牧时所需的最小宽度如表 4-15 所示。

每头牲畜放牧时所需的最小宽度　　　　　　　表 4-15

牲畜种类		最小行走宽度（m）
牛	成年牛	1.5~2.0
	1~2 岁犊牛	1.0~1.25
	1 岁以下犊牛	0.5~1.0
羊	母羊	0.4~0.5
	未孕母羊	0.3~0.4
马	成年马	1.5~2.0

4.4.2　独户永久性绿色牧居空间布局

独户永久性牧居是当前草原牧居中最主要的形式。根据表 4-13 数据，牧户最小的草场面积为 65hm² （975 亩）， I 类、II 类的牧户达 59%，户均草场在 340hm² （5100 亩）以下，牧户最大草场面积可达 885hm² （13275 亩）。虽然 I 类牧居牧户最大草场面积为 202hm² （3030 亩），该类牧居进行区块划分时受草场面积的制约，区块数量会比较少，但有研究表明，即使是将草场只分为 2 个区，对于草场生态的保护也要优于自由放牧。因此，对于独户永久性绿色牧居全部按划区轮牧的方式进行空间布局。根据表 4-14 显示，锡林郭勒草原属于高寒典型草原，按高寒草原类设计参数，轮牧周期为 75~90 天，小区放牧天数为 6~10 天，放牧频率为 2 次，根据这些设计参数及 4-1 式，独户永久性绿色牧居各类型牧居区块数和区块面积（表 4-16）。通过计算可得该地区轮牧适宜块数为 7 ~ 13 块，取 I ~ VI 组牧居规模草场面积下限，如果按 7 块划分， I 组最小区块面积为 9hm²，VI 组区块面积最大，为 108hm²，块数增加，各区块的面积会减小。对于 I 组、II 组的牧户单元，为了便于牧业生产，可以适当将区块减少，控制在 6 块以内，其他组可根据实际情况选择适宜的区块。

独户永久性绿色牧居空间布局应遵循牧居布局总体原则，充分考虑定居点、草场区块、水源、牧道之间的关系。独户永久性绿色牧居由于草场归属比较明确，且拥有使用自主权（表 4-17）。如果将草场简化为矩形，牧居中的定居点相对位置可以分为位于中心、边线、边角三个位置，位于中心的布局方式可以采用矩形分区或放射形分区，如表 4-17 a、f 所示，这种分区的优势是定居点与每个分区距离相近，比较利于照料牲畜、饮水及牧道规划。定居点位于边线的牧居，根据定居点的相对位置又可分为 4 种形式，如表 4-17 b~e 所示。这种方式比较适宜矩形分区，各区块距离牧居定居点差距较大，如果草场规模较大需考虑除定居点外的其他水源。定居点位于边角型的草原牧居根据方向也可分为 4 种形式，宜采用放射性分区，如表 4-17 g~j 所示，这种方式的缺点仍然是各区块距离定居点距离不同，在规划中应在中心区域建立过渡区，从过渡区再通向各区块，减少因牧道过多而产生的生态破坏，如果在中心区域设置水源，则是非常理想的布局方式。

独户永久性牧居空间区块划分情况 表 4-16

分组代码	草场面积（hm²/户）	适宜的块数	每个区块面积（7块）	每个区块面积（8块）	每个区块面积（9块）	每个区块面积（10块）
I	65 ~ 202	7 ~ 13	9	8	7	7
II	203 ~ 340	7 ~ 13	29	25	23	20
III	341 ~ 478	7 ~ 13	49	43	38	34
IV	479 ~ 616	7 ~ 13	68	60	53	48
V	617 ~ 754	7 ~ 13	88	77	69	62
VI	755 ~ 885	7 ~ 13	108	94	84	76

独户永久性绿色牧居本体空间布局 表 4-17

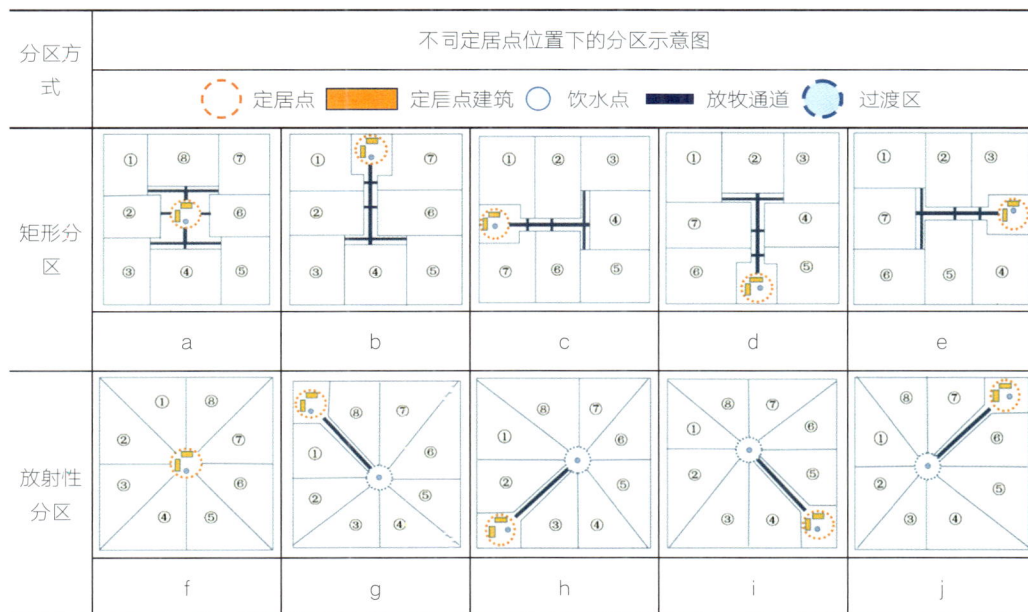

4.4.3 联户永久性绿色牧居空间布局

联户永久性牧居也是当前草原牧居中非常重要的形式，主要集中在户均草场规模较小地区或直系亲属之间。牧民通过联户的形式共用草场，可以扩大草场面积，便于畜牧业生产。仍然将牧居简化为矩形进行牧居空间布局分析，联户一般以 2~5 户牧民联合的形式共用草场，根据牧户定居点的相对位置可分为牧户集中型和牧户分散型。牧户集中型一般几个牧户会紧邻形成聚落，根据聚落在牧居的相对位置进行空间规划，方式等同于独户永久性绿色牧居，如表 4-18 a~d 所示。牧户分散型牧户一般均匀地分散在牧居中，分区的过程中需进行更加复杂的空间规划，这种方式可通过区块间的牧道、设置缓冲区等方式，具体可矩形分区，也可放射形分区，如表

4-18 e~h 所示，牧户可以通过设置公用水源，以水源为中心进行牧道及区块的规划。联户永久性绿色牧居与独户永久性绿色牧居最大的区别是，联户需要各牧户共同制定规则，大家共同遵守。一旦规则被破坏，建立的牧居空间规划秩序也将随之瓦解。但这种形式可以整合牧户分散资源，提升生产效率，同时可以共同应对自然灾害，在草场规模较小地区非常适合这种形式。

联户永久性绿色牧居本体空间布局　　　　　　　　　　　表 4-18

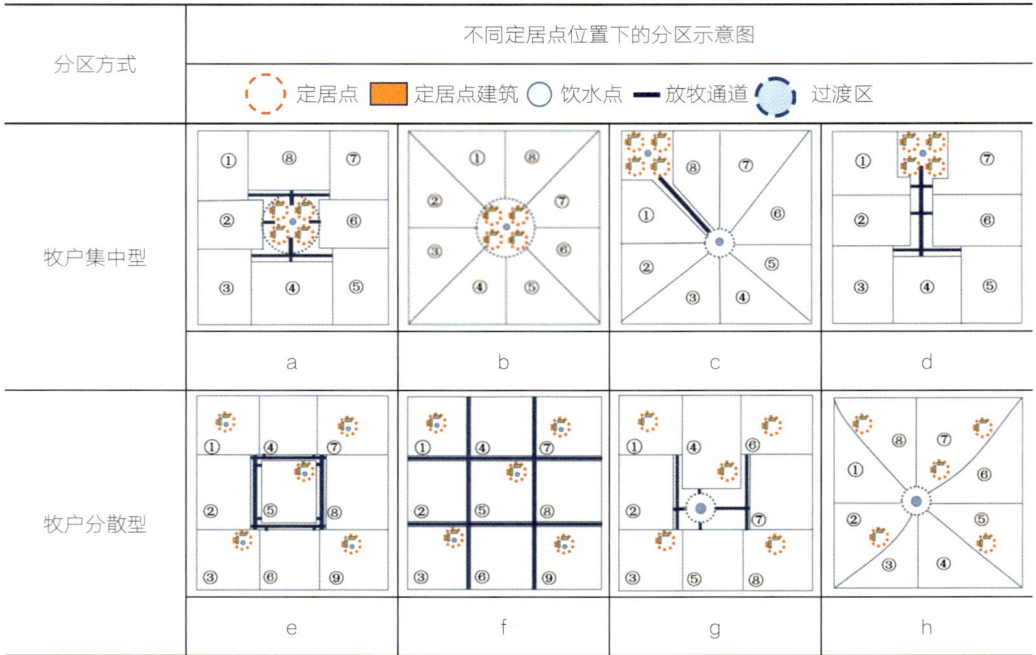

4.4.4　合作半游牧绿色牧居空间布局

　　合作式半游牧绿色牧居由于整合了大量的草场，具备了游牧的条件，通过前文的介绍可以发现，游牧方式对于草场休养生息、保护草原生态是非常适宜的，尤其适用于干旱少雨、冬季严寒的北方草原，由于当代的游牧方式有固定的冬营地，所以称为半游牧方式。合作式半游牧绿色牧居从绿色牧居组成上本体仍然是草场，中心为牧业合作社基地，循环系统为道路和河流，单元内以分散的方式分布着牧民的居住点，而这些居住点与前文两种方式不同的是，不具备生产功能，只供牧民生活使用。合作式半游牧绿色牧居从畜牧业生产角度需要选择季节性牧场，季节性牧场主要根据草地的自然条件划分，主要考虑地形、地势、水源条件、植被特点。季节性草场可按四季、三季、两季进行划分，四季牧场按春、夏、秋、冬进行划分，三季牧场按冬季、春秋季、夏季牧场划分，两季划分一般仅为冬季牧场和夏季牧场。春季牧场一般要求避风向阳，草场植物萌发早；夏季牧场需要选择通风凉爽的高地，水源要近且充足，植物生长茂盛；秋季草场要求地势较低，最好选择滩地或开阔的川地，牧草枯黄晚，水源充足；冬季牧场一般选择地势低、向阳、避风地段，距离定居点要近，有防寒的牲畜圈棚。

　　无论季节性牧场如何划分，水草都是最主要的划分依据。随着草场规模的扩大，对水源的要求则最为重要，可根据牲畜每日适宜的行走距离选择牧场，饮水点与放牧地牛一般适宜的距离是 1~1.5km，羊一般适宜距离为 2.5~3km，马一般适宜距离为 4~5km。季节性牧场可根据地下水水源和天然水源进行划分，如表 4-19 所示。

合作半游牧绿色牧居本体空间布局　　　　　　表 4-19

水源方式	不同水源方式半游牧分区示意图
	⊙ 牧民定居点　　○ 饮水点　　⋯⋯ 放牧通道　　🌙 河流　　🔺 湖泊　　▣ 合作社基地
地下水水源	a　　　　　b　　　　　c
天然水源	d　　　　　e　　　　　f

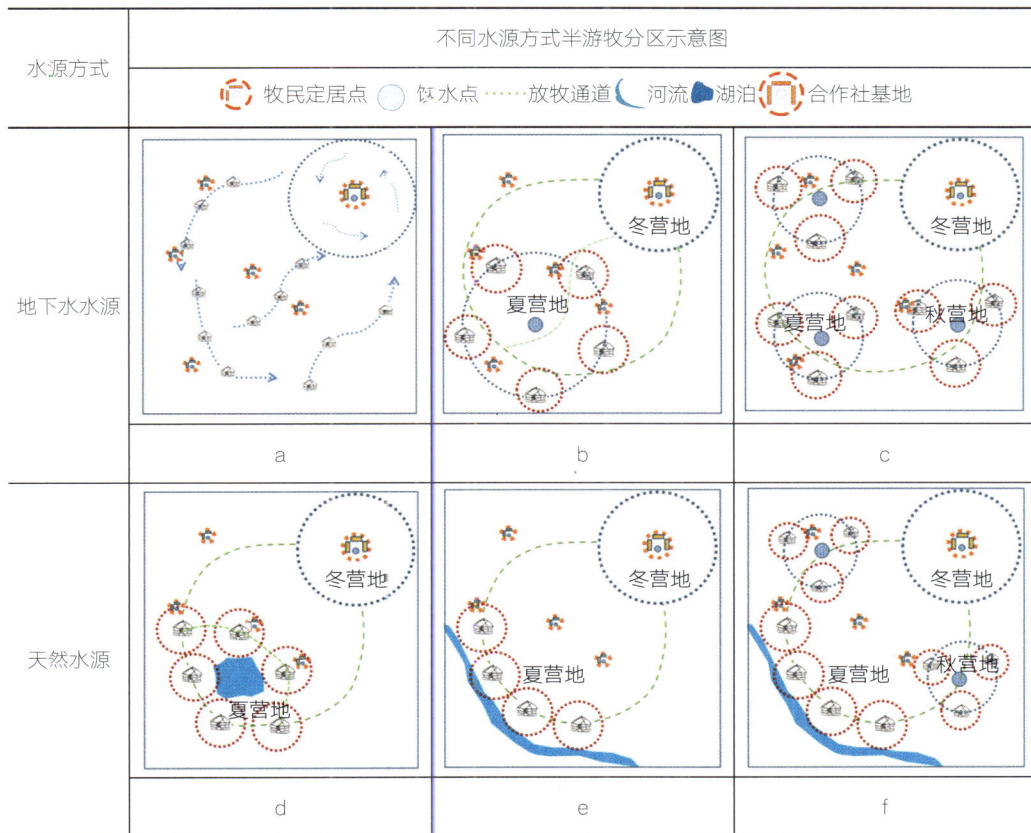

　　天然水源包括湖泊、河流，可结合水源位置选择在水源周边部署营地，水源周边往往是草地植被茂盛地区，根据水源类型不同，可规划不同的游牧形式，如：顺着河流进行线形游牧，围绕湖泊进行环形游牧，如春秋季湖泊、河流有枯水期，可设立春季、秋季牧场，春秋季牧场则需要根据地下水水源情况进行选择。无天然水源地区，均须结合地下水水源位置选择牧场，也可根据牧场状况在适宜地区打井作为水源地，游牧路线一般围绕水源进行环形游牧。冬季，需回到冬营地进行放牧，一般采取白天放牧，晚上回到基地，从而躲避冬夜的严寒。合作式半游牧绿色牧居与前文两种方式相比，最大的特征是半游牧的放牧方式。这种方式通过整合草场、牲畜，引入现代牧业生产技术，进行集约化生产，可以大幅度提升生产效率，同时可解放大部分劳动力，这部分牧民可以选择到城市打工补贴家用。集中式的管理方式可以引入科学的草原管理理念，对于草场充分利用、草原生态保护等均具有重要的意义。绿色牧居空间布局与草场的规模、定居点位置、水源位置密切相关，本书所提出的三种绿色牧居空间布局均是围绕上述三个要素的概念性规划。由内蒙古草原地域特征可以发现，内蒙古草原类型较多，各类草原植被、

地形、气候等均有很大差异，而这些因素也是影响绿色牧居空间布局的重要因素，需要在实践中根据具体情况提出有针对性的方案。但是，总体原则应该是在保证草场生态的基础上充分利用草地资源，并结合定居点、水源位置合理规划牧居空间，便利、经济、高效是对牧居空间布局的基本要求。

本章参考文献

[1] 吴良镛 . 人居环境科学发展趋势论 [J]. 城市与区域规划研究 , 2010,3(3):1-14.

[2] 洪志国 , 李焱 , 范植华 , 等 . 层次分析法中高阶平均随机一致性指标 (RI) 的计算 [J]. 计算机工程与应用 , 2002(12):45-47.

[3] 杨蕴丽 , 达古拉 . 新时期我国牧业合作社的生成机制与发展策略——基于对哈日高壁牧业合作社的调研 [J]. 中国畜牧杂志 , 2012,48(22):51-54.

[4] 中华人民共和国农业部 . 草原划区轮牧技术规程: NY/T 1343—2007 [S]. 北京: 中华人民共和国农业部 , 2007.

第5章

定居点室外
风环境营造

内蒙古草原位于严寒地区,地广人稀,地貌也多为开阔、平坦的丘陵和平原,自然风资源充沛。从气候特征可以发现,冬季严寒、昼夜温差大、大风日数多、降雪多、日照时数长等是草原牧区气候的主要特点,这样的气候条件对定居点室外物理环境产生了很大的影响。其中影响最大的包括室外风环境,而在此定居的牧民往往也十分重视防风,多年的建筑演变中形成了土坝、全围合及半围合院墙等几种较为普遍的住宅防风策略。定居点与城市住区和村落均有很大差别,建构筑物少、分散是其最为明显的特征。强风天气经常影响牧民的生产生活,合理的空间布局可有效地缓解这一问题。因此,本书旨在通过 CFD 流体力学模拟的方法,对草原牧区定居点风环境进行模拟和优化,从而深入剖析牧居定居点场地布局方面存在的问题,从而降低风雪流对牧民生产生活的影响,有针对性地提出解决策略。

5.1　大风与多雪的气候环境

5.1.1　强劲的北风

内蒙古大部分地区全年平均风速较大,草原牧区由于地势空旷,风速与城市相比更为强劲,强劲的风力是影响牧居形成的重要气候因素,同时也为草原上应用风能创造了条件。根据累年月均风速数据,各地区累年月平均风速均在 2.5m/s 左右,平均风速最大月均出现在 3~5 月份,10 月份的平均风速也相对较大,平均风速最小的时间为 7~8 月份。锡林浩特地区极大风速出现频次最多,极大风速达到 20~27m/s。呼伦贝尔地区和鄂尔多斯地区极大风速略小,但也达到 15~22m/s。各地区累年平均风速虽然在 2.5m/s 左右,但各地区出现较大风速日数较多,如图 5-1 所示。各地区出现风速≥5.0m/s 的日数均超过 200 日,锡林郭勒地区超过 300 日;风速≥10.0m/s 的日数在锡林郭勒地区也达到了 80 日,呼伦贝尔地区也接近 50 日;风速≥15.0m/s 的日数在锡林郭勒地区达到 10 日左右。各地风向在冬、春、秋季以北(N)、东东北(NNE)、北西北(NNW)为主,最大风速时间也在这几个季节出现,草原牧区风玫瑰如图 5-2 所示。

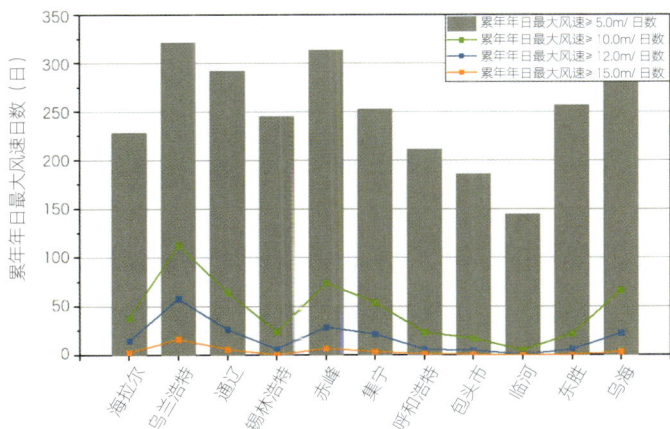

图 5-1　内蒙古各地区累年最大风速日数

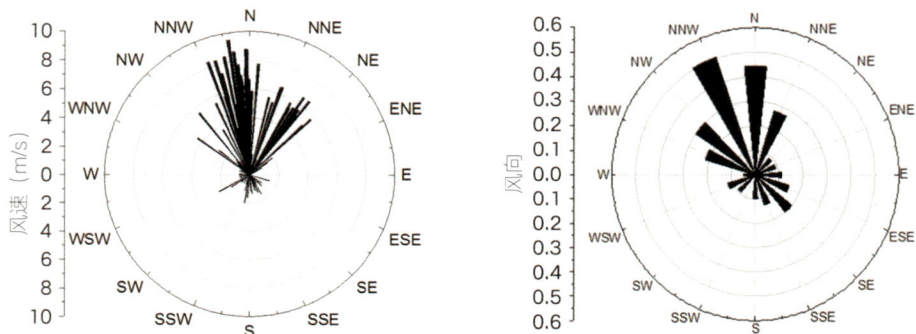

图 5-2　草原牧区风玫瑰图

5.1.2　厚实的积雪

积雪是降雪或者经风搬运堆积形成覆盖在地表的雪层，积雪对北方地区的生活环境及农牧业生产均有重要的影响。内蒙古地区冬季会有不同程度的降雪，乌兰察布以西、阴山山脉以南地区每年降雪次数虽然很多，但积雪一般不会持续太长时间。降雪主要集中在呼伦贝尔地区、兴安盟北部地区、锡林郭勒地区，这些地区往往入冬就会有不同程度的降雪，一旦降雪量较大，整个冬季将会持续有积雪。草原牧区的积雪一旦较多，牲畜就只能进行圈养，这会给牧民的牧业生产增加很多困难，伴随积雪往往还会出现强大的风雪流，这也会给当地生活带来很多问题。积雪冬季覆盖草皮，春天融化会缓解草原上的干旱，同时较大的积雪也增加了当地的湿度，一般呼伦贝尔等地区冬季的相对湿度会明显高于其他季节。

雪是灾害的一种表现形式，同时也是干旱地区不可多得的淡水资源，由于积雪低的热传导率，适度的积雪覆盖可以保证植被免受低温冻害，安全过冬。春季融化的雪水，可以改善土壤墒情，有利于植物的返青和后期生长。但是过量的积雪就会形成雪灾，导致牲畜行动和采食困难，增加了牲畜在采食过程中的能量消耗。当因采食所消耗的能量大于进食的能量补充时，就会出现牲畜的大量死亡，定居点积雪如图 5-3 所示。

图 5-3　定居点积雪

5.1.3　"风雪流"的形成

"风雪流"亦称风吹雪，是有积雪地区冬春季风夹雪粒运行的一种常见的自然现象。风雪流发生的时间一般在降雪中或降雪后，其中以降雪之后居多，风雪流需要两个基本条件，一个是大量的积雪，另一个则是能使雪粒运行的风。内蒙古草原牧区的冬春季大部分时间是满足风雪流基本条件的，因此风雪流成为草原牧区常见的气候现象。风雪流对草原牧区的生产生活造成了较大的影响，因此防控风雪成为定居点营建的首要任务。

5.2　定居点风环境特征

为掌握定居点室外风环境现状，选取半开放型、围合型、开放型三种典型的草原牧居进行室外风环境测试，三种类型牧居风环境测试结果如图 5-4 所示，测试期间风向为西北风。半开放型草原牧居测试期间迎风方向风速大于 10m/s，住宅和圈棚半围合而成的空间能形成较好的风环境，即使迎风方向风速较大，生活空间风速也能维持在 5m/s 左右，且在距离住宅 5m、距离圈棚 25m 区域，风环境才出现明显的增加，可见该类型牧居具有很好的防风效果。围合型牧居测试期间空旷处风速较小，基本上在 5m/s 左右，庭院内风速在 2m/s 左右，来流方向风速略大，这与相对较矮的院墙有关，适当增加院墙高度能有效地减缓风速。开放型牧居只有住宅对活动空间形成遮挡，在住宅前 3m 左右的区域，风能够得到有效阻挡，超过 3m 的区域，风速会明显增大。从三种类型的草原牧居风环境分析可见，围合型、半开放型牧居具有很好的防风效果，根据草原冬季风向频率，合理调整建筑朝向及围合方向，可为生活空间创造适宜的微气候。

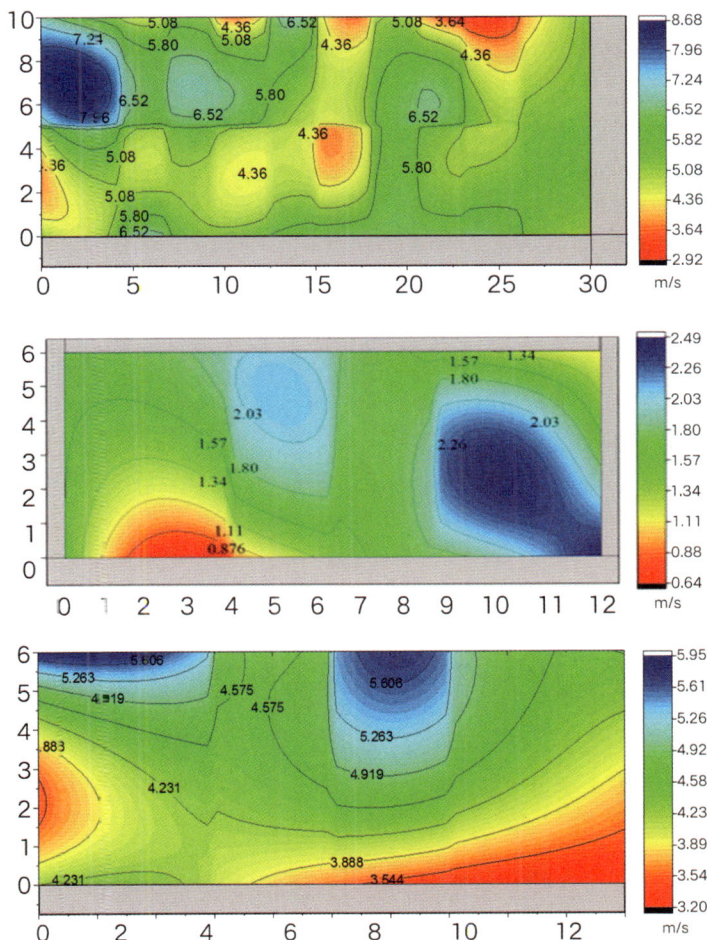

图 5-4　半开放型、围合型、开放型牧居风环境测试结果

为防止风雪流的侵袭，有些牧居采用防风雪屏障方式，如图 5-5 所示。常用的防风雪屏障有木制格栅、土坝两种，木制格栅采用木板制作，土坝就地取土堆砌而成，布置在牧居西北方向，长度通常在 100~200m，调研中发现最长的风雪屏障达 280m。风雪屏障对于阻挡冬季来自西北方向的风雪流有重要的作用，具体的设置规格可通过测试、模拟的方式获得。

图 5-5　防风雪屏障

5.3　室外风环境研究理论基础

关于建筑室外风环境的研究，风速的大小是关键。而风速、风速比（风速放大系数）等参数可以客观地表征出建筑与自然风环境之间的影响关系。同时，由于定居点建筑是一个集居住、生产等多功能于一体的综合建筑体系，所以人员对于室外风环境的主观感受是必不可少的评价依据之一。

5.3.1　风速、风速比与风速放大系数

风速比是一个反映建筑外部空间环境对风作用的指标，由公式 5-1 计算：

$$R_z = V_z / V_0 \qquad\qquad (5-1)$$

式中：V_z 是风环境中行人高度处的平均风速，m/s；V_0 为未受建筑物扰动影响处的平均风速，一般取初始风速，m/s[1]。

如果 $R_z > 1$，也可以把风速比称为风速放大系数，有关绿色建筑、生态住宅的评价标准中规定，在冬季典型风速和风向条件下，建筑物周围行人区风速小于 5m/s，且风速放大系数小于

2，可获 2 分 [2]。在数值模拟或者风洞实验中，风速比 R_z 也可以表示建筑物和其他形式障碍物对空气流动所造成的扰动影响以及这种扰动引起风速变化程度的大小。

5.3.2　室外风环境舒适度指标

在风速、风速比的基础上，从人体主观感受出发，一些学者分别提出了一些风环境舒适度的评价方法。如 Davenport 于 1972 年提出，结合风频、风速来评价一处室外空间的舒适度 [3]，如表 5-1 所示。从其中囊括的人员活动类型以及活动区域来看，对于草原牧区牧民，该评价指标也有着一定的适用性。

Davenport 风速—风频风环境舒适度指标　　　　　　　　　　表 5-1

活动类型	活动区域	相对舒适度蒲福风级指标 (m/s)			
		舒适	可以忍受	不舒适	危险
快步行走	人行道	5	6	7	8
慢步行走	公园	4	5	6	8
短时间站或坐	公园、广场	3	4	5	8
长时间站或坐	室外餐厅	2	3	4	8

对于室外风环境的评价，国外起步相对较早。国际上对于风环境的评价标准，受到了很多欧美国家的重视，许多国家规定在建筑和规划设计之初，就应将风环境舒适度纳入考量。

Emil Simiu 和 Robert.H.Scanlan [4] 曾统计了大量研究人员的现场测试、调研统计结果，提出了相应的风环境舒适度评价标准，通过对风速环境的考量，提出行人舒适度与风速之间存在的直接关系。

自 1970 年以来，澳大利亚政府已明确规定，当建筑物高度超过三层时，特别是对于大型公共建筑，必须首先进行风环境评估。纽约市的环境管理法规规定了清晰的建筑物形状和位置，以确保公共安全和舒适，尤其是在风环境中靠近地面的行人。规定风速不应超过 16 m/s，以确保新建建筑物的安全和舒适；同时，规定主要公园、人行道等场所的风速不得超过 13 m/s；人行道的最大风速不应超过 10 m/s；应进行风环境评估，高层建筑之间应有足够的距离，以使微风穿透市中心 [5]。

美国波士顿要求在城市地区，必须通过风洞实验的风洞舒适度模拟来评估高度超过 47 m 的新建筑物。同时，规定的风速时间比超过 13.5 m/s，且不能大于 1%。美国的旧金山还规定了室外公共场所高风速的时间频率，并且还制定了管理法规，要求年风速大于 11.6 m/s 的时间不到 1 小时。波士顿政府要求在新建筑口，每年风速大于 13.5 m/s 的时间比例不应大于 1%。对于大于 47 m 的高层建筑，必须在施工前进行风环境模拟并符合资格标准。

在日本，一些地方政府（东京、大阪等）已发布法规，要求对建筑面积超过 100000 平方米或建筑高度超过 100 米的建筑物产生开发影响，包括环境影响评估和步行区的风环境舒适。

在日本，人们是自发地参与其中，法律规定他们有权强迫开发商评估和改善行人专用区的风环境。

我国针对室外风环境的研究起步较晚，相关法规和设计标准也相对较少，部分国家行业标准中提及了建筑环境中的风环境设计要求。《城市居住区规划设计规范》GB 50180—93 规定，在寒地和寒冷地区，必须考虑冬季阳光的入侵、防寒、隔热和沙尘暴。在炎热的夏季和寒冷的冬季地区，以及炎热的夏季和温暖的冬季地区，建筑气候区应主要考虑住宅夏季的隔热和自然通风以满足室内要求。《绿色建筑评价标准》GB/T 50378—2006[2] 规定建筑物周围的行人区风速应低于 5 m/s，不应影响户外活动的舒适度和建筑物的通风，建筑物的总体规划有利于冬季日照，避免冬季是主要的风向，有利于夏季的自然通风。该标准还建议，在冬季典型风速和风向的条件下，建筑物的迎风面和背风面之间的风压差不大于 5 Pa，第一排面向风的建筑物除外。《建筑工程风洞试验方法标准》JGJ/T 338—2014[5] 中提出建筑物的风环境舒适度应满足建筑功能需求，风环境舒适度可以用平均风速比作为评价指标。

平均风速比计算公式如下：

$$R = V_r / V_0 \tag{5-2}$$

式中：V_r 为样本点的平均风速；V_0 为当地标准地貌 10 m 高度处平均风速。

标准规定，行人活动区域平均风速比不宜小于 0.2，且高风速的发生频率应满足舒适度评估准则的要求。对于大风季节可能对行人活动造成影响时，宜综合考虑平均风速和阵风效应的特征风速作为评价指标。当缺乏气象统计资料时，可简化评价行人风环境舒适度，所有样本点的平均风速比不宜大于 1.2，且不宜小于 0.2。

根据国内外研究及规范综述来看，世界上许多国家都出台了相关的法律法规，重视风环境的评价评估，我国也开始逐渐重视城市规划中的风环境问题。在建设中，却很容易忽视这一点，缺乏利用科学有效的手段对建设方案进行评估室外风环境的环节。我国也缺少针对地区特色制定的具体而明确的风环境评价指标[6]。

5.4 风环境数值模拟方法确定

定居点建筑的防风策略一般采取防风雪专用土坝、半开放型布局及围合型布局三种形式。土坝在冬季风雪流严重的牧区较为常见，是一道距离建筑物构筑物约 200m 的土质堤坝，堤坝高约 2m，宽 4m 左右；半开放型布局一般在居住建筑和生产建筑之间设置半围合院墙，这类防风策略主要针对主导风向对应下的建筑间加强风道，在建筑间构筑墙体来防御自然来风，墙体与建筑相接，墙体大多在 3m；围合型院墙与庭院类似，以 2m 左右的墙体将主要生产生活建筑包围在内，在防风的同时划分了主要的生活活动区域。三种形式的防风策略最基本的共同点就是对主导风向的重视，均将构筑重点置于主导风向一侧，而三者之间的差异也显而易见：土坝防风的核心是以对邻近地貌的人为改变来达到防风目的，与建筑相对独立，但构筑成本较高，且形式也较为简单粗糙；半开放型与围合型院墙则都是在建筑体系内增加防风构筑物，仍属于建筑体系的一部分，而半围合较全围合而言，用以防风的墙体高度要高于全围合，建造成本低于全围合。

为了进一步确定定居点既有的三种防风策略的优势与不足，本书从牧民主要活动区域内平均风速、风速比以及风速等值分布等方面出发，在调研采集获取了牧区实地各类防风构造的几何参数后，以牧区典型气象条件为边界进行了 ANSYS-Fluent 数值模拟，对比分析上文三种主要形式的风环境影响效果以及与牧民室外舒适度之间的关系。

5.4.1 物理模型建立

依据实地调研所得的建筑基本信息，牧区住宅建筑可分为牧民起居和牲畜圈棚两部分。其中起居部分按照牧区家庭的生活基本需求和调研资料客观反映，确定左右跨度为 20m、建筑进深为 6m。而牲畜圈棚部分按照牧区每户基本载畜量和调研了解确定左右跨度为 30m，建筑进深为 10m。土坝多相对于建筑背面一定距离等距围合，基本高度在 2m 左右，半围合院墙只连接迎向当地主导风向的建筑间的风道，连接的形状有直线、直角以及弧形；而全围合几何形式为较为统一的矩形围合，只在材料上各有不同，多使用砖砌围墙，也有部分使用木板、泥土等特殊材料进行围合。综合内蒙古草原牧区住宅建筑及防风构筑的典型特征，本书建立了使用三种主要防风策略的牧区住宅建筑物理模型，如图 5-6 所示。

图 5-6 不同方式的草原牧区居住建筑防风策略模型

5.4.2 湍流数值模拟理论

按照模拟精度、计算方法以及计算量等指标为依据，湍流的数值模拟基本可以分为以下三种方法[7]。直接模拟方法（Direct Numerical Simulation，DNS）基于完全精确的控制方程，对所有尺度的湍流均进行数值模拟。DNS 方法可以用来解析流场内极小的湍流尺度，而且能够分辨出极度复杂的旋涡结构和变化剧烈的脉动特性[8]。大涡模拟（Large Eddy Simulation，LES）基本思想是通过滤波方法消除湍流中的小尺度脉动，大尺度脉动通过求解滤波之后的 N-S 方程得到，小尺度脉动的动量和能量输运对大尺度运动的影响通过亚格子 (Sub-Grid Scale,SGS) 应力模型来描述。在高雷诺数湍流的能量输运过程中，大尺度脉动几乎包含所有的湍动能，小尺度脉动主要起耗散作用，对大尺度脉动直接计算可捕捉湍流中大部分的流动信息。此外，大尺度脉动与流动的几何外形（边界条件）有关，而小尺度脉动受流动边界的影响较小[9]。雷诺平均方法 (Reynolds Average Navier-Stokes, RANS) 是当仅需要预测湍流的平均速度场、平均标量场以及平均作用力时，可以由雷诺平均方程出发，借由引入雷诺应力的封闭模型解出平均流场 RANS 方法将 Navier-Stokes 方程中的瞬时变量分解成平均量和脉动量两部分，对流动特征量进行时均化处理，并将脉动量部分的影响通过雷诺应力来表示。其核心思想是不直接求解瞬态 Naver-Stokes 方程，转而求解时均化的雷诺平均方程 [10]。

DNS 与 LES 方法均需要大量的高质量的网格，对计算机资源需求较大，因而在实际工程中应用较少。同时，湍流模型中包含的经验常数随模型复杂程度的增大而增多，而且对其取值十分敏感，因而湍流模型不具有普适性，目前对于很多土木工程结构缺乏直接的测量数据可供参考，特别对于复杂外形的工程结构风环境研究，很难找到一种能准确描述流场内的所有特征流尺度和旋涡特性的通用模型 [11]。最简单的完整湍流模型是 k-ε 两方程模型，要解速度和长度尺度两个变量，是工程流场计算中主要的工具。草原牧区住宅属于低矮房屋，模型相对简单，k-ε 两方程湍流模型十分适合描述该类模型扰动下风环境湍流特征。

5.4.3 计算区域和研究区域界定

数值模拟中计算区域的选取对模拟结果至关重要，计算区域过大会使网格数量增加，计算量增大，进而增加模拟时间；计算区域过小，流动不能充分发展，影响模拟结果的真实性，因此必须科学合理地选择计算区域，在不影响模拟结果的基础上减小计算量，合理利用计算机资源，一般来说，障碍物的阻塞率不应超过 3%。通过前期比对不同计算域下试模拟的结果，本书选取计算域尺寸如图 5-7 所示：高为 10 倍建筑特征长度，建筑前、左和右距计算域相应边界为 8 倍建筑特征长度；出口与建筑距离为 18 倍建筑特征长度。

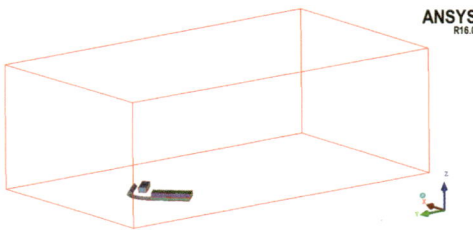

图 5-7 牧区室外风环境研究建筑物理模型

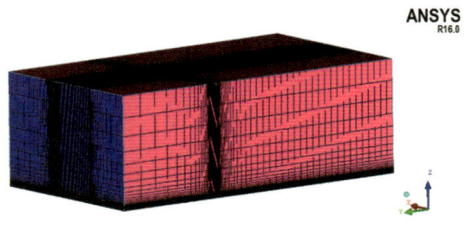

图 5-8 结构化划分网格

5.4.4 网格划分

本书数值模拟使用的是三维模型，网格划分时可划分为四面体、六面体、棱锥形等形式的网格。网格自适应技术即用户可根据模拟结果对原有网格进行自适应调节，可以对特定区域进行局部加密处理，而不改变其他区域的网格，使得到的流场特征更为准确，本书划分网格见图5-8。网格无关性检验是数值模拟的一项重要验证过程，即在网格划分部分，网格继续加密或提高网格质量时，模拟结果的重要参数量不随网格数量发生显著变化，可认为网格数量不会对数值模拟结果产生影响。网格无关性检验是数值模拟前期的必要部分，是保证数值模拟结果可靠的前提，是数值模拟误差校核的重要组成部分，也是学术界对数值模拟的基本要求。因此，本书由大到小划分了 4 种数量的模型网格，在相同条件下进行数值模拟，以研究区域内平均风速（1.5 m 高度）为判别指标进行了网格无关性检验，网格数量及计算结果如表 5-2 所示。

从 102 万到 183 万这四种数量网格划分下模拟所得的参考面平均风速值基本一致。基于本书研究目的，参考有关建筑室外风环境的标准、规范等资料中对风速取值的描述，表中的风速差异在可允许范围内。综上所述，本书结构化网格数量在 123 万左右。

网格无关性检验—研究区域平均风速　　　　　　　　表 5-2

网格数量	平均风速 (m/s)
102×104	4.182
123×104	4.179
152×104	4.181
183×104	4.175

5.4.5　边界条件设置

速度入口：Fluent 中有多种可选入口边界条件类型，在文中计算区域入口边界条件类型为速度入口（Velocity-inlet），速度按照收集的气象数据，取 6 m/s 的参考值。出口边界条件：为了使区域内流动充分发展，流动变量的扩散通量为零，出口边界条件设为压力出流边界条件（Pressure-outlet），压力设为标准大气压力。壁面边界条件：文中主要研究薄壁多孔周围空气流动结构，因此墙体表面设为无滑移壁面条件（Wall），近壁区流动采用壁面函数法 [7, 12, 13]。计算区域上表面、两个侧面设为对称边界（Symmetry），三个面上所有物理量的梯度变化为零，对称边界可以有效减小计算区域，缩短模拟时间，有效利用计算机资源。数值模拟方法：Fluent 软件是 CFD（Computationa Fluid Dynamics）中应用最广泛的软件之一，软件将计算区域物理变量离散点的集合来代替连续的物理量的场，将空间离散点上的物理量按照一定关系建立代数方程组，求解方程组来获得物理量的值。Fluent 软件采用有限体积法，有非耦合隐式算法（Segregated Solver）、耦合显式算法（Coupled Explicit Solver）和耦合隐式算法（Coupled implicit Solver）三种算法，基本适用于各种流动。SIMPLE(Semi-Implicit Method for PressureLinked Equations) 算法不对 N-S 方程求解，对动量方程进行压力修正，适用于不可压缩流动。SIMPLE 算法求解过程是先假定一个速度场，来计算动量方程的系数，再根据求得的速度计算假定速度值，然后再求解压力方程，用求解的压力值求解动量方程，再用求解的动量方程得出的速度值求解压力修正值，用压力修正值修正速度，再计算动量方程的系数，重复计算，轮换求解速度场和压力场，直到解收敛，计算结束。本书压力、动量、湍流动能和耗散项采用二阶迎风进行模拟。

5.4.6　研究区域的确定

按照牧区生产生活的基本特点，牧居起居房屋以北、牲圈仓房以西之间的区域是牧民较为频繁出入、活动的主要区域。在此区域内也极容易感受到由室外风环境带来的不舒适感。由于接近地表的风速随着高度而变化。因此，不论城市还是草原牧区。风速都必须要明确高度，最常见的风速模拟采用 1.4~1.7 m 高度，以接近感觉较为丰富的人脸。本书结合研究地区牧民的实际身体情况，定为 1.5 m 的研究高度　研究区域如图 5-9 所示。

图 5-9　研究区域示意

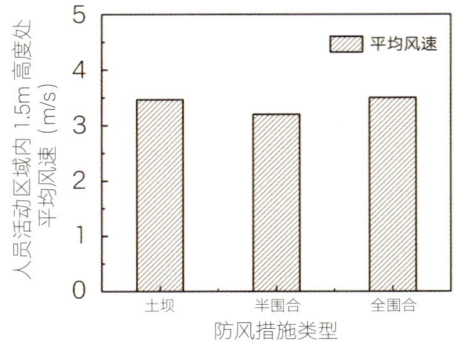

图 5-10　各类型防风措施下研究区域内平均风速

5.5　风环境的数值模拟与优化

定居点是草原牧民固定生活和生产的场所，由居住生活空间和牧业生产空间组成。从定居点布局可知，草原牧居定居点分为三种类型，分别为开放型、半开放型和围合型。开放型、半开放型由于具有更加开阔的空间，比较适合大规模的牧业生产，围合型由于空间有限，因此在牲畜规模较小的地区采用的较多。定居点布局除了生产的需求以外，还需要考虑生活及生产空间的防风措施，草原牧区大风天气较多，各地区每年出现风速≥ 5.0m/s 的日数均超过 200 日，锡林郭勒地区超过 300 日，风速≥ 10.0m/s 的日数在锡林郭勒地区也达到了 80 日，呼伦贝尔地区也接近 50 日。大风天气与草原上的积雪极易形成风雪流，对牧民生活及生产活动造成很大的影响。通过改变建筑及构筑物的组合方式，改善人员活动区的风环境是建筑设计中经常采用的方法，合理的布局可以有效降低人员活动区的风速。

5.5.1　对比分析

从防风机理来说，这三种形式均是利用钝体绕流现象来达到衰减风速的目的。但这三种防风形式几何形状存在差异，从而也会使局部的风速出现差异。从数值模拟所得的区域内平均风速来看，相同位置研究区域内，半围合下的牧居住宅室外研究区域内平均风速最低，土坝与全围合型在研究区域内的风速衰减程度相近，如图 5-10 所示。

三种防风措施下牧居室外风环境的等值风速分布（1.5m 高度处、室外纵面）也显示出了三者之间的另一个室外风环境差异，如表 5-3 所示：（1）土坝在工况下的牧居室外风环境的风速均匀性，要差于其他两种形式的防风策略。但土坝的弧形弯折处北风形成了一块较大的低风速区，这部分区域风速低且分布均匀；（2）全围合与半围合的区别之一，就是对绕过建筑的空气流动有了再一次的扰动，从而使牧居在室外研究区域内的风速分布更为均匀。受牧区生产、生活方式的限制，全围合型的高度一般在 2m 左右，掠过围合型的风在牧民起居与牲畜圈养的建筑之间还是形成了一个较为明显的加强风道，这对于风环境的营造是十分不利的；（3）直线墙连接的半围合相较其他两种形式的防风策略，风速均匀性适中，而且也没有十分明显的加强风道。

从牧民客观的生产、生活需求以及对风环境的影响这两方面考虑，土坝与半围合防风策略的适宜性优于全围合防风策略。

三种防风措施下定居点室外风环境的等值风速分布　　表 5-3

类型	1.5 m 高度处	室外纵面
半围合院墙		
全围合院墙		
防风土坝		

5.5.2　风环境数值模拟优化分析

为了进一步探讨几何形式与相对围合高度、相对建筑间距对防风效果的影响，本书又对不同形式的土坝以及半围合院墙进行了数值模拟。

1. 防风土坝优化分析

在构筑土坝的内蒙古草原牧居中，往往在建筑周围的环境就地取材，土坝与建筑的间距是较为重要的一个影响因素。为了进步验证与建筑的间距和研究区域内风速衰减情况之间的关联性，本书依次选取了 4 m、8 m、14 m 和 22 m 这 4 个不同间距进行了数值模拟。模拟所得的研究区域内行人高度处（1.5 m）平均风速如图 5-11 所示，随着间距的不断增加，研究区域内风速值逐渐降低，并在 14 m 之后有了相对大幅的降低。

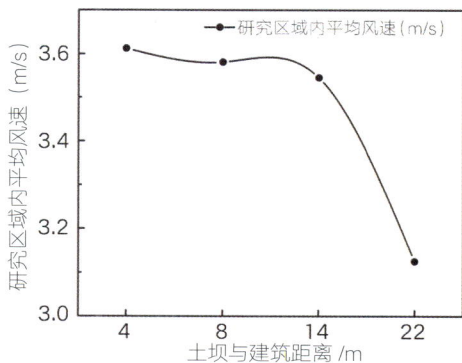

图 5-11　各类型防风措施下研究区域内平均风速

如表 5-4 所示,按照土坝与建筑不同间距下室外风环境与研究区域和室外纵面等值风速分布,随着土坝间距的不断增加,土坝与房屋之间的低风速区逐渐扩大。且该区域的风速值低于 3 m/s,可以满足室外人员舒适度的基本需求。但风掠过土坝后在建筑间仍然会形成加强风道。土坝的局限更多地体现于其高度和围合程度的局限,增加围合土坝围合的程度和高度可以进一步提升其风环境营造的优势。

土坝与建筑不同间距下室外风环境的等值风速分布 表 5-4

间距	1.5 m 高度处	室外纵面
4 m	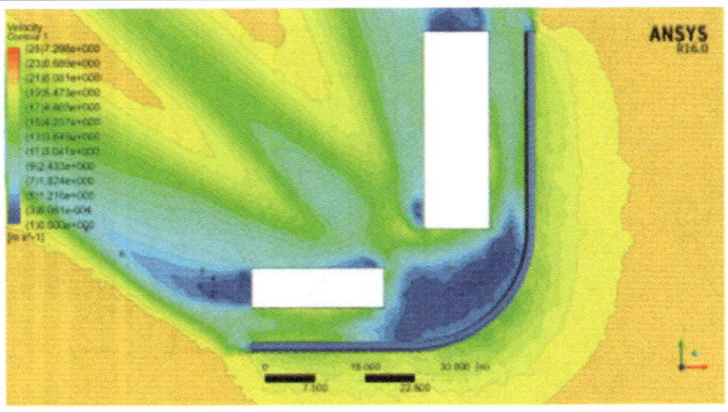	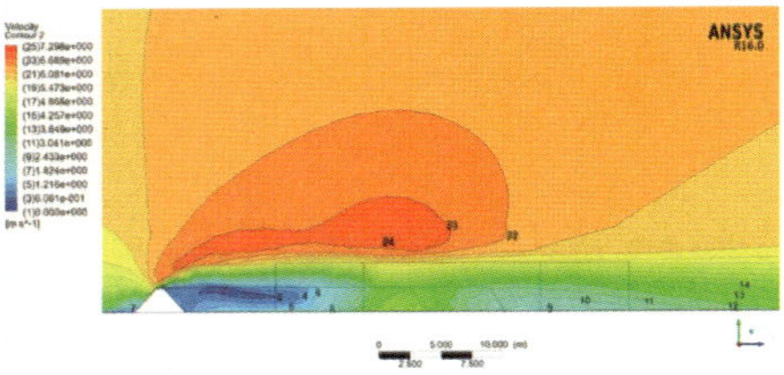
8 m	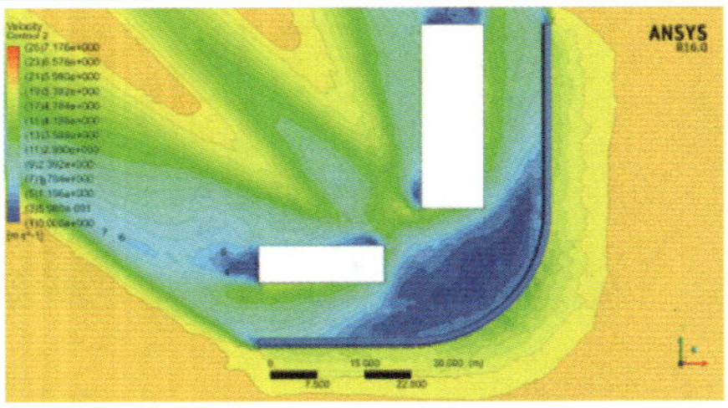	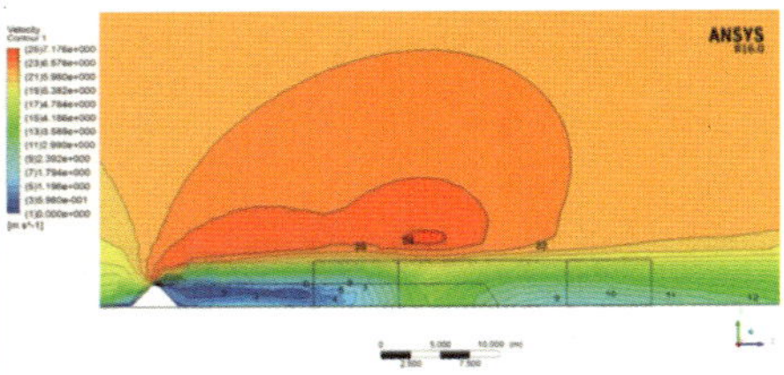
14 m	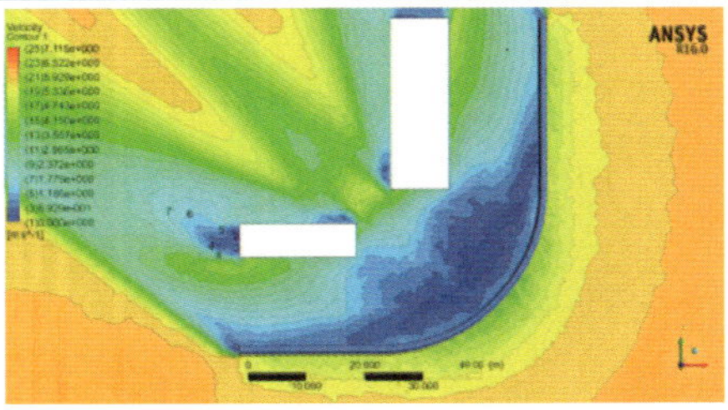	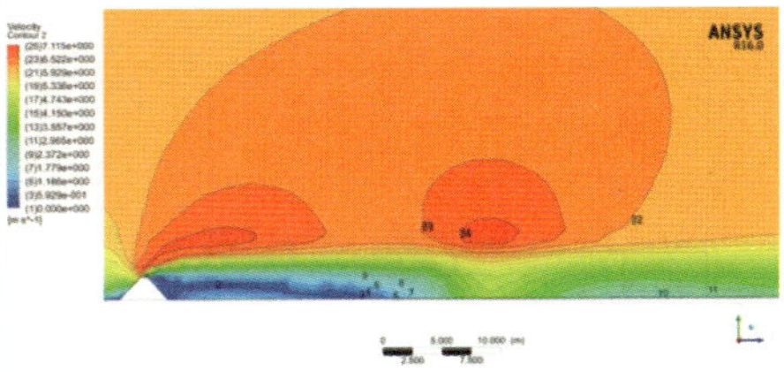
22 m	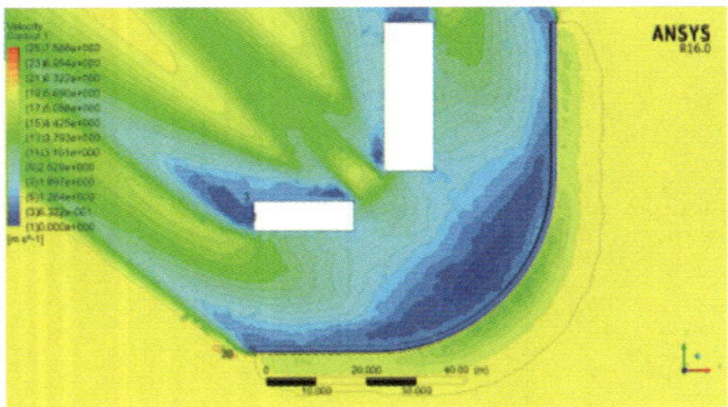	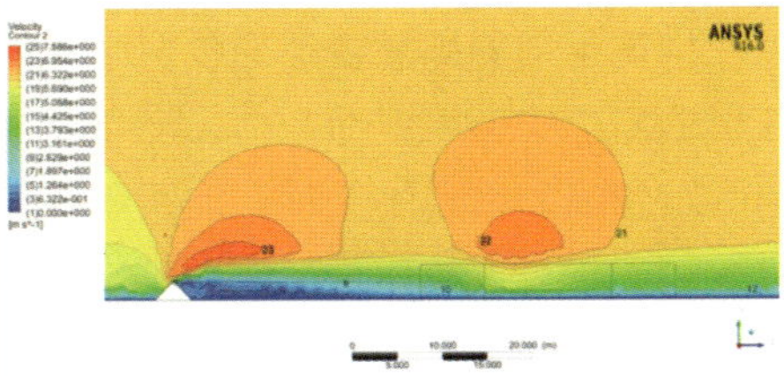

2. 布局优化

半围合形式的防风策略的关键,在于围合的几何形式和围合高度,本书选取了直角、直线以及弧形三种形状的围合,如图 5-12 所示。并且数值模拟了 1~4 m 围合高度下的牧居室外风环境。

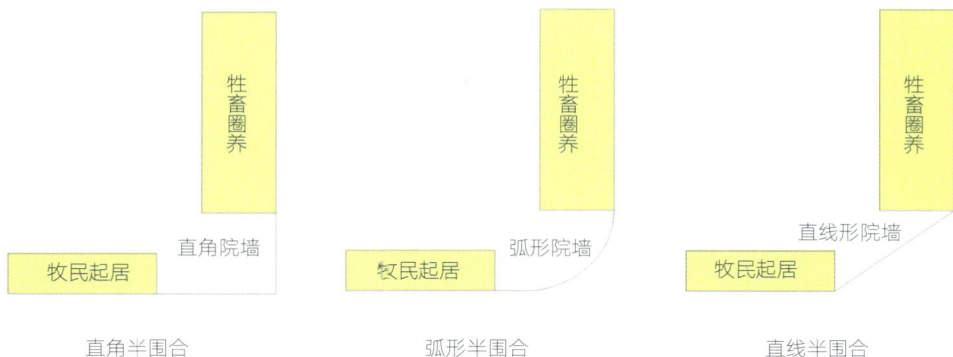

图 5-12　不同形式的半围合防风策略

（1）弧形

如表 5-5 所示，弧形半围合下的室外风环境，基本符合半围合影响下的风环境特点，不同在于，弧形围合后形成的行人高度风速区域更为均匀，这一点与土坝的弧形折弯形成的效果类似；在 2 m 高度时，该围合后形成的低风速范围也更广。

（2）直线型

如表 5-6 所示，直线型半围合与弧形半围合的共同点是消弭了建筑迎风侧的锐角部分，这对风环境的改观是显著的，但其在风环境流态上的营造要逊色于弧形围合，同时在 1 m、2 m 高度围合时，形成的加强风道仍然十分显著。

（3）直角

如表 5-7 所示，直角围合虽然闭合了建筑间形成的加强风道，并且随着高度的增加，行人高度处的风速也越发均匀，但其直角部分后方在 1~3m 围合高度范围内也形成了一道明显的高风速区域，这对于风环境的营造是十分不利的。

不同高度弧形墙围合下室外风环境的等值风速分布　　　　　　　　　　表 5-5

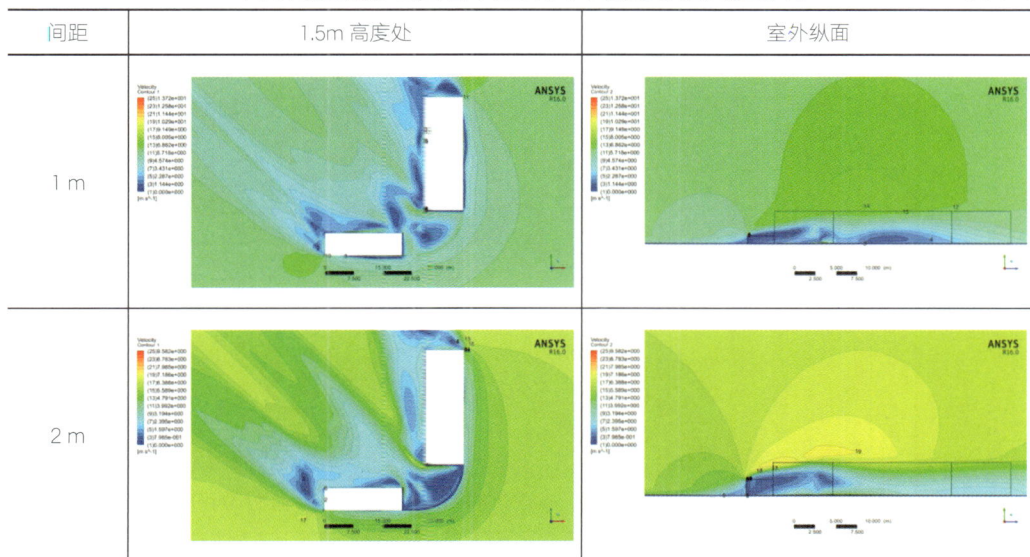

间距	1.5m 高度处	室外纵面
1 m		
2 m		

续表

间距	1.5m 高度处	室外纵面
3 m	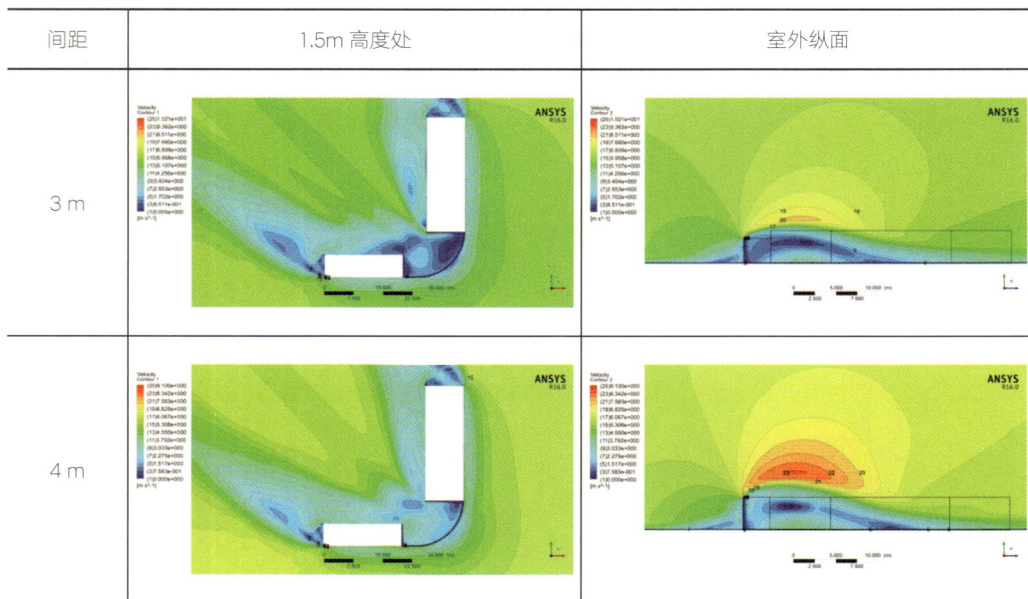	
4 m		

不同高度直线型围合下室外风环境的等值风速分布　　　表 5-6

间距	1.5m 高度处	室外纵面
1 m	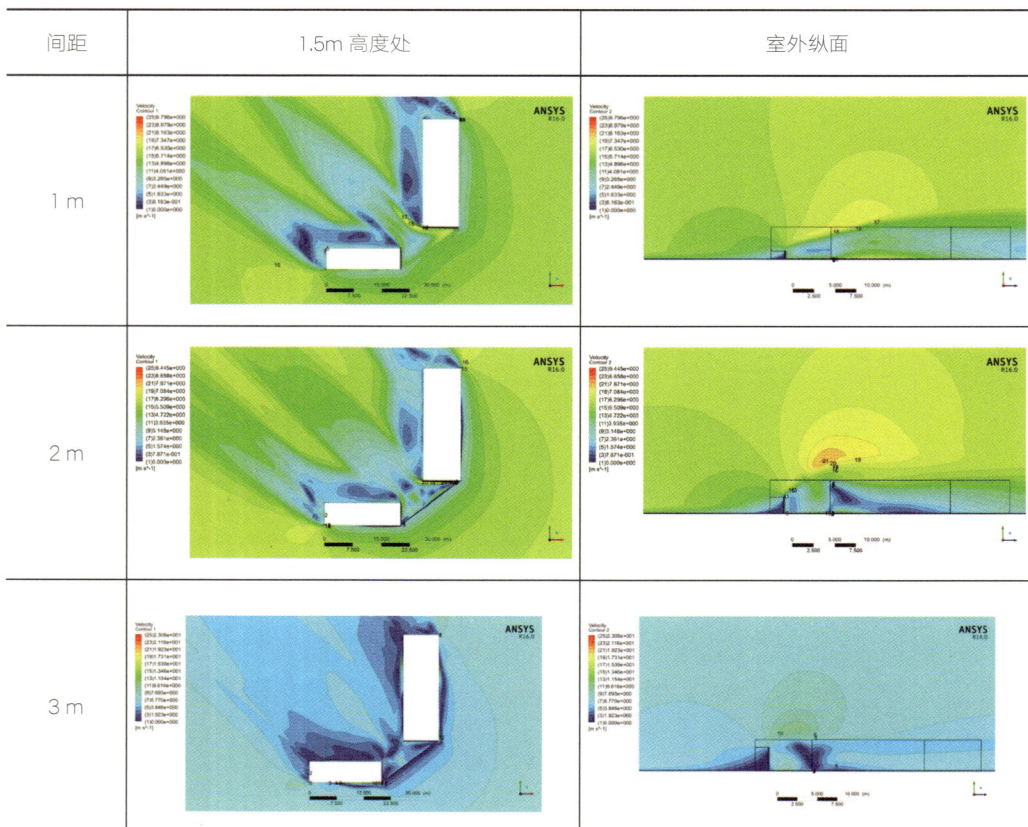	
2 m		
3 m		

续表

间距	1.5m 高度处	室外纵面
4 m	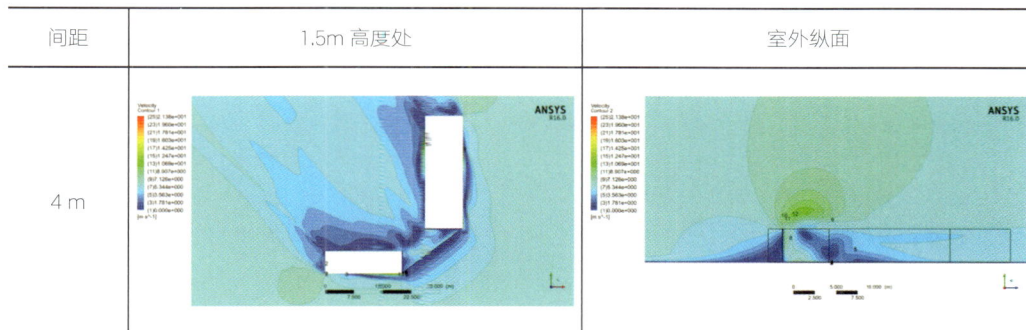	

不同高度直角半骃合下室外风环境的等值风速分布　　表 5-7

间距	1.5m 高度处	室外纵面
1 m		
2 m		
3 m		
4m		

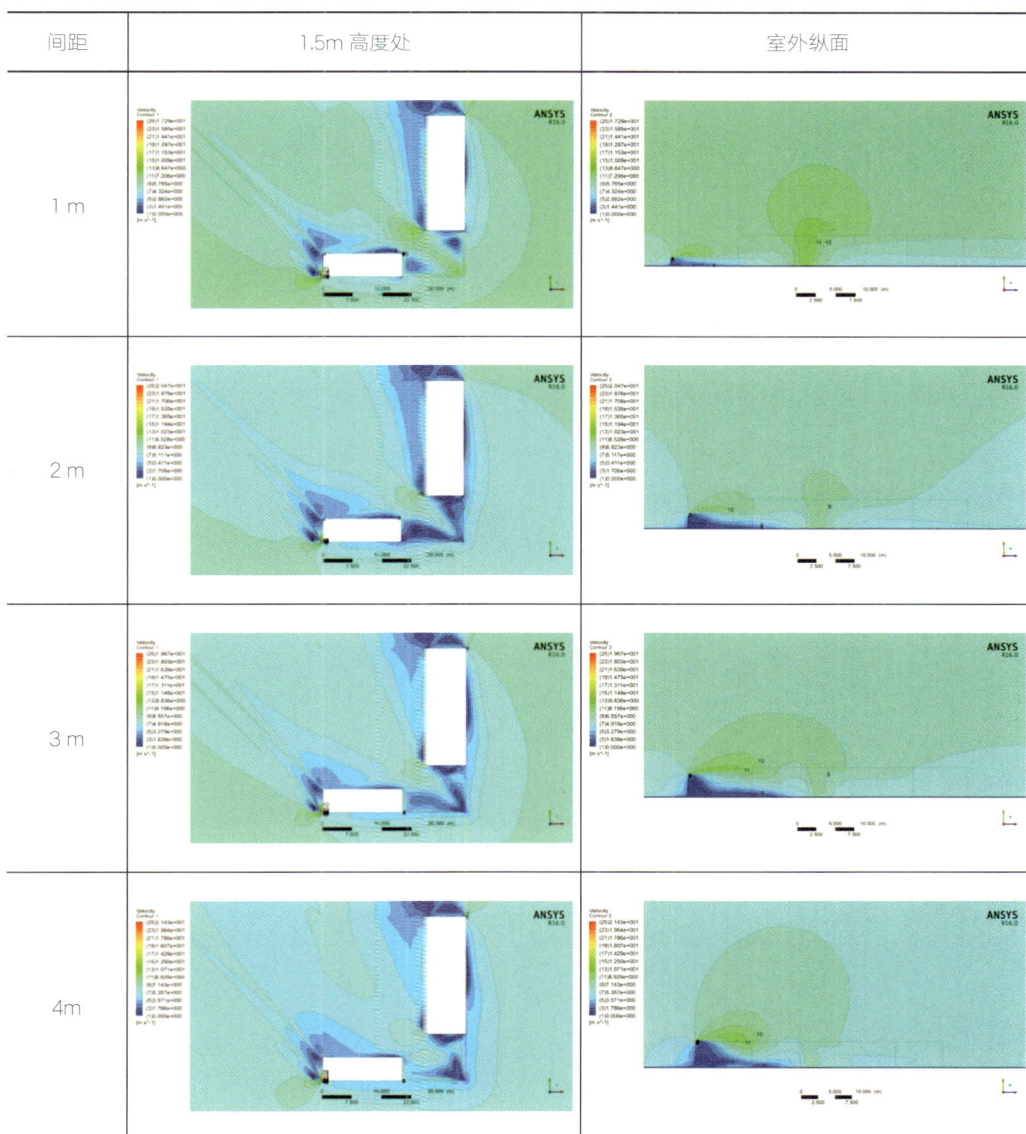

　　同时，不同围合高度下研究区域内行人高度处的平局风速与风速比，如图 5-13 所示。对于在研究区域活动的人员来说，直线形式的半围合风速衰减的效果最优，其次是弧形半围合，最差是直角半围合。而且从围合的高度来看，不论是弧形半围合还是直线半围合，2 m 左右的围合高度都是较为合适的。

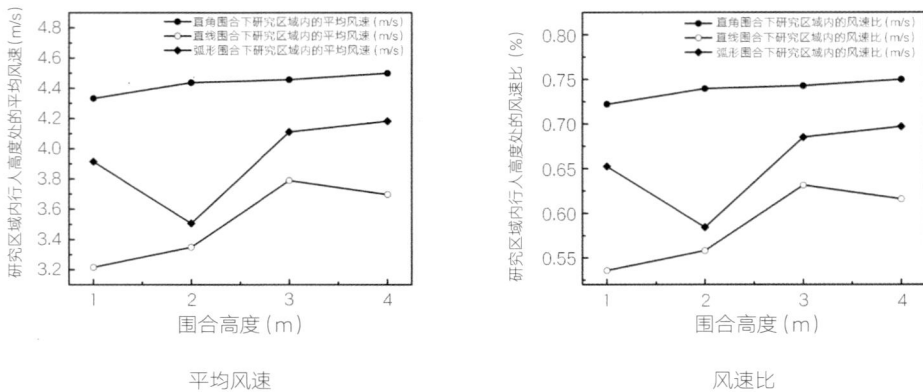

平均风速

风速比

图 5-13　不同高度围合下研究区域内行人高度处的平均风速与风速比

　　综上所述，半围合防风策略以相对较小的工程成本能够达到接近甚至优于全围合和土坝防风效果。同时，通过对比不同形状、高度的半围合形式，能够得出内蒙古既有草原牧居风环境营造的关键要点：

　　（1）牧区既有建筑间几何差异较大，对建筑锐角的钝化可以改善局部风速从而增强牧居建筑整体的抗风性。其中，钝化方式应首选弧形等曲线形式。

　　（2）土坝的实质是对微地貌的改变，进一步优化土坝的几何特征、拓展土坝围合范围能够更有利于牧区建筑室外风环境营造。

　　（3）防风效果较好的半围合形式的防风策略，2m 左右的高度基本可以达到相较于其他高度更好的防风效果。

本章参考文献

[1] 刘政轩，韩杰，周晋，等 . 基于风速比和空气龄的小区风环境评价研究 [J]. 建筑技术，2015,46(11):996-1001.

[2] 中华人民共和国住房和城乡建设部 . 绿色建筑评价标准：GB/T 50378—2006[S]. 北京：中国建筑工业出版社，2019.

[3] DAVENPORT A G. An Approach to Human Comfort Criteria for Environmental Wind Conditions: Colloquium on Building Climatology[C] Stockholm, 1972.

[4] SIMIU E, SCANLAN R H, SACHS P, et al. Wind Effects on Structures: an Introduction to Wind Engineering and Wind Forces in Engineering[J]. 1980.

[5] 中华人民共和国住房和城乡建设部 . 建筑工程风洞试验方法标准：JGJ/T 338—2016[S]. 北京：中国建筑工业出版社，2014

[6] 刘彬 . 寒冷地区 CBD 冬季室外风环境研究 [D]. 重庆：重庆大学，2017.

[7] 小原俊平，等 . 室内舒适环境设计 [M]. 彭斌，译 . 北京：科学出版社，2000.

[8] KNIGHT D S L. Recent Advances in DNS and LES[M]. Netherlands: Kluwer Academic Publishers, 1999.

[9] KOLMOGOROV A N. Dissipation of Energy in Locally Isotropic Turbulence [J]. Proceedings of the USSR Academy of Sciences 1941,32:16-18.

[10] 孙颖昊 . 典型低矮建筑结构的风压和风效应的模拟与分析 [D]. 上海：上海交通大学，2013.

[11] 朱伟亮 . 基于大涡模拟的 CFC 入口条件及脉动风压模拟研究 [D]. 北京：北京交通大学，2011.

[12] ELGHOBASHI S E, PUN W M, SPALDING D B. Concentration Fluctuations in Isothermal Turbulent Confined Coaxial Jets[J]. 1977,32(2):161-166.

[13] 周伟朵 . 用数值模拟方法研究挡风抑尘网高度对抑尘效率影响 [J]. 电力科技与环保，2012,28(1):46-47.

第6章

定居点建筑的设计与建造

定居点是绿色牧居的中心，包括生活建筑和生产建筑，是牧民主要生活和生产的场所，定居点建筑的改善决定着牧民的居住品质，绿色牧居选用的技术应以达到保护生态环境，提高能源、资源的利用效率，创造舒适的生活和生产环境为目的。因此，定居点建筑的设计与建造应按照前文提出的被动优先、易于建造、传统文化传承、地域技术更新、本土材料应用等策略，致力于解决气候严寒、高度分散、距离城市较远、材料运输难、技术水平低等问题。

6.1　寒冷的气候环境

内蒙古草原气候为温带大陆性季风气候，四季温度变化分明，冬季气候寒冷，春秋季多风，夏季干旱少雨。内蒙古自治区大部分位于严寒地区，呼伦贝尔市大部分地区、兴安盟北部地区属于严寒地区 A 区，锡林郭勒地区大部分属于严寒地区 B 区，巴彦淖尔西部、乌海、阿拉善盟大部分属于寒冷地区 A 区，其余地区均位于严寒地区 C 区。内蒙古自治区代表性城市和地区气候分区如表 6-1 所示。

内蒙古自治区代表性城市和地区气候分区　　　　　　　　　　　　表 6-1

气候分区	代表性城市与地区
严寒地区 A 区	图里汇、海拉尔、新巴尔虎右旗、博克图、那仁宝拉格
严寒地区 B 区	东乌珠穆沁旗、二连浩特、阿巴嘎旗、化德、西乌珠穆沁旗、锡林浩特、多伦
严寒地区 C 区	额济纳旗、拐子湖、巴音毛道、满都拉、海力素、朱日和、乌拉特后旗、达尔罕茂明安联合旗、集宁、鄂托克旗、东胜、扎鲁特旗、巴林左旗、林西、通辽、赤峰、宝国图
寒冷地区 A 区	吉兰泰、临河

气温是气候最重要的要素之一，也是建筑热工设计需要考虑的重要因素。根据各盟市政府所在地 1981~2010 年气象数据进行分析，各地区累年平均气温、累年平均最高气温、累年平均最低气温及各地区纬度如图 6-1 所示。由图可见，气温总体趋势是自东北向西南逐步增高。其中东北部的呼伦贝尔地区气温最低，累年年平均气温在 0℃以下，累年平均最高气温为 5.9℃，累年平均最低气温为 -6℃；位于中部的锡林郭勒地区累年年平均气温约为 3℃，累年平均最高气温为 10℃，累年平均最低气温为 -3℃；位于西部的乌海地区累年年平均气温为 10℃，累年平均最高气温为 17℃，累年平均最低气温为 4.2℃。

6.1.1　各月平均气温

通过对 1981~2010 年的气象数据统计分析，呼伦贝尔、通辽、锡林郭勒、鄂尔多斯等地区累年月平均气温如图 6-2 所示。如图所示，内蒙古大部分地区从每年 10 月中旬 ~ 第二年 3 月中旬月平均温度低于 0℃，其中 1 月份平均气温最低，呼伦贝尔地区平均气温低于 -20℃，其他地区 1 月份平均温度也低于 -10℃；3 月中旬 ~10 月中旬月平均温度高于 0℃，其中 7 月份平均气温最高，各地区平均温度在 20~25℃。

6.1.2 累年年最低气温日数

通过统计各地区累年日最低气温≤0℃、≤-2℃、≤-15℃、≤-30℃的日数，具体如图6-3所示。由图可见，大部分地区累年日最低气温≤0℃的日数在 150 天以上，其中呼伦贝尔地区超过 200天，锡林郭勒地区也接近 200 天；各地区累年日最低气温≤-15℃日数在呼伦贝尔地区和锡林郭勒地区也达到了 100 天，中东部的其他几个地区也超过了 50 天，西部地区均低于 50 天；各地区累年日最低气温≤-30℃的日数在呼伦贝尔地区也达到了 50 天。

6.1.3 气温日较差

气温日较差是一日内气温变化的幅度，内蒙古大部分地区气温日交叉均较大，如图6-4所示。由图可见，锡林郭勒地区累年平均气温日较差最大，最大日较差达到 15℃，出现在 4~5 月份，最小日较差为 11℃，出现在 12 月份；鄂尔多斯地区累年平均气温日较差最小，最小值为 9℃，出现在 12 月份，该地区最大日较差为 11.8℃，出现在 5 月份。各地区气温日较差在春秋季一般较大，而在冬季和夏季一般较小。

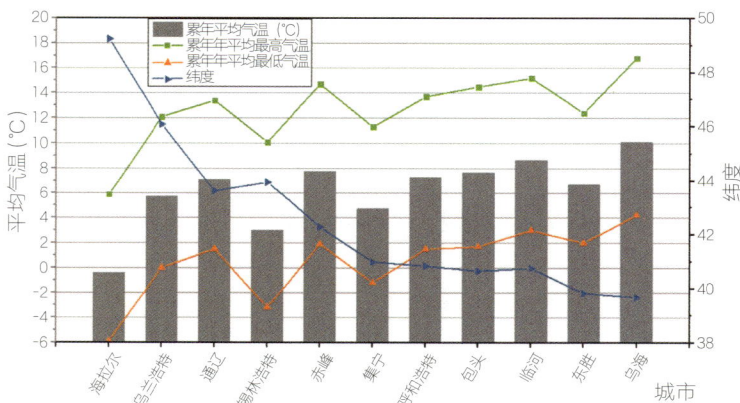

图 6-1 各地区累年平均气温分析图

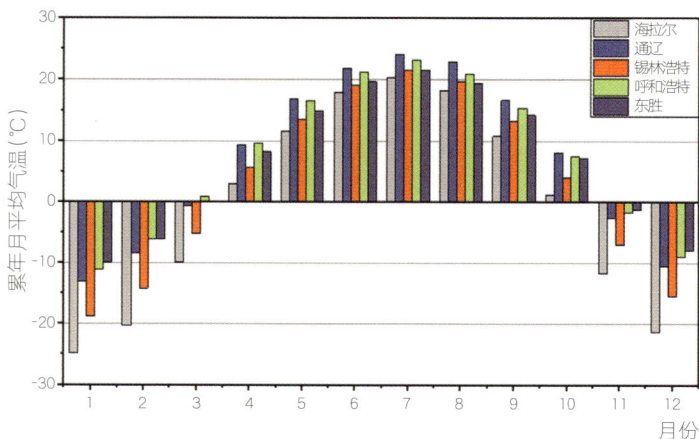

图 6-2 累年月平均气温

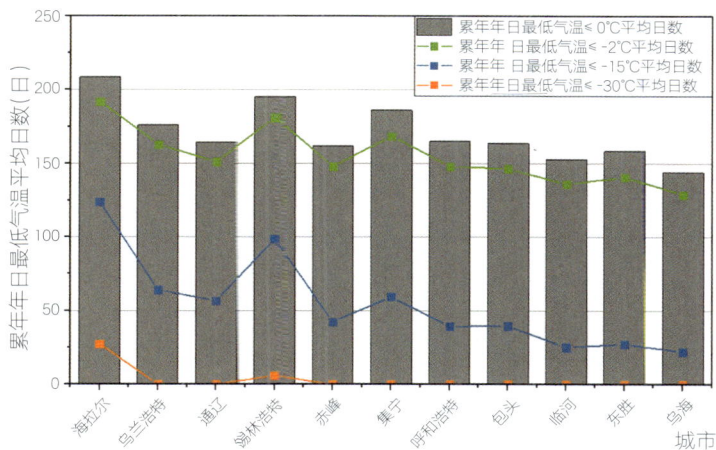

图 6-3　累年年最低气温日数

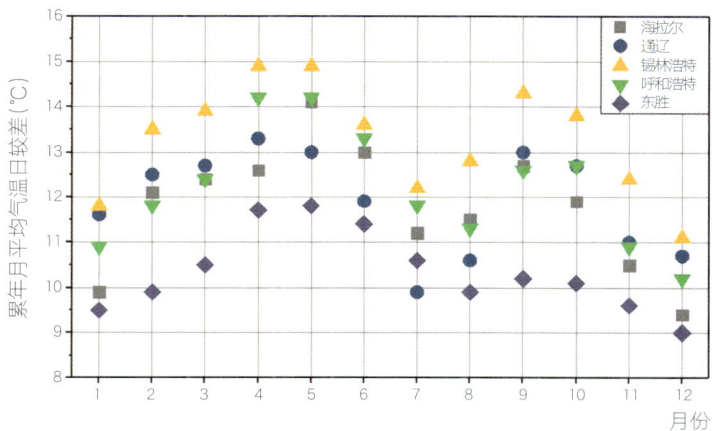

图 6-4　累年月平均气温日较差

6.2　建筑应对严寒气候现状

6.2.1　移动住宅热环境

　　蒙古包的建筑形式、建筑材料、构造方式充分体现了气候适应性特征，其建造、使用及废弃过程完全符合草原的生态规律和生产生活方式[1]。随着社会的变迁，牧民的居住方式从游牧转向定居，蒙古包也逐渐被固定住居取代，蒙古包被取代的原因主要由于热舒适性较差，因此改善蒙古包热环境是延续蒙古包生命力的关键所在。为掌握蒙古包室内热环境实态，通过搭建实验蒙古包进行全方位测试（图 6-5）。

1. 逐时温湿度变化

　　实验蒙古包的逐时温湿度变化如图 6-6 所示。由图可见，蒙古包室内温度昼夜间变化幅度较大，在过渡季昼夜温差可达 15℃左右，冬季室内昼夜温差可达 10℃，且室内温度变化几乎与室外温度变化同步。从冬季采暖的间歇过程可以发现，采暖后温度得到快速提升，停止采暖后温度在 1.5h 内下降 12.1℃。上述温度的不稳定均与蒙古包的轻质围护结构有关，因此，改善蒙古包的热环境首先应改善其围护结构的热惰性。从湿度曲线可以发现，室内外湿度变化趋势总体一致，晴天室内昼夜间湿度差比室外湿度差小，且室内最高湿度低于室外最高湿度，室内最低湿度高于室外最低湿度，雨天室外湿度很高的情况下，室内湿度平均水平比室外低 20.4%。湿度的这些变化与围护结构有关，围护结构外表面为防雨布，防止雨水浸湿毛毡，内表面为毛毡，具有一定的吸湿能力，室外湿度高的时候吸湿，室外湿度低的时候加湿室内空气，对于室内湿度有较好的调节作用。但当室外湿度持续较低的时候，毛毡将使室内变得更加干燥。

图 6-5　实验蒙古包及搭建过程

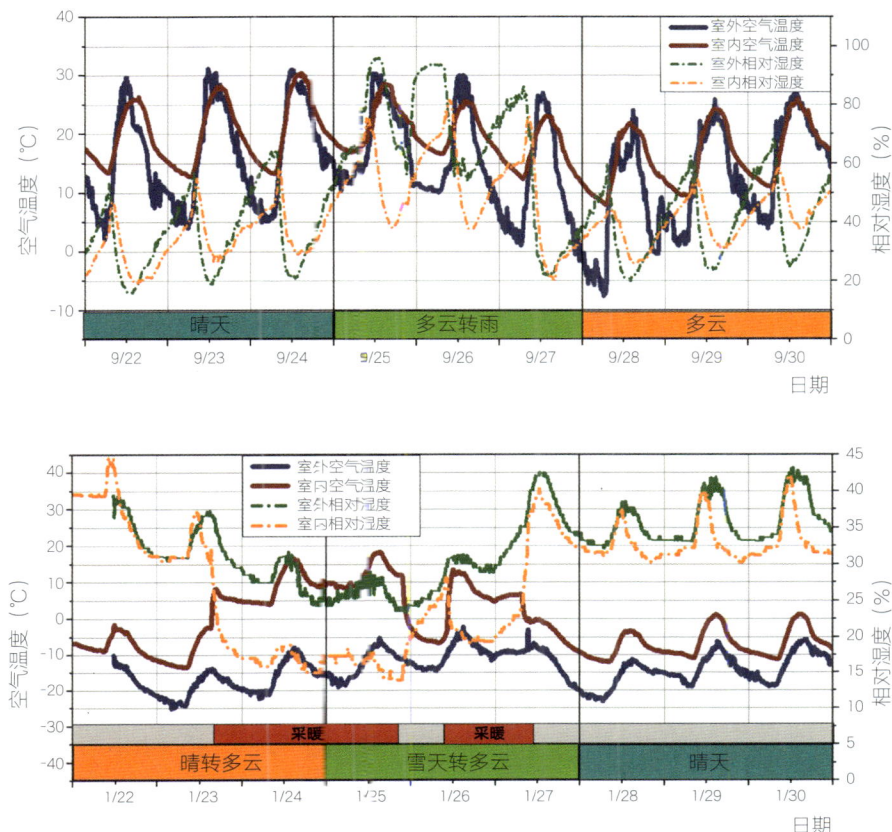

图 6-6　实验蒙古包的逐时温湿度变化

2. 空间温度分布特征

实验蒙古包的空间温度分布如图 6-7 所示。由图可见，无论是有无热源，蒙古包室内水平方向温差均比较明显，但不同状态、不同时刻下又存在明显差别，各状态水平方向最大温差无热源情况下可达 4.8℃，有热源的情况下高达 15℃。这些差别与幪毡与顶毡缝隙、围毡与地面缝隙、门、地面蓄热能力、太阳辐射等因素有关，其中围毡与地面缝隙、门对蒙古包周边温度影响较大，幪毡与顶毡缝隙对蒙古包中心位置影响较大，即使是有热源的情况下，水平方向上总体呈现中间温度低、周边温度高的现象，地面的蓄热能力有助于室内温度的稳定，毛毡在太阳辐射最强的时候，辐射面的内侧温度并无明显升高，这与毛毡较好的隔热能力和较低的热惰性有很大关系，内壁的冷热辐射对室内温度影响不大。因此，在蒙古包更新过程中合理地利用这些因素，有利于改善室内热环境。

3. 内侧壁面及地面温度变化

图 6-8 为实验蒙古包的室内壁面温度变化，图中各方向壁面温度变化趋势与室外温度变化趋势基本一致。蒙古包壁面温度变化幅度与室外温度变化幅度相差不大，内侧壁面温度波峰、

波谷出现时间较室外温度波峰、波谷出现时间略有延迟，但延迟时间较短，屋顶、墙壁围护毛毡的热稳定性较差是主要原因。内侧壁面温度的变化主要与太阳辐射有关，随着太阳方位角的变化，各方向内侧壁变温度会有不同的变化，但各方向壁面温差相差不大。太阳辐射最强的时刻，温差也在 4℃ 以内，日落后的温差基本上在 1℃ 以内，毛毡的隔热能力起到了一定的作用。屋顶内壁的温度高于其他方向，主要原因是屋顶的坡度有利于吸收更多的太阳辐射热量，同时室内热空气会在屋顶积聚也是重要的影响因素。经测试，发现毛毡的平均导热系数为 0.0766 W /m·K，具有良好的隔热性能。因此，毛毡作为可再生保温材料，应用在草原牧区民居中具有一定的优势。

图 6-9 为实验蒙古包的地面温度变化，由图所示，地面温度变化趋势与室内温度变化趋势一致，但地面温度变化幅度较室内温度变化要小，冬季、过渡季地面温度变化幅度分别为 5℃、6.5℃，同一时刻温度分布，冬季地面温度依次为"西南 > 中心 > 东北"，过渡季地面中心温度较为稳定，东北和西南方向随着太阳方位不同波动相对较大。

结合图 6-8、图 6-9 可以发现，地面的热稳定性要明显优于墙壁和屋顶。因此，牧民经常采取火炕、地下烟道等措施，一方面为蒙古包采暖，同时也充分利用了地面的蓄热能力，提升蒙古包内温度的稳定性。

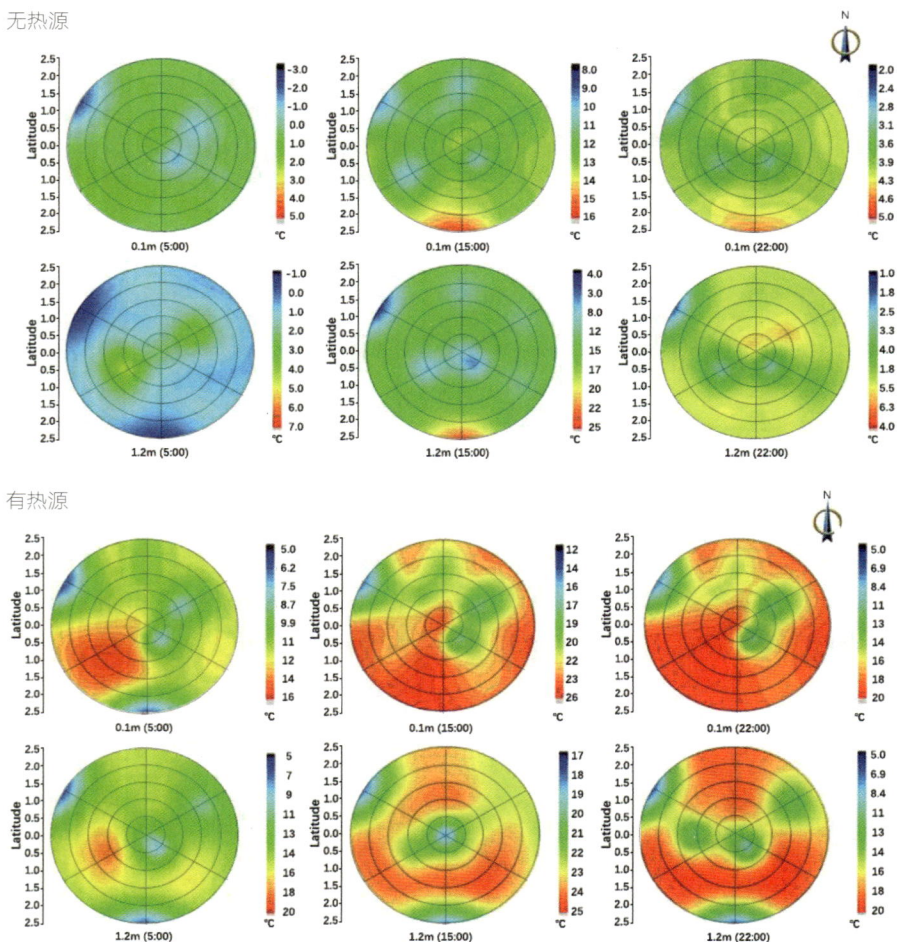

图 6-7 实验蒙古包的空间温度分布

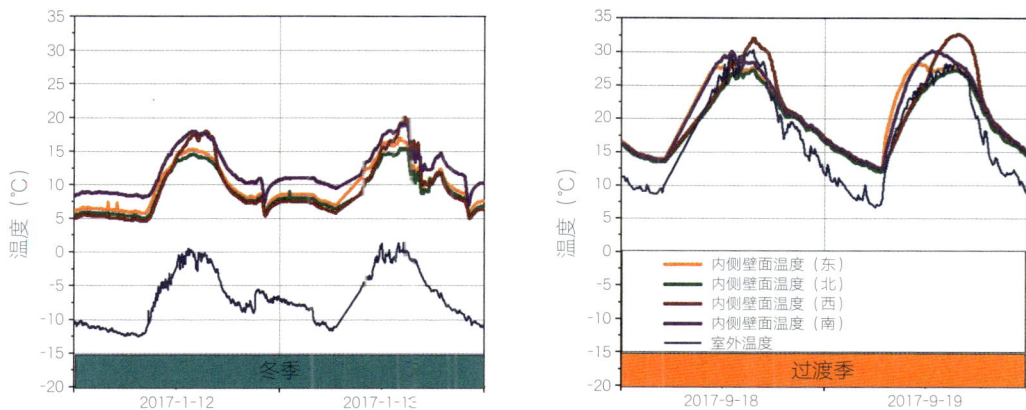

图 6-8　实验蒙古包的室内壁面温度变化

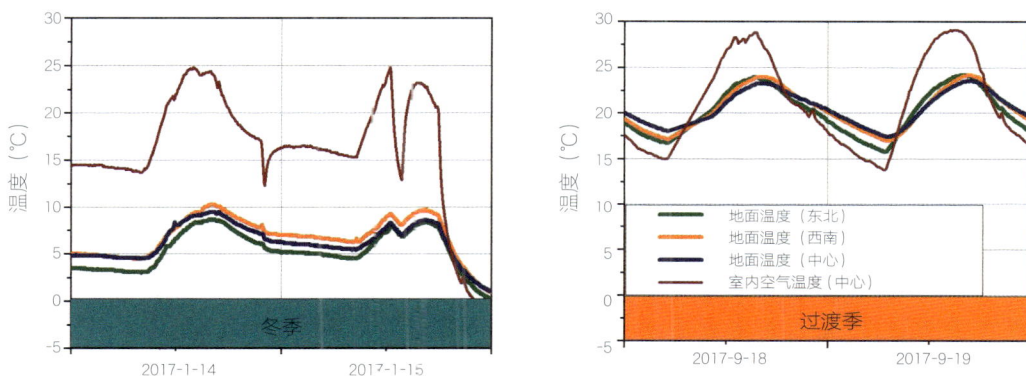

图 6-9　实验蒙古包的地面温度变化

4. 围护结构接缝处温度

实验蒙古包围护结构由幪毡、顶毡、围毡、门、地面组成，通过对围护结构内壁及接缝处进行测试，并通过红外热像仪拍照，各部位红外热像图及接缝处温度箱线图如图 6-10 所示。由图可见，毛毡内壁温度比较稳定，温差相对较小，围毡底部温度相对较低，主要是受底部缝隙的影响；幪毡与顶毡接缝温度变化幅度最大，顶毡与围毡的接缝处温差与周围壁面相差不大，围毡与地面接缝处温度最低，可见接缝处冷风渗透程度为围毡与地面接缝 > 幪毡与顶毡接缝 > 围毡与顶毡接缝；门帘与哈那连接处部温度变化幅度均最大，这与缝隙冷风渗透及太阳辐射有关。因此，接缝处及门帘下部热桥最明显，其他接缝处也存在热桥，这些部位是蒙古包围护结构薄弱环节，应采取措施进行优化。

5. 构件变化对室内温度的影响

牧民通过蒙古包构件的变化调整蒙古包温湿度，主要调节构件及设施有幪毡、围毡、门、门帘、火炉等，针对不同构件的变化进行了测试，选择晴天时间段进行分析，如图 6-11 所示。由图可以发现，蒙古包通过自身构件的变化可以有效地调节室内温湿度，幪毡与围毡开启缝隙对于室内温湿度的影响较大，其中围毡的开启对于温度影响明显，当然也与开启的位置和面积有直接的关系。幪毡开启对于湿度的调节比开启围毡、门等更加明显；门帘对于室外温度较低的情况下保温效果比较明显；热源可以很快地提升室内温度，但热源停掉后温度会很快下降，主要原因为围护结构的热惰性较小，热稳定性较差。

通过上述分析，发现蒙古包通过自身构件的变化可以有效地调节室内温湿度，幪毡与围毡开启缝隙对于室内温湿度的影响较大，其中围毡的开启对于温度影响明显，当然也与开启的位置和面积有直接关系，幪毡开启对于湿度的调节比开启围毡、门等更加明显；门帘对于室外温度较低的情况下保温效果比较明显；热源可以很快地提升室内温度，但热源停掉后温度会很快下降，主要原因为围护结构的热惰性较小，热稳定性较差。

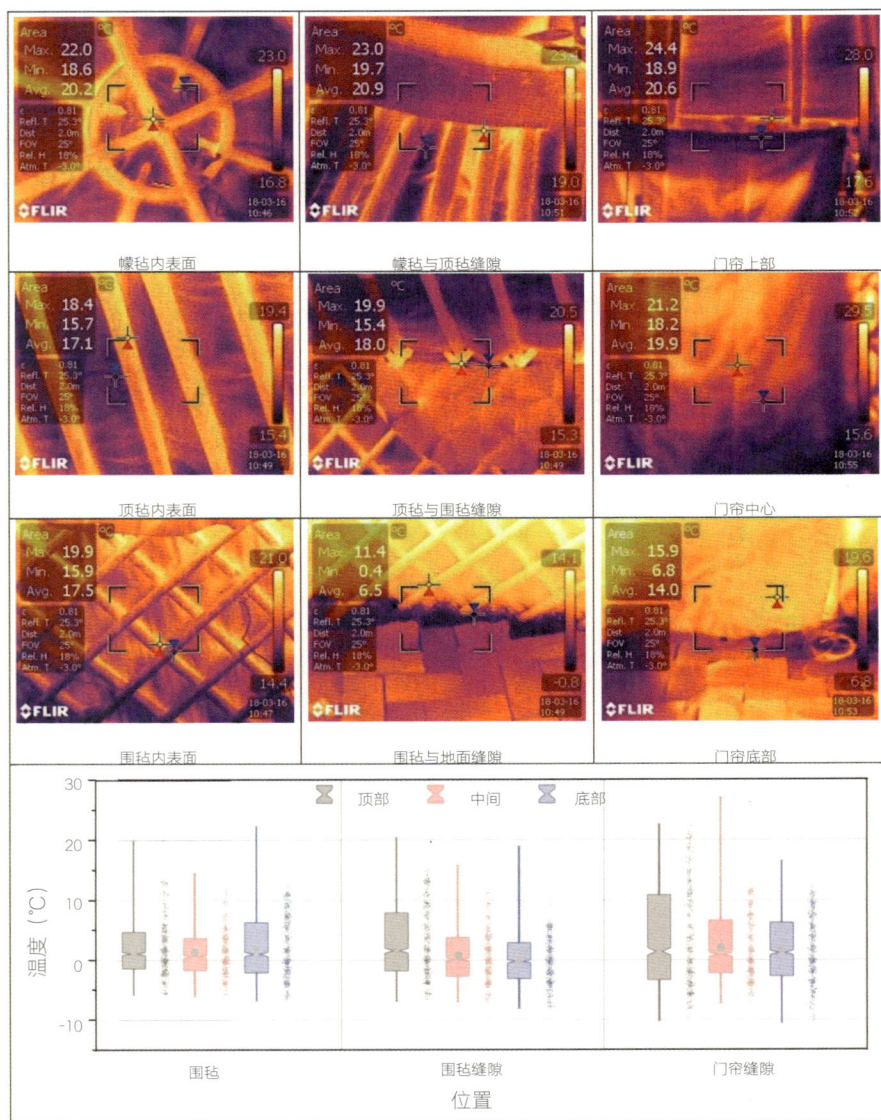

图 6-10　实验蒙古包各部位红外热像及接缝处温度箱线图

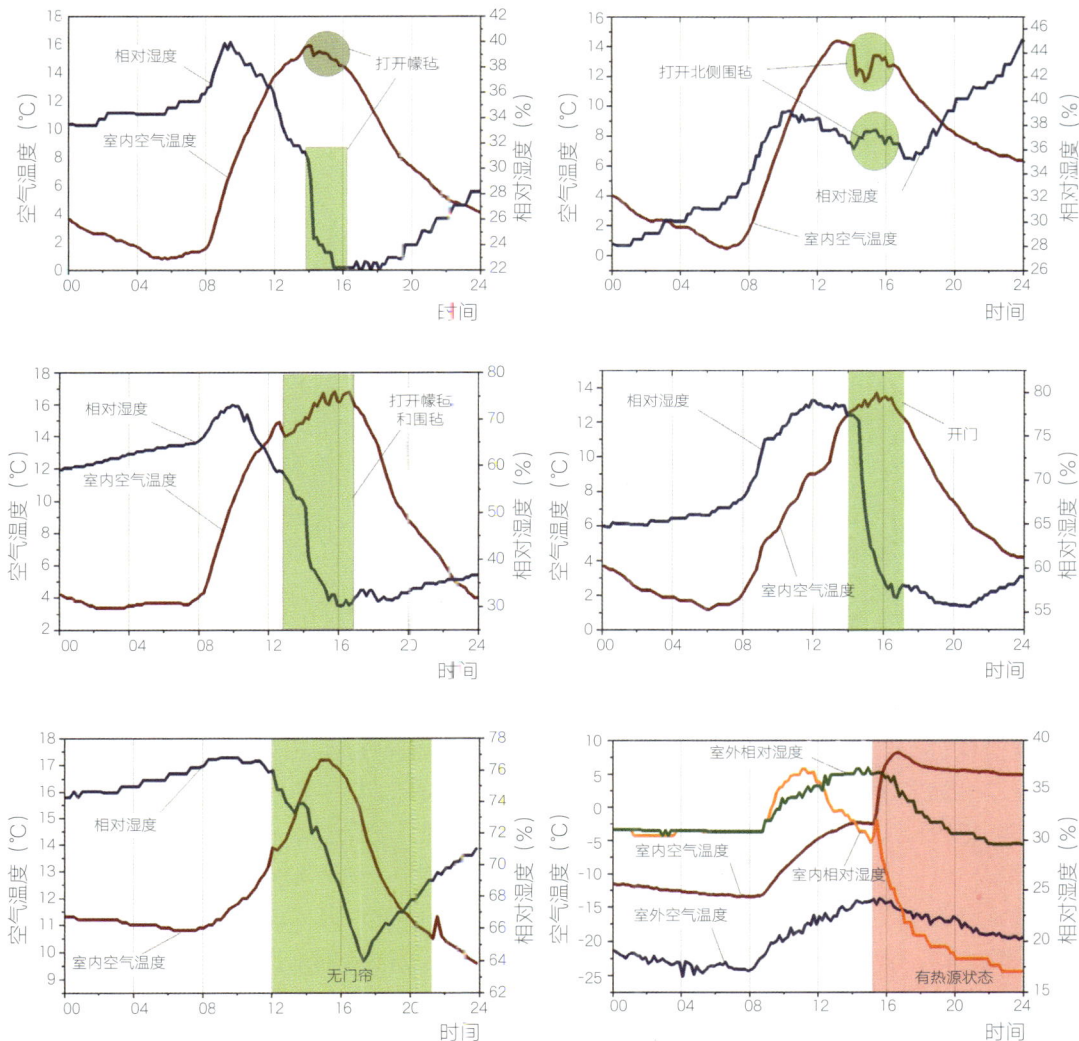

图 6-11　实验蒙古包构件变化对室内温湿度的影响

6.2.2　固定住宅热环境

从 20 世纪 50 年代开始，牧民开始从游牧走向定居，固定牧居由此产生。经历了 60 多年的发展，如今内蒙古草原上形成了以固定牧居为主，移动住居为辅的居住方式。固定牧居发展时间较短，牧居的建设大多是向附近汉民学习而自行建设。选取内蒙古中部地区锡林郭勒草原（严寒 B 区）阿巴嘎旗不同年代典型牧居进行测试，根据年代分为 1974 年（土坯房）、1998 年（砖房 1）、2004 年（砖房 2）、2015 年（砖房 3）4 个典型住宅，为了将固定住宅室内热环境与蒙古包室内热环境进行对比，选择了与固定住宅位于同一地区且处于生活状态的蒙古包进行测试。住宅均采用"火炕 + 土暖气"的采暖方式，牧居面积均在 70m² 左右，地面无保温措施，蒙古包采用火炉采暖，表 6-2 为各年代典型住宅和蒙古包体型及构造参数。

各年代典型住宅和蒙古包体型及构造参数　　　　　　　表 6-2

建造时间	建筑面积（m²）	净高（m）	体形系数	外墙构造	屋顶构造	门窗
1974 年（土坯房）	62	2.3	0.70	400mm 土坯 +120mm 黏土砖 +70mm 聚苯板	木屋架坡屋顶 + 吊顶	北双层钢窗南塑钢门窗
1998 年（砖房 1）	76.4	2.7	0.65	370mm 实心黏土砖 +70mm 聚苯板	木屋架坡屋顶 + 吊顶	铝合金门窗
2004 年（砖房 2）	78	2.9	0.69	370mm 实心黏土砖 +70mm 聚苯板	木屋架坡屋顶 + 吊顶	塑钢门窗
2015 年（砖房 3）	57	2.6	0.73	370mm 空心黏土砖 +80 mm 聚苯板	木屋架坡屋顶 + 吊顶	塑钢门窗
蒙古包	19.25	2.4	1.18	毛毡	毛毡	木门

1. 逐时温湿度变化

　　住宅室内温湿度变化曲线如图 6-12 所示。由图可见，除蒙古包外其他住宅，室内温度波动幅度相对不大，重质围护结构的热稳定性对室内温度的稳定有非常重要的作用，内侧房间温度高于外侧房间 3 ~ 8℃，牧居的合理布局是改善室内热环境的有效办法。大部分牧居墙体内表面温度较低，个别墙体结露严重，需提升围护结构的热工性能加以改善。蒙古包的室内温度昼夜温差达到了 30℃，再一次证明改善蒙古包室内热环境必须要先解决其热稳定性的问题。各牧居室内相对湿度明显低于室外，这是由于室外冬季积雪，湿度较高，而室内相对湿度的主要影响因素为炊事活动，如 1974 年住宅、蒙古包湿度波动就比较大，而与厨房分离的 2004 年住宅，无炊事活动的 1998 年住宅、2015 年住宅室内湿度变化幅度较小。为进一步对比不同建筑的室内热环境差异，根据各典型牧居测试的数据绘制箱线图，如图 6-13 所示。仅从温度数据上分析，2004 年住宅室内热环境最佳，1974 年住宅室内热环境比 2004 年住宅略差，该牧居为土坯房，牧民在 400mm 厚的土坯外侧加了 120mm 黏土砖，又做了 70mm 厚外保温，南侧更换了塑钢窗，建筑本体热工性能较好，2015 年住宅在所有住宅中节能措施最先进，但室内热环境较差，主要原因为无采暖。从图 6-12 可以清晰地发现，蒙古包的热稳定性与固定住宅相比差距比较明显。

2. 围护结构内表面温度

　　调研过程中发现有的住宅墙体内表面结露现象比较严重，通过红外热像仪对各住宅墙体内表面温度进行了拍照分析，红外热成像图如表 6-3 所示。由表可见，1974 年住宅墙角处温度较高，这一方面和室内整体温度有关，另一方面该牧居墙体构造热工性能较好，墙体热阻大。该牧居门窗缝隙温度较低，虽更换了塑钢门窗，但缝隙处理得不够严密。1998 年住宅、2015 年住宅墙角和外窗缝隙热桥都比较明显，大部分区域低于 0℃。2004 年住宅南窗温度较高，这与南侧阳光间有关，阳光间大幅度提升了南侧墙体的壁面温度。墙体内表面温度过低会产生冷辐射，直接影响人体的热舒适，同时过低的内表面温度会导致墙体内表面结露、发霉，影响美观和健康，因此，改善固定住宅室内热环境，必须提升围护结构热工性能。

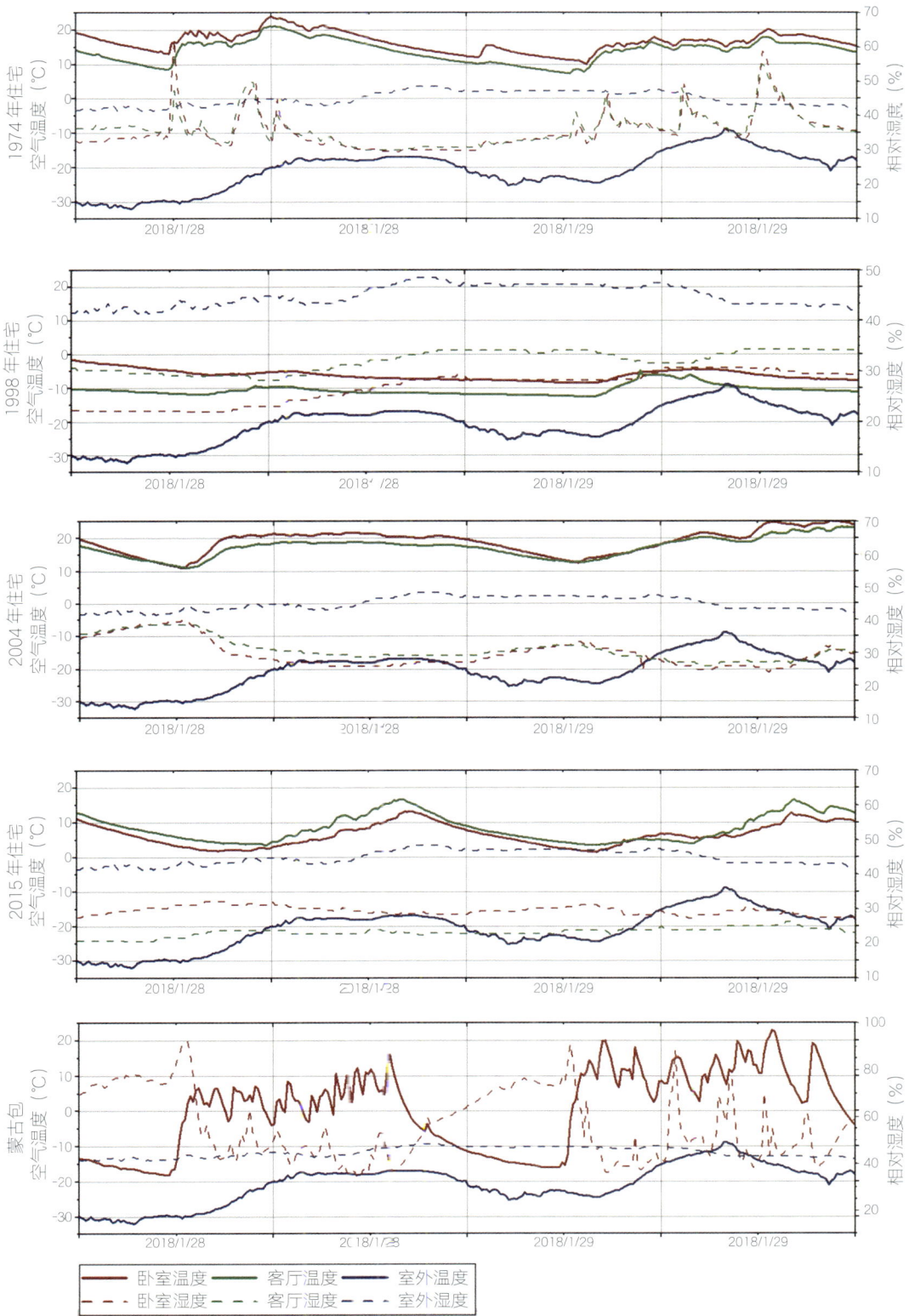

图 6-12　住宅室内温湿度变化曲线

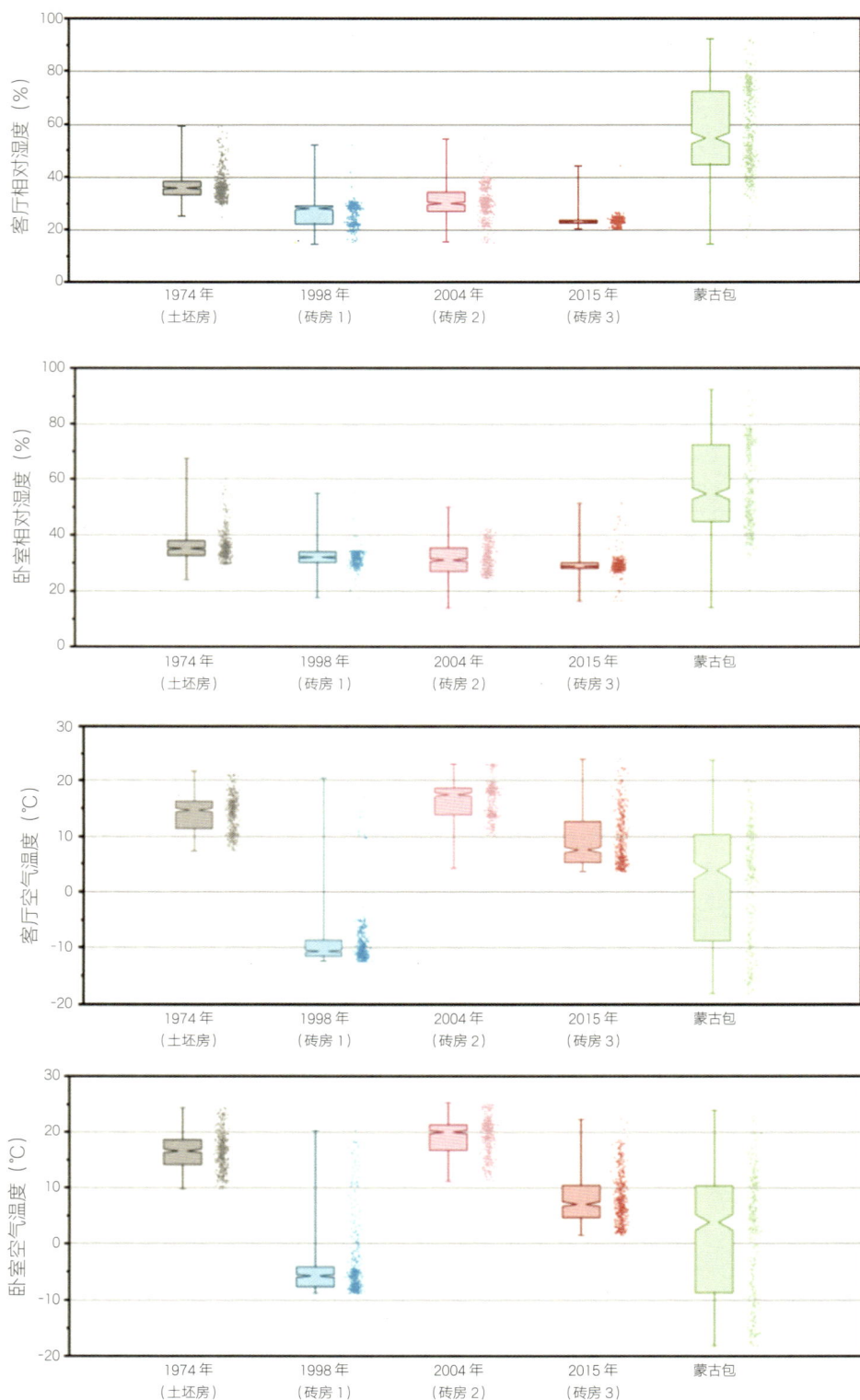

图 6-13 各年代牧居室内温湿度箱线图

通过对内蒙古锡林郭勒草原 5 个典型牧居进行实测分析，得到如下结论：围护结构的热工性能和采暖方式是决定室内热环境最主要的因素；蒙古包与其他住宅相比，室内热环境波动最大，改善蒙古包的室内热环境，首先要解决蒙古包热稳定性问题；从不采暖及无人活动的牧居发现，内侧房间温度高于外侧房间 3℃～8℃，牧居的合理布局是解决室内热环境的有效办法；大部分牧居墙体内表面温度较低，个别墙体结露严重，需提升围护结构的热工性能加以改善。

典型牧居围护结构内表面红外热成像图　　　　　　　　　　　表 6-3

部位	1974 年	1998 年	2004 年	2015 年
北墙角				
北外窗				
南墙角				
南外窗				

6.3　建筑总体设计策略

适宜技术是基于当代技术与传统发展观的反思而逐渐形成的，1960 年英国经济学家舒马赫提出的"中间技术"理论是适宜技术理论的雏形，适宜技术观的核心观点就是技术必须与当地的自然环境和社会环境相协调，因此具有鲜明的地方性特征。陈晓扬赋予了当代适用技术的科学含义：即针对其体作用对象，能与当时当地的自然、经济和社会环境良性互动，并以取得最佳综合效益为目标的技术系统 [2]。

草原牧区定居点建筑包括居住建筑和生产建筑，内蒙古草原牧区牧民在漫长的游牧文化中形成了蒙古包的居住文化，直径 5m 左右的圆形居住空间形成了蒙古族牧民特有的生活秩序。虽然随着牧民定居蒙古包逐渐被固定住居取代，但蒙古族牧民的蒙古包情结始终存在，从前文调研可见，牧民尝试通过现代技术手段构建新型蒙古包，但无论是从形式上还是舒适性上均有很大提升空间。此外，固定住宅多来自当地农民，建材运输距离远、技术水平落后、能耗高等导致居住环境差，便利性、舒适性均有待提高。适宜技术应具有环境、经济、社会的多重目标，是一种支撑可持续发展的技术系统，就草原牧区而言适宜技术目标包括：环境目标主要表现为地域材料的使用及可再生资源的循环利用，减少对环境的破坏，充分地尊重自然、保护自然；社会目标主要是蒙古族牧民居住文化的传承与创新，偏远地区的技术环境需要分散化、模块化的技术体系；经济目标是探索低成本的建造技术满足经济效益，同时还应适应社会与环境，使之与环境效益、文化效益构成的综合效益得到提升。

绿色建筑技术强调的是人与自然的和谐共生，关注建筑的全生命周期，其理念与适宜技术理念一致，草原牧区环境、社会、经济现状与城市或其他发达地区相比更需要适宜技术，因此构建草原绿色牧居定居点建筑体系可在适宜技术的框架下进行讨论。

6.3.1　模块化的空间组织

传统蒙古包的圆形平面形成了蒙古族特有的规范、风俗、习惯、制度、等级等行为要素，内部有明确的位次和空间领域的划分，同时从结构上具有良好的抗风雪性能，适应蒙古族文化及草原气候的要求。通过对典型民居体形系数进行换算，发现将矩形平面高度、建筑面积固定的情况下转换成圆形平面，体形系数会相应地减小 15% 左右，减小体形系数是实现节能的有效途径。因此，无论从文化角度还是节能角度，在草原牧居设计中均可以考虑圆形平面。从适宜技术理论视角，延续传统蒙古包住居空间形式，既是社会文化的需求，又能提升环境效益。

传统蒙古包从空间上最主要的缺点是空间单一，显然已不符合当代居住需求。当代新型蒙古包可以在蒙古包原型的基础上扩展，并形成模块化的空间单元，然而圆形平面不适宜多个空间的组合。白丽燕在《原真性思想下蒙古包住居文化的现代转译》一文中对蒙古族定居住居平面类型进行了分析（图 6-14）。边数越多的正多边形其平面形状越接近圆形，可以看作类圆形平面，考虑到空间组合的可行性，超过 8 条边的正多边形已逐渐不利于组合，因此本书以正八边形为例探讨新型草原牧区居住建筑的模块化空间组织形式。

模块化是指解决一个复杂问题时自顶向下逐层把系统划分成若干模块的过程，在系统的结构中，模块是可组合、分解和更换的单元。牧民传统居住的蒙古包直径一般为 5m，面积约 20m²，以 1 个传统蒙古包的面积作为 1 个模块单元基本上可以满足当代牧民对居住环境的需求，如果将蒙古包转换成八边形平面，边长可以设定为 2m，每个模块单元的面积为 19.31m²，在此模块的基础上根据单元数量的不同可获得不同的组合形式，其组合形式随着模块数量的增加而增加，主要的空间组合模式如表 6-4 所示。牧民可根据家庭人数、房间功能需求选择模块数量及组合形式，并根据需求赋予每个空间功能。每个空间模块单元又是结构单元，模块化的空间组织形式可以综合考虑建筑的整体造型及功能分区，模块的标准化、通用化、灵活性即可丰富牧区建筑的空间形式，又可缩短设计周期，降低设计成本，并可结合模块化的建造技术，实现快速搭建，提升建筑质量。多个模块单元进行组合可进一步降低体形系数，两个模块组合体形系数即可降低 0.1，四个模块组合可降低 0.2，因此在模块化空间组织过程中控制体形系数也是需要考虑的重要因素。

草原牧区另一种空间的组合模式是基于固定及可移动建筑，虽然牧民从"游牧"转向"定居"，但牧业生产仍然存在，对于草场规模较大的牧居，牧民夏季放牧期间居住在蒙古包内，蒙古包随牧场而迁徙，冬季在冬营地居住，蒙古包大多放在院内或存放在库房，造成资源浪费。因此，建筑设计可以考虑"移动＋固定"的居住空间体系，夏季蒙古包用于牧业生产，冬季能与固定住居进行组合，实现住居最大化利用，但这种移动式的蒙古包相比固定部分应更加轻便和易于组装。

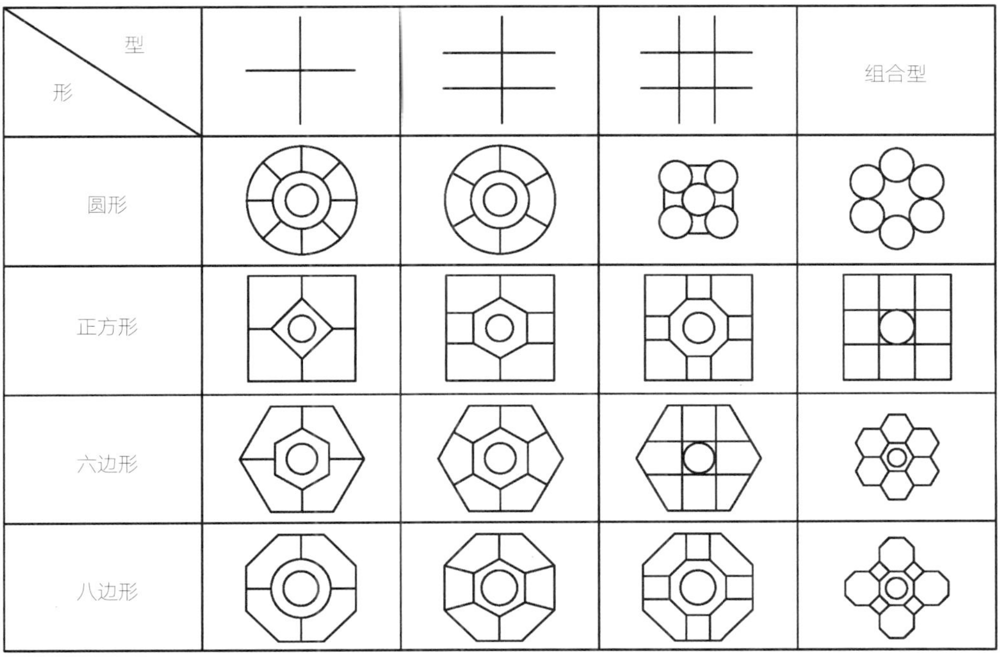

图 6-14　蒙古族定居住居平面类型 [8]

八边形空间模块平面组合　　　　　　　　　　　　　　　　　　表 6-4

模块数量	模块主要组合方式	组合后的平面形式
1个		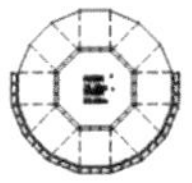
2个	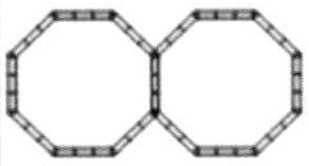	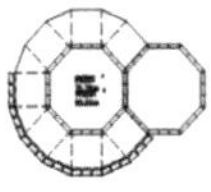
3个	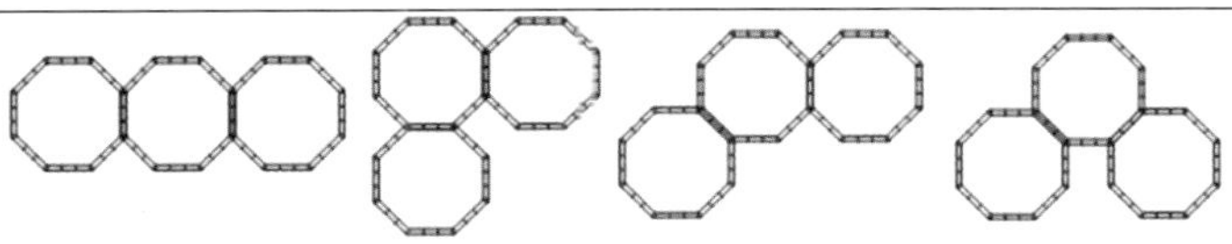	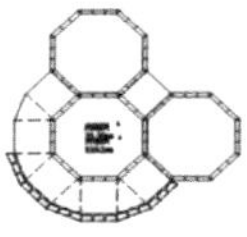
4个	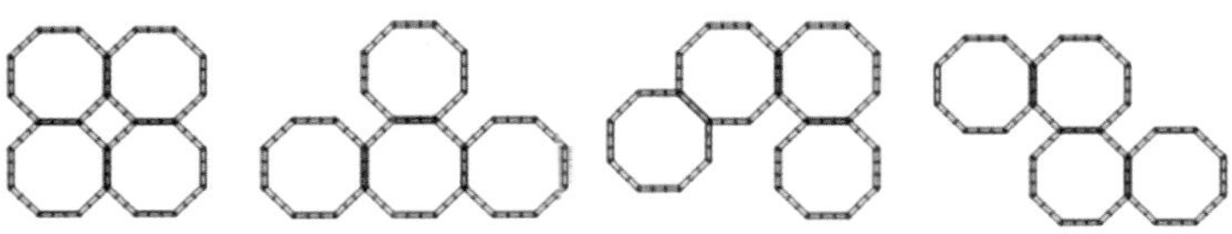	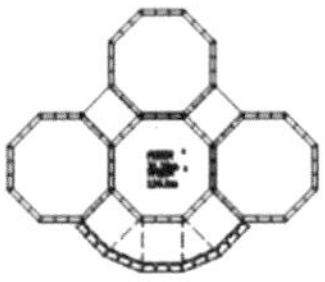

模块数量	模块主要组合方式				组合后的平面形式
5 个					

6.3.2　模块化的建造方式

　　草原牧区建筑营建的主要问题是距离、交通与技术，根据第 3 章数据，牧民定居点距离旗县政府所在地的距离可达 100km 以上，距离加大了建筑材料的运输成本，且有些地区道路为土路，进一步增加了运输的难度，城市里应用普遍的机械设备也很难到位，同时技术水平也严重制约了建筑的质量。适宜技术理论的一大特征是地方性，从建造过程来讲主要涉及本土材料的应用、自主建造技术。传统蒙古包充分体现了适宜技术这一特征，蒙古包的框架、围护结构均来自草原上的细木条、羊毛、牛毛等，分解为哈那片、乌尼杆、套脑、门、围毡、顶毡、蒙毡等模块，通过插接、捆绑的方式实现快速搭建，传统居住蒙古包运输仅需 1 辆牛车，蒙古包模块化的建造形式是模块化建筑雏形，其材料本土化、自主建造、可移动对于当代农村牧区建筑仍可提供借鉴。本书针对草原牧区建筑提出三种模块化、本土化的解决思路。

1. 生土材料 + 模块化

　　就地取材是建筑项目实施的基本原则之一，是解决远距离运输、保证供应、缩短周期、降低成本的最有效方法，草原上的蒙古包、东北的原木结构民居、陕北的窑洞、西南的吊脚楼、传统的土坯房和夯土建筑都是材料本土化的典型代表。草原牧区除蒙古包外，早期的固定住宅在中西部地区以土坯房为主，土坯房属于生土建筑的一种方式，具有取材方便、制作简单、热稳定性好、拆除后能自然消解等优点，但土坯耐久性、稳定性较差，每年需要维护，因技术不能及时更新，故牧区新建建筑已基本被其他方式所取代，在牧民中传承的土坯建造体系也随之瓦解。国内外很多学者从生土材料的改性、生土结构的稳定性、生土材料的耐久性等方面展开研究，提出了一系列改善生土性能及建造技术的方法，很多实践项目也足以证明生土可以成为农村牧区建筑的优选材料。

　　内蒙古中西部草原牧区多沙土，针对这一特点，张鹏举教授团队试验性地采用沙袋作为建筑主体材料成功建造了 1 组牧业合作社建筑，如图 6-15 所示。项目位于锡林郭勒盟苏尼特左旗，主体采用沙土作为建筑材料，配以少量水泥装入编织袋中形成墙体砌筑模块，通过模块的组合完成砌筑。沙袋具有装填简单、形体可塑的优势，对于小体量、圆形平面空间的塑造比较有利，适合草原牧区建筑的建造，适宜的建造技术也实现了牧民的直接参与。贺龙在该项目的基础上从设计的角度提出圆形、半圆形、半圆环 3 种空间原型，凝练出 6 种基本建筑要素，形成基本建筑模块，提供了典型的现代户型及建造形式，以满足牧民居住需求[3]。

　　上述案例可见，"生土材料 + 模块化"是解决草原牧区建筑远距离运输及建造技术的有效手段，传统的理念结合现代的技术使实现构建新的草原牧区建筑体系成为可能，但构建新型的草原牧区建筑体系仍应在草原牧区建筑适宜性技术目标框架内进行，容易出现的误区是环境、经济、文化效益的顾此失彼，如沙袋从材料本身是生态的，但沙袋砌筑的墙体传热系数大、各单元衔接时的气密性等问题可能会增加供暖能耗，带来的是碳排放的增加和舒适性的降低，这些问题需要纳入体系中综合考虑。

图 6-15　草原牧区沙袋建筑建造过程

2. 钢木结构 + 模块化

建筑工业化的快速发展正在改变传统的建造模式，工业化的特征是建筑构配件在工厂生产，现场进行组装，工业化的建造方式对于环境保护、缩短周期、节约人力成本等具有明显优势。对于草原牧区而言，发展建筑工业化最大的障碍仍然是距离、交通，在偏远的草原牧区建筑工业化建造所依赖的建造设备很难匹配。因此，按照城市工业化建筑的思路进行草原牧区建设并不适宜，但建筑工业化的思路能够很好地解决草原牧区技术匮乏的问题，可以成为草原牧区定居点建筑的发展方向，但前提是解决上述提出的建筑工业化问题。

传统蒙古包满足建筑工业化的特征，构配件模块化生产，现场组装，2 个成年人 2h 左右即可完成搭建。蒙古包的耐久性及热舒适性是最主要的缺陷，耐久性主要是框架结构材料为细木材，一般蒙古包的寿命仅为 7~8 年，热舒适性主要是围护结构的热惰性较差，室内温度随热源的变化波动较大。

本人所在团队以蒙古包为原型，试验性地构建了新型蒙古包建筑体系，如图 6-16 所示。项目以钢、木为主要建筑材料，平面按照上文提出的八边形模块单元，钢材为连接构件，木材为框架主体材料，框架包括 6 种规格板片，所有构件工厂预制生产，现场插接或通过连接构件连接，围护结构采用聚氨酯材料代替毛毡，降低成本的同时增加了保温性能。

上述项目按照建筑工业化的思路，结合传统蒙古包的建造技术，将建筑构件进行模块化，通过不断调整结构体系的搭接方式、框架结构与围护结构搭接耦合，形成了新型的蒙古包体系。新体系结构稳定性、保温性能、气密性、耐久性均得到很大提升，由于分解成了较小的模块，现场施工通过人力即可解决，板片材料相当于家具构配件，尽可能减少模块的数量，运输难度大幅度降低，结合前文提出的模块化单元空间组合思路，可以得出不同的户型，从而满足不同使用群体、功能的需求。新型蒙古包体系从环境、社会、经济等方面均符合草原牧区建筑适宜性技术目标需求，由此可见，建筑工业化也需要从地域的视角进行思考，不能按照城市模式的工业化介入草原牧区或乡村建设。

图 6-16　新型蒙古包建造过程

3.EPS+ 模块化

建筑工业化的另外一种形式是以现场建造为主的工业化形式，如钢结构、钢筋混凝土框架体系，这些体系仍然存在对技术水平要求高等问题。利用现代化的科学技术手段解决农村牧区建设问题也是草原牧区定居点建筑发展的思路之一，但技术的前提仍然是适宜性。

当前的新技术中，不乏适宜草原牧区的新型技术体系。EPS 模块技术是当前发展速度较快的一种，EPS 最初是以建筑保温材料的形式应用于建筑中，通常与砖墙、混凝土墙形成复合保温墙体，随着技术的不断优化，一种以 EPS 模块混凝土剪力墙结构得到快速发展。这种体系以工业化生产的聚苯空腔模块为基本材料，模块既是保温材料，又是混凝土塑性模具，聚苯模块分转角、T 形角、直板等规格，预制的燕尾槽在组装时搭接紧密。笔者与内蒙古建设科技开发推广中心合作进行了包头市萨拉齐苏波盖乡东老藏营村互助院项目建设（图 6-17）。该项目集中建设了互助幸福院，共 34 户，每户正房 24m²，凉房 12m²。该项目围护墙体采用 250mm 厚空腔聚苯模块内浇筑 130mm 厚的 C25 混凝土，传热系数可达 0.25W/（m²·K），保温隔热性能与 2.67m 厚黏土实心砖墙体等同，屋面为单坡屋面，保温采用 150mm 厚模塑聚苯板，传热系数可达 0.28W/（m²·K）。项目于 2018 年 5 月开始建设，当年 11 月完工，极大地缩短了建设工期。可再生能源策略部分将进一步对该项目的运行效果进行分析，实践证明，除了建造过程得到简化以外，围护结构的热工性能也得到了较大提升。

EPS 模块技术的发展开创了一种新的建造模式，这种模式使施工操作变得简单化，农牧民经过简单培训即可掌握技术要领，通过低技术的快速搭建完成高质量的建筑，无论是城市还是乡村都是重要的发展方向，因此作为新技术的代表为草原牧区定居点的建设提供了新的思路。

通过"生土材料＋模块化""钢木结构＋模块化""EPS＋模块化"三种建造方式的分析，草原牧区可以发现草原牧区定居点建筑的发展思路应该是采用适宜的建造技术，这种适宜可以是材料的本土化，也可以借鉴新材料、新技术，不能一味地强调本土而忽略了新材料、新技术带来的便利性、低成本，也不能为了追求新技术而忽略了建筑的社会、文化属性。

图 6-17　EPS 模块体系互助院建造过程

6.3.3　建筑热量耦合控制

建筑的舒适和健康是当前人们对于居住的最主要需求，影响舒适和健康的因素包括热、光、声及空气质量，草原牧区地处草原深处，居住分散、噪声较少、空气清新，营造良好的光环境、声环境和空气环境比较容易。而地处严寒地区，冬季零下 20℃左右的气温需要对建筑的热环境进行精心的控制。建筑与周围气候存在着热量的耦合关联，房间的温度在不同的季节及每天不同的时刻温度都会产生变动，这与太阳辐射、云量、风速和降水均有关联。因此，对建筑的热量进行控制，一方面需要准确把握周围气候的变化规律，另一方面需要控制建筑本体与周围环境的热量交换。影响热交换的主要因素包括建筑形态、平面布局、围护结构热工性能等，学者们针对建筑本体的能耗做了大量研究，获得了许多量化的指标和规律，本书仅结合草原牧区建筑热量控制的几个特征进行探讨。

1. 减小体形系数 控制热量交换

建筑的体形系数越大，则室内外热量交换越多。因此，减少热量的流失应布置成紧凑的形体，减小体形系数，对几种基本的体型进行比较，体形系数有如下规律：H 形 >L 形 > 矩形 > 正方形 > 圆形，对于同一体型建筑体量越大形越小，层高越高体形系数越小，建筑凹凸越多体形系数越大，因此整合体块、减少凹凸是降低能耗的有效办法。草原牧区建筑多为矩形或圆形，单一模块圆形体形系数小于矩形，如果按照前文模块单元进行组合则体形系数会高于同等条件下矩形平面体形系数，因此采用圆形或八边形模块单元进行组合时如果想要获得较小的体形系数需对组合方案进行优化，整合后可获得比较合理的体形系数，如表 6-5 所示。

平面组合优化体形系数对比　　　　　　　　　　　表 6-5

矩形组合平面					
体形系数	1.23	0.98	0.9	0.86	0.83
八边形组合平面					
体形系数	1.13	1.03	1	0.98	0.97
八边形优化平面					
体形系数	0.71	0.64	0.76	0.75	0.80

2. 增加储热能力 提升热稳定性

建筑的热稳定性是舒适热环境的重要评价指标，建筑围护结构保温隔热性能是低能耗建筑的特性，但是一旦没有了热源室内温度还取决于热量储存的多少。从前文的测试数据可以发现，传统蒙古包围护毛毡的热阻相当于聚苯板，虽然有很好的隔热性能，但是热源终止供热后室内温度会迅速下降，最主要的原因是建筑内高热容的材料少，不能储存足够的热量来应对热量的流失。

热量的来源一方面是被动式太阳能，另一方面是主动式供暖热源，对于小空间的建筑人体、炊事、电器等产生的热量也是重要的热量来源。太阳能具有昼夜交替的规律，寒冷地区白天将太阳能量储存，夜间释放，这已成为很重要的研究方向，美国的 Sue Roaf 总结了被动式太阳能利用技术的 11 种形式[4]，如图 6-18 所示。这些技术的共同特点是在实心砖墙、混凝土墙体或其他高热容构件面向太阳的方向装一块玻璃，以便收集更多的太阳辐射热量，吸收的热量通过空气流动或直接向周围构件辐射和传导，这样就能更好地进行热量分布，从而控制室内温度。太阳能被动式利用技术在草原牧区最普遍的是阳光间，测试发现设置阳光间的住宅室内热环境优于未设阳光间的住宅，草原牧区拥有丰富的太阳能，且分散的居住方式与城市相比能获取更多的阳光，具有非常大的应用潜力。充分利用好被动式太阳能技术需要控制好太阳能集热装置、蓄热介质、空间布局的关系，而控制好三者的关系需要进行一体化的设计，设计的思路应该是最大化地应用建筑既有构件形成系统化的设计方案。

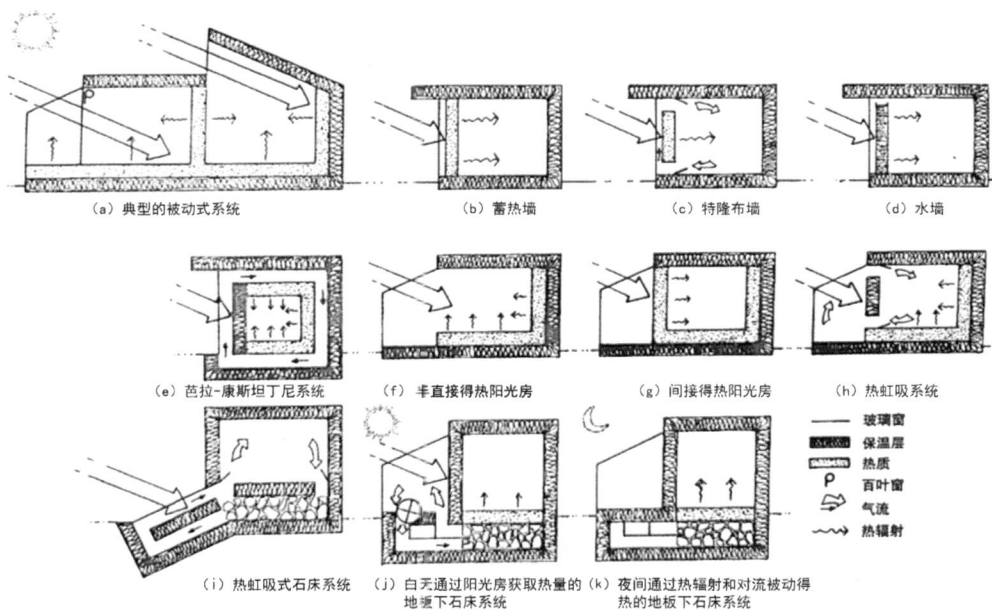

图 6-18　被动式太阳能系统[4]

　　能量存储的另一个主要热量来源是主动式供暖产生的热量，热量的来源和存储方式如图 6-19 所示。北方农村牧区的人们在寒冷的冬季喜欢围坐在温暖的火源旁聊天和工作，如火盆、火炉、火墙。传统农村采暖用的火盆一般用泥土混合柔软的畜毛塑成，里面装上炭火放在炕上用于取暖，炭火即使熄灭，火盆中的残余灰分及盆壁仍然储存一定的热量能够持续较长时间，由于技术的进步及人们对室内卫生条件要求的提升，这种方式在农牧区已比较少见。在工业化的火炉产生之前，家用火炉用土坯或砖砌筑而成，这种砌筑的砖炉与现在的铁炉相比具有更加优越的储热性能，这种火炉类似西方的壁炉，炉火熄灭后仍能储存一定的热量，铁炉虽然也有很好的蓄热能力，但其较强的导热能力使储存的热量会快速地释放。有的蒙古包选择将火炉从中心移到角落，炉膛设在地面以下，烟道贯穿地面，这种方式与火炕类似，主要作用是收集烟气中的余热并缓慢地释放到空气中，有些居民将细沙铺满炕面并达到一定的厚度，以增加蓄热能力。

关于结合主动式热源蓄热技术的设计，Sue Roaf 在《生态建筑设计指南》一书中提出了"热芯"建筑的概念，认为各个房间通常可以围绕一个"热芯"进行布置，"热芯"就是一个热源，书中介绍了两个案例，如图 6-20 所示 [4]。案例一是拉脱维亚传统纳姆住宅，纳姆是位于房子中心的砖石砌筑房间，内有厨房的炉灶和烟囱（热芯），其他房间均围绕着"热芯"进行布置，住宅外墙为水平放置的未加工的原木；案例二是牛津生态住宅，住宅内设置了一个高热容的燃木壁炉，相当于垂直的热炕，储热体除了壁炉本身及烟道外，还通过设计对热空气进行引导加热混凝土楼板，烟道贯穿楼板也通过传导的方式将热量传给了邻近的构件，高密度的混凝土构件储存热量可以保持 14 个小时。

无论热源如何，将室内的热量尽可能多地存储，在需要的时候缓慢释放，是改善室内热环境的重要思路。上述案例通过"热芯"理念，增大了建筑的储热能力和储热效率，草原牧区建筑中的火炕、蒙古包地面火炉均使用了这种理念，但传统的蓄热方式如何融于当代草原牧区的建筑设计中并进行更新和改进，是从事牧区建筑设计者和建设者需要思考的问题。草原牧区的汉式固定住宅采用的是重质墙体，重点应该是太阳能的被动式应用技术如何优化，室内高热容的建筑构件如何有效地引导下充分蓄热。蒙古包蓄热是热工性能的薄弱环节，也是解决蒙古包热环境的难点，蒙古包除地面外均是轻质材料，因此地面是储热的重点，地面蓄热的思路一方面要避免热量向土壤的流失，另一方面还要增加地面蓄热的深度，从而弥补轻质墙体带来的储热能力不足的问题，同时也可以加强对烟道的充分利用。多个模块单元组合的蒙古包，除地面外还可以按照"热芯"的理念，对中心区域的模块材料进行优化形成"热芯"，构建蓄热系统。蒙古包储热系统优化示意图如图 6-21 所示。

(a) 火盆　　　　　(b) 火炉　　　　(c) 火墙　　　　　(d) 壁炉

(e) 蒙古包地面火炉　　　　(f) 火炕　　　　　(g) 细沙蓄热炕

图 6-19　传统的热源及蓄热方式

案例一　拉脱维亚传统纳姆住宅

案例二　牛津生态住宅壁炉

图 6-20　"热芯"建筑案例[5]

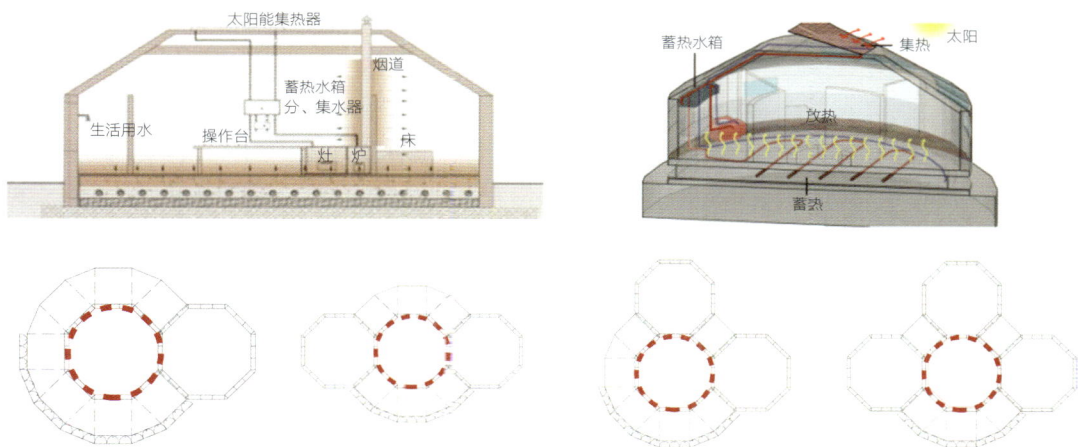

图 6-21　蒙古包储热系统优化示意图

3. 挖掘天然隔热材料 减少热量流失

环境温度越低，建筑越需要保温，建筑围护结构保温性能是影响室内热环境最主要的因素。土坯房利用超过 400mm 厚的墙体以增加热阻，蒙古包冬季通过增加毛毡的层数增强保温。随着科学技术的进步，当代保温隔热材料快速发展，材料厚度也在逐渐变小，虽然如此，有机的可再生保温隔热材料仍然是建筑保温隔热的首选。严寒地区农村常用稻草或秸秆做成草砖、苫板进行保温，在很多地区已有非常成熟的经验。草原牧区可挖掘的有机保温材料包括羊草、绵羊毛，早期的牧民也采用马粪进行保温，羊草在草原上随处可见，作为保温材料可以借鉴北方农村的草板墙经验。绵羊毛在几千年以前已成为游牧民族建筑的保温材料，绵羊毛做成的毛毡是蒙古包围护结构最主要的部分，绵羊毛具有优越的保温性能，导热系数约为 0.037W/（m·K），保温性能与常见的聚苯板相当，展现了优异的保温隔热性能。

绵羊作为保温材料具有如下优势：一是方便获取，每年春季绵羊均需要剪羊毛，帮助绵兰度过炎热的夏季，进入冬天又可长出新的羊毛，每只成年绵羊每季月产 4 ～ 5 斤羊毛，是可再生的有机材料；二是在蒙古包中已有上千年使用毛毡的经验；三是绵羊毛属于柔性材料，可根据需求制作成所需的形状。传统蒙古包的保温方法是在框架上覆盖毛毡，毛毡有不同的规格，通过相互搭接组合，严密的搭接可使蒙古包的冷风渗透耗热量达到最小，但这种方式受搭建技术的限制，使用久了气密性也会越来越差，游牧时期采用这种方式主要是便于搭建。当前，蒙古包移动的机会越来越少，因此在新型蒙古包构建的过程中，毛毡覆盖保温的思路可以向填充的思路转变（图 6-22）。

　　仍以前文介绍的模块化蒙古包为例，蒙古包的框架在图片基础上可进一步简化，墙体采用羊毛复合墙体，按照 1000mm×800mm 规格做成羊毛复合墙体模块，四块可以组成八边形的一个面，羊毛复合墙体构造如图 6-22c 所示，按此思路屋顶可以形成两个梯形模块，这样可形成框架及围护结构的全模块化，从而提升保温性能及耐久性。遵循填充式保温的应用思路，绵羊毛的潜力远不止于蒙古包，可拓展应用于更广泛的建筑体系。在砖混结构住宅中，可作为保温层用于构造复合墙体或内保温系统。对于沙袋建筑体系，其形体可塑性强，可采用夹芯保温形式，将绵羊毛填充于内外层沙袋之间，从而有效解决此类结构固有的保温隔热薄弱问题，拓展其在寒冷地区的适用性。当然，推广绵羊毛保温材料需审慎应对其固有的技术挑战，如防潮（避免吸湿导致保温性能下降及霉变）、防蛀（防止虫害侵蚀）以及防火安全（需进行必要的阻燃处理）等。这要求针对不同的应用场景和建筑体系，制定并整合相应的材料处理技术与构造防护策略。综上所述，草原牧区蕴藏着丰富的有机可再生保温隔热材料资源，未来营建实践的核心在于持续挖掘、科学评估并优化利用这些本土材料，将其与前文探讨的空间布局优化（如太阳能利用）、蓄热体设计（如相变材料或重质材料应用）等策略进行系统性整合。唯有通过这种多维度、系统性的协同创新，方能构建出真正适应草原牧区严酷气候条件、兼具生态效益与文化传承的绿色、可持续建筑体系。

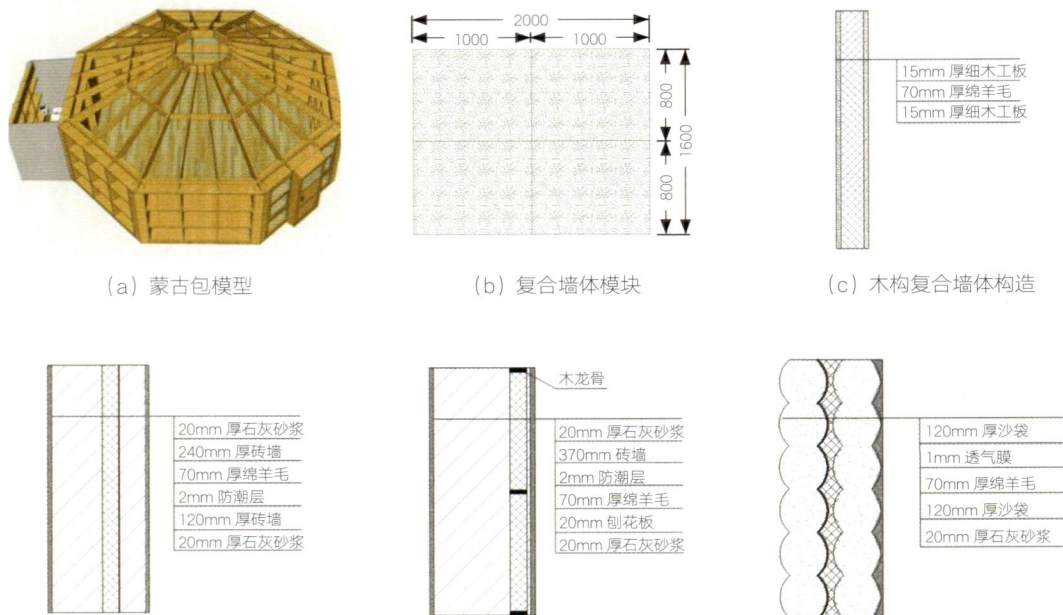

（a）蒙古包模型	（b）复合墙体模块	（c）木构复合墙体构造

（c）图注：15mm 厚细木工板 / 70mm 厚绵羊毛 / 15mm 厚细木工板

左下图注：20mm 厚石灰砂浆 / 240mm 厚砖墙 / 70mm 厚绵羊毛 / 2mm 防潮层 / 120mm 厚砖墙 / 20mm 厚石灰砂浆

中下图注：木龙骨 / 20mm 厚石灰砂浆 / 370mm 砖墙 / 2mm 防潮层 / 70mm 厚绵羊毛 / 20mm 厚刨花板 / 20mm 厚石灰砂浆

右下图注：120mm 厚沙袋 / 1mm 透气膜 / 70mm 厚绵羊毛 / 120mm 厚沙袋 / 20mm 厚石灰砂浆

图 6-22　羊毛复合墙体构造示意图

按照填充材料的思路，绵羊毛也可应用于砖混住宅或沙袋建筑体系，与砖混住宅结合可做成夹心保温复合墙体或内保温墙体。至于沙袋建筑可采用夹心保温的方式，适应沙袋体系形体可塑的特征，可解决沙袋体系的保温隔热问题。当然，采用绵羊毛进行保温需要考虑防潮、防蛀、防火等问题，需要结合不同的应用方式采用相应的策略。总之，草原牧区不乏有机的可再生保温隔热材料，需要在营建的过程中不断挖掘和优化，并与前文介绍的空间、蓄热等思路结合，从而构建适宜草原牧区的绿色建筑体系。

6.4　移动住宅更新策略

草原牧区移动住宅——传统木构蒙古包围护结构的气密性、热惰性、隔热性等导致室内热环境差、能耗高。而其框架体系与建筑形态的局限性是导致平面功能单一的主要原因。因此，传统蒙古包的现代更新需要从建筑形态、平面布局、围护结构等方面进行改进。

6.4.1　建筑形态

随着牧民生活水平的提高，对空间需求的增加，实现蒙古包的模块化拼接是解决现有木构蒙古包空间类型单一的最佳方式。正多边形可以保留圆形空间的向心性，满足"中心汇聚"的空间精神性，同时方便蒙古包之间的连接。从节能视角出发，利用能耗模拟软件对同等面积正多边形进行模拟。由表 6-6 可见，随着边数的逐渐增加，建筑能耗也逐渐增大，其中正六边形与正八边形的节能效果较好，由于八边形的单元模块更接近圆形，拼接方式也更为灵活，因此可将现代蒙古包模块单元确定为正八边形。

不同建筑形态蒙古包模拟结果　　　　　　　　　　　　　　　　　表 6-6

形状	面积（m²）	单位面积能耗（kW·h/m²）	节能率（%）
正六边形	20.11	129.93	12.11
正八边形	20.42	130.65	11.62
正十边形	20.45	131.89	10.78
正十二边形	20.12	133.37	9.78
正十四边形	20.37	134.45	9.05

6.4.2　建筑平面

以八边形蒙古包模块为基本单元，可根据需求对蒙古包建筑平面进行优化，利用不同数量模块单元的相互拼接丰富建筑的平面功能，实现空间与空间的连接与分隔。通过总结可能的拼接方案及其优化方案，利用厕所、厨房、门斗、阳光间等辅助空间弥补形体拼接导致的外立面凹凸过多，减小体形系数，降低建筑能耗（图 6-23）。

对不同八边形组合平面的基础方案与优化方案进行模拟，模拟结果如表 6-7 所示。通过基础方案（P-1~P-5）的模拟结果可见，随着八边形基础模块拼接数量的增加，体形系数逐渐降低，单位面积能耗也随着体形系数的降低而减小。对比不同基础方案与对应的优化方案（如 P-6 与 P-1、P-7 与 P-2）可以发现，利用辅助空间的拼接更有效地降低了八边形蒙古包的体形系数，并且在南向设置阳光间，还能够被动式利用太阳辐射，相较于 P-1，P-6 单位面积能耗降低了 25.05kW·h/m²。具体优化方案还可以结合居民实际需求对空间功能与大小进行调整。

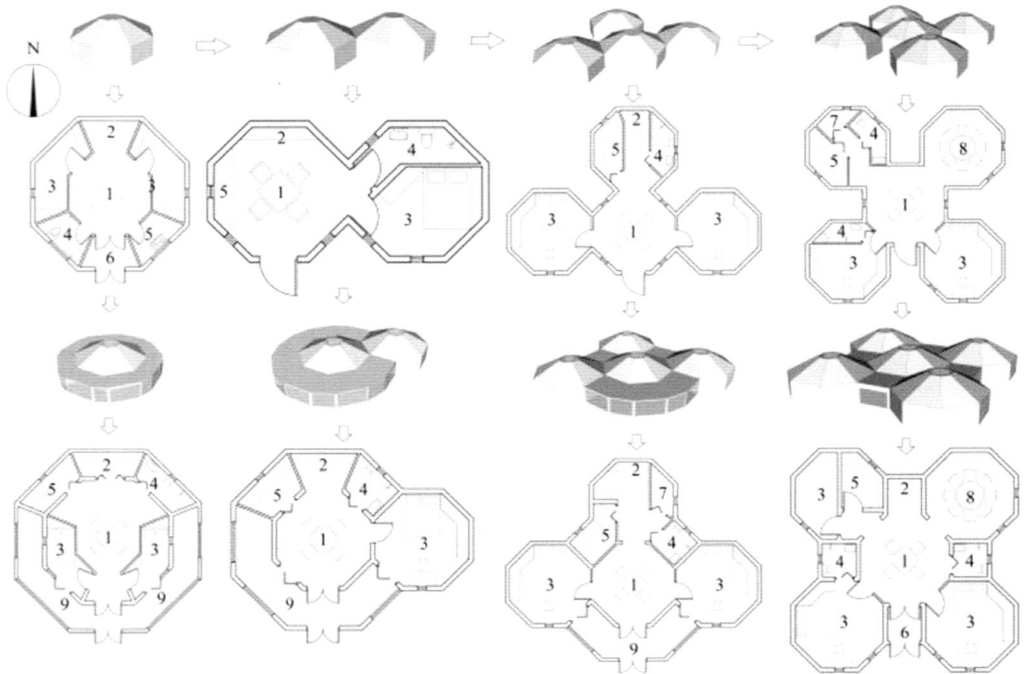

1- 客厅 ;2- 精神空间 ;3- 卧室 ;4- 厕所 ;5- 厨房 ;6- 门斗 ;7- 储藏间 ;8- 餐厅 ;9- 阳光间

图 6-23　蒙古包建筑平面优化图

平面组合优化模拟结果对比　　　　　　　　　　　表 6-7

基础方案	p-1	p-2	p-3	p-4	p-5
示意图					
体形系数	1.13	1.03	1	0.98	0.97
采暖面积（m²）	20.42	41.42	61.74	82.37	103.08
采暖单位面积能耗（kW·h/m²）	130.65	124.97	120.23	118.51	117.53
优化方案	p-6	p-7	p-8	p-9	p-10
示意图					
体形系数	0.71	0.64	0.76	0.75	0.80
采暖面积（m²）	20.42	41.42	61.74	82.37	103.08
采暖单位面积能耗（kW·h/m²）	105.60	108.01	108.67	108.29	115.77

6.4.3　框架体系

木构蒙古包框架体系不仅耐久性较差，且在框架体系中哈那相当于承重墙，每片哈那都不可拆卸，给蒙古包模块的连接带来了一定的局限性。哈那特殊的构造方式也使蒙古包无法在侧面开窗，导致蒙古包室内采光较差。因此，对蒙古包框架体系的更新应着重考虑提高木构件的耐久性与承重方式的更新。

随着装配式木结构建筑的快速发展，胶合木材料的优势逐渐凸显，正胶合木板不仅具有良好的耐腐蚀性、调温调湿性以及强度高等特点，还不受天然木材尺寸的限制，工业生产构件效率较高。因此，选用正胶合木板代替传统木质材料可有效提高蒙古包的耐久性。

基于八边形现代蒙古包模块，使用角柱作为承重构件代替哈那墙承重，乌尼杆采用插接的方式与墙体和角柱相连，使屋顶荷载均匀地传递到角柱上。角柱与角柱之间使用正胶合木板代替杆状哈那，使开窗成为可能，解决了传统木构蒙古包采光不便的问题。该结构体系不仅增强了蒙古包的稳定性，还提供了空间多样化的可能性。可按照建筑工业化思路将现代蒙古包框架体系的建筑构件进行模块化设计，并分解成不同的模块，方便现场施工，降低运输难度，实现现代蒙古包的装配式，减少运输与建造阶段的能源消耗。

6.4.4　围护体系

毛毡由于其材料特性，虽然保温性能较好但蓄热能力不足，导致室内温度随热源的变化波动较大，对冬季建筑采暖能耗影响较大。且随着使用年限的增加，其保温性能也会逐渐降低，只能在冬季通过增加毛毡的层数增强保温性能。对于围护结构的优化有以下两种方式，可考虑选用保温蓄热性能良好的柔性材料替代毛毡，也可结合当下牧民定居需求，考虑向填充墙体的思路转变。

气凝胶毡由二氧化硅与碳纤维材质复合而成，比传统毛毡保温蓄热性能更好，兼具防火、阻燃、憎水、隔音、轻质等优秀的材料特性，是一种耐久性较好的柔性保温材料，现代蒙古包可选用气凝胶毡代替毛毡。此外，基于八边形蒙古包模块的均质化格网墙体，除了选用柔性保温材料外，还能采用在网格内嵌入耐候模块的方式进行保温，因此本书采用不同保温构造和改变保温材料厚度对蒙古包围护结构进行优化模拟，优化方案与模拟结果见表 6-8。

墙体优化方案与模拟结果　　　　表 6-8

编号	构造层次 （从外到内）	导热系数 [W/(m·K)]	传热系数 [W/(m²·K)]	单位面积能耗 (kW·h/m²)
W-1	9mm 毛毡	0.076	0.545	71.36
	15mm 胶合木	0.17		
	EPS 保温板	0.039		
	15mm 胶合木	0.17		

续表

编号	构造层次 （从外到内）	导热系数 [W/(m·K)]	传热系数 [W/(m²·K)]	单位面积能耗 (kW·h/m²)
W-2	9mm 毛毡	0.076	0.922	116.18
	15mm 胶合木	0.17		
	60mm 毛毡	0.076		
	15mm 胶合木	0.17		
W-3	9mm 毛毡	0.076	0.358	52.06
	15mm 胶合木	0.17		
	60mm 聚氨酯硬泡沫	0.024		
	15mm 胶合木	0.17		
W-4	20mm 气凝胶毡	0.018	0.78	88.37
	保温涂料	1.03		
W-5	30mm 气凝胶毡	0.018	0.598	72.16
	保温涂料	1.03		
W-6	40mm 气凝胶毡	0.018	0.449	61.78
	保温涂料	1.03		

通过对比不同厚度气凝胶毡的节能效果发现，随着厚度的增加，单位面积能耗减小的趋势逐渐降低。但对于柔性材料而言，延展性会随着厚度的增加而降低，因此不宜过厚。虽然增加气凝胶毡的厚度对降低能耗比较有利，但 20mm 厚的气凝胶毡的保温隔热性能相较于 18mm 厚的毛毡已有较大提升，同时兼顾经济因素，选用 20mm 厚的气凝胶毡最佳。对比 W-1、W-2、W-3 三组方案可知，对于耐候模块保温材料选用聚氨酯泡沫节能效果最佳，单位面积能耗仅 52.06kW·h/m²，且聚氨酯泡沫保温板价格要远低于气凝胶毡，性价比较高。聚氨酯泡沫耐候模块也可在工厂预制生产，在现场进行搭接。因此，选用聚氨酯泡沫耐候模块也是一种较好的选择。

综上所述，20mm 厚气凝胶毡与聚氨酯泡沫耐候模块均可以有效降低蒙古包冬季采暖能耗，是两种不同的蒙古包围护体系更新思路。两种方式各有优劣，对于长期使用轻质柔性材料作为围护体系的蒙古包而言，选用气凝胶毡要更尊重原有蒙古包文化，而聚氨酯耐候模块的保温隔热性能更优，更有利于营造良好的室内热环境。因此，还需结合实际需求，进行选材。

结合前文蒙古包更新策略，研究团队在内蒙古锡林郭勒盟东乌珠穆沁旗乌拉盖草原进行了项目实践（图 6-24）。

项目按照建筑模块化思路，基于八边形现代蒙古包模块，结合传统木构蒙古包的建造技术，将蒙古包构件进行模块化设计，形成了以胶合木为主要框架结构材料，钢材为连接构件的现代蒙古包框架体系，木构件主要包括 6 个部位，板片厚度均为 30mm，详细参数如表 6-9 所示。所有构件工厂预制生产，通过现场插接或连接构件进行连接，实现了现代蒙古包的装配式。

现代蒙古包木构件参数表　　　　　　表 6-9

部位	墙身横板	角柱	墙身顶板、底板
示意图	600mm / 400mm	1640mm / 400mm	2100mm / 2430mm / 433mm
部位	墙身立板	屋架主肋	陶脑构件
示意图	1640mm / 400mm	150mm / 2330mm / 2100mm / 430mm	500mm / 500mm / 450mm / 65mm

墙体采用墙身横板与墙身竖板交叉形成的均质化网格墙体，地面采用数根 50 mm×100 mm 的方木龙骨组成的支撑构架将蒙古包与草地分离，既能够保护草场生态，又提升了地面保温与防潮。幪毡覆盖陶脑的传统天窗形式采用玻璃材质代替，侧窗均选用木框架双层 Low-E 玻璃（低辐射玻璃），改善室内采光的同时提升了气密性。围护体系采用 20mm 厚气凝胶毡代替毛毡，降低成本的同时增加了保温性能。

通过对其进行冬季现场热环境实测发现，冬季采用电采暖间歇供暖的方式，在室外平均温度为 -6.4℃时，室内平均温度能够达到 19.9℃（图 6-25）。相较于传统蒙古包室内热环境已有较大提升。

图 6-24　乌拉盖草原现代蒙古包实景图

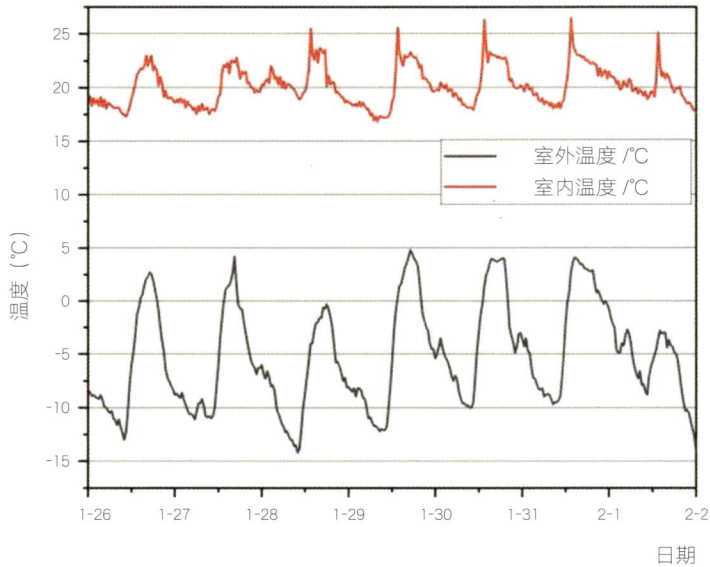

图 6-25　乌拉盖草原现代蒙古包室内外温度变化图

通过对乌拉盖草原八边形蒙古包进行建模，正八边形边长为 1.86m，高 2.6m，门窗均为南向，围护结构均按上文所述材质进行设置，其他参数与基础模型保持一致。通过模拟得出乌拉盖草原蒙古包冬季室内设计温度为 14℃时，采暖总能耗为 1093.27kW·h，单位面积能耗 73.82kW·h/m²，相较于传统木构蒙古包基础模型节能 50.06%，节能效果较为显著。

综上所述，该项目相较于传统木构蒙古包改善了结构的稳定性、耐久性与室内热环境。从全寿命周期看，降低了运输、施工与运营阶段的能耗，且通过模块化单元空间组合，可组合出不同的户型，从而满足不同使用群体、功能的需求。

6.5　固定住宅更新策略

内蒙古草原牧区的固定住宅发展较晚，住宅形式与附近农村住宅类似，固定住宅与生产建筑形成了定居点，这曾经是草原牧区的冬营地，当前，已经成为牧民的主要生活场所。因此，对草原牧区的固定住宅也需要进行更新，从而提升牧民居住环境质量。

6.5.1　朝向与体形

建筑朝向主要是指建筑物的正立面所对的方向，是建筑设计初期最先考虑的问题。内蒙古草原牧区的居住建筑大部分为南北朝向，南向开大窗，北侧开小窗，东西两面很少开窗。对于严寒地区，合理的建筑朝向可使建筑最大限度地利用太阳辐射，对建筑节能以及室内热环境的改善起到重要的作用。

建筑能够接受太阳辐射的外表面主要是四个不同方向的外墙以及屋面，不同的外表面接收的太阳辐射量也不同，太阳辐射量的大小能够直接影响建筑的室内热环境以及建筑能耗。因此，在建筑设计初期应根据用能季节和时段对不同接受面所接受的太阳辐射量进行统计，分析其总量及变化趋势，以确定建筑的基本朝向选择范围。《中国建筑热环境分析专用气象数据集》[6]提供的内蒙古地区典型气象年气象参数中建筑不同外表面单位面积内太阳辐射总量统计数据显示，屋面和南立面的太阳辐射总量最多，东立面和西立面次之。

通过模拟分析发现，建筑朝向角度的不同会改变建筑的采暖能耗，随着偏向角度的增加，建筑采暖总能耗与单位面积能耗呈现逐渐增大的趋势。选取呼和浩特地区建立基础模型，不同朝向单位面积能耗曲线关系如图 6-26 所示。由图可知，在相同偏向角的情况下，南偏西方向的建筑采暖能耗要明显低于南偏东方向，-10°~20°朝向的建筑单位面积能耗较低。该区间内曲线斜率最低，表明建筑朝向的变化对建筑能耗的影响较小，在其他区间内则斜率较大，对建筑能耗的影响十分明显。因此，该地区牧区建筑如以减小建筑能耗和提高室内热环境作为主要目标，那么最佳朝向应在南偏西 10°至南偏东 0°区间范围内，最佳朝向角度应取南偏西 10°。内蒙古东西直线距离达 2400km，随着经度的变化，各地区朝向有很大差异，实践中可根据实际项目，按照上述方法确定适合的朝向角度。

体形系数是指建筑物与室外大气接触的外表面积与其所包围的体积的比值。体形系数越大则建筑单位体积内建筑外围护结构与空气的接触面积越大，建筑散热面积增加，能耗也随之升高。据有关研究资料表明，体形系数每增加 0.01，住宅的耗热量指标就增加 2.5%[7]。因此，合理地控制建筑的体形系数，对建筑节能起着至关重要的作用。草原牧区固定住宅以单层矩形平面居多，且建筑凹凸较少，因此建筑体形系数基本属于较优的状态。虽然如此，通过能耗模拟，发现当住宅面宽一定时，增加进深建筑耗热量逐渐降低，说明进深对农宅耗热量大小具有一定影响，故在满足窗地面积比与室内采光需求的前提下，增大住宅进深可以有效地降低建筑能耗。

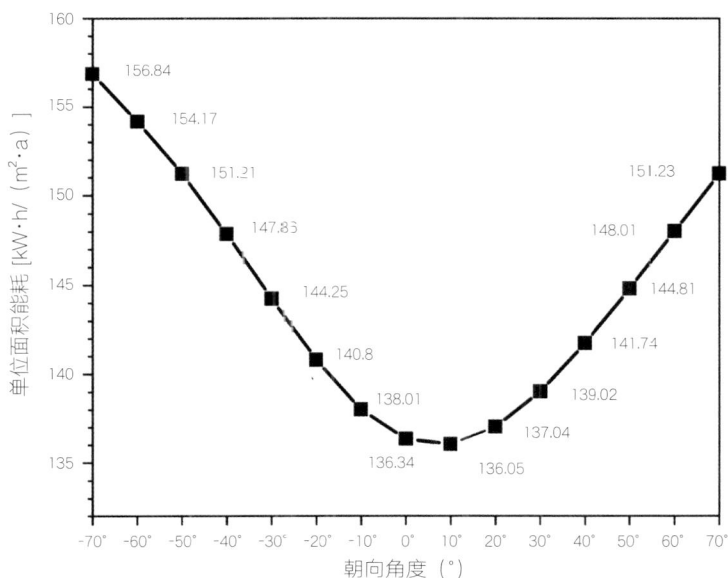

图 6-26　牧区建筑朝向角度与单位面积能耗曲线图

6.5.2 平面布局

农村居住建筑为了体现节约用地、集中建设、集聚发展的原则，积极倡导双拼式、联排式、叠排式（图6-27）等节省占地面积，减少外围护结构耗热量的布局方式。草原牧区固定住宅多采用联排式，从平面布局上体现了建筑节能意识，在此基础上可进一步优化平面，降低建筑能耗，改善室内热环境，传统的做法一般是将主要功能房间布置在南向，辅助功能空间布置在北向。除此以外，牧区住宅还可通过增设凉房、阳光间等方法使能耗进一步降低，同时丰富空间功能。

内蒙古草原牧区民居常在北墙北侧堆上土堆，增加北墙保温性能。按照此原理，可将凉房等辅助用房置于建筑北侧，常见的形式如图6-28所示。

阳光间能够使建筑在冬季充分利用太阳辐射，减少冷风侵入与渗透，同时还可与住宅南向外墙形成类似特朗布墙的功能，提升建筑的热稳定性。通过在基础模型上增加凉房与阳光间进行能耗模拟，包括基础模型（P-1）、单设凉房（P-2）、单设阳光间（P-3），同时设置凉房与阳光间（P-4）四种方案，发现对于降低建筑采暖期累计热负荷效果非常明显（图6-29、图6-30）。单独设置阳光间的节能率可达到11.97%，而增设凉房节能率仅有7.28%，同时设置阳光间与凉房节能率可达16.21%。因此，可结合实际需求合理设置凉房与阳光间。

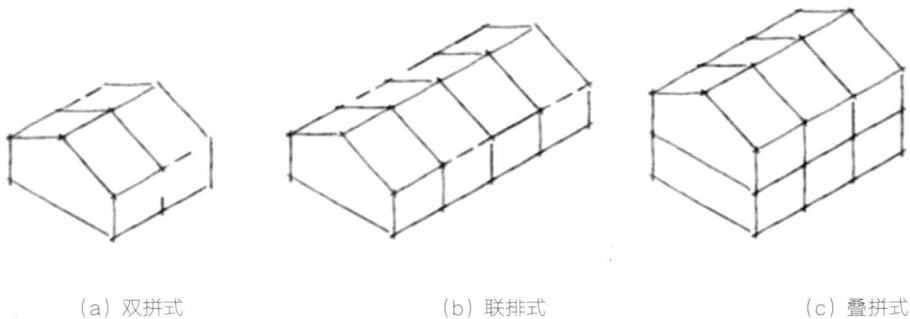

| （a）双拼式 | （b）联排式 | （c）叠拼式 |

图 6-27 农村居住建筑常见布局方式

图 6-28 农村居住建筑常见形式

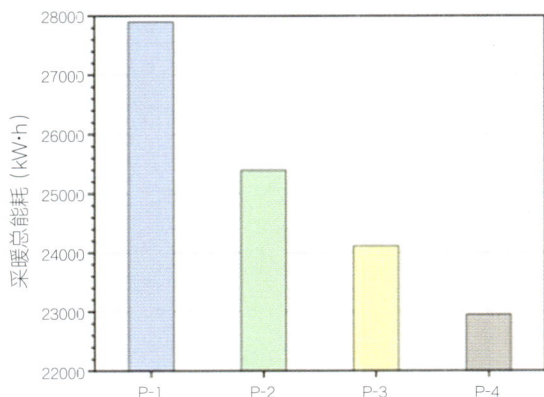

图 6-29 不同平面布局采暖总能耗图

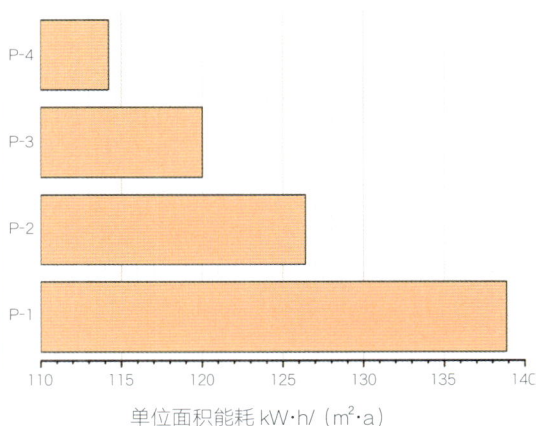

图 6-30 不同平面布局单位面积能耗图

6.5.3　围护结构

建筑外围护结构由外墙、外门窗、屋面和地面组成，其功能包括保温、隔热、隔声、防水防潮、耐火等，对于草原牧区固定住宅围护结构而言，最主要的性能为防寒保温，即在冬季应具有保持室内热量，减少热损失的能力，这一能力取决于材料和构造方式。

1. 外墙优化

草原牧区固定住宅外墙材料多选用土坯、实心黏土砖、多孔黏土砖等，保温材料多采用 EPS 保温板。结合草原牧区传统构造方式及当前出现的新技术，对四种在草原牧区比较适宜的外墙构造进行模拟分析，如表 6-10 所示。

不同传热系数下的外墙构造形式参数设置　　　　　　　　表 6-10

编号	名称	示意图	构造层次 （从内到外）	厚度（mm）	传热系数 [W/(m²·K)]
W-1	多孔黏土砖墙		1. 混合砂浆	10	0.313
			2. 多孔黏土砖	370	
			3.EPS 保温板	100	
			4. 混合砂浆	10	
			5. 饰面层	10	
W-2	非黏土实心砖墙		1. 石灰砂浆	10	0.328
			2. 非黏土实心砖	370	
			3.EPS 保温板	100	
			4. 水泥砂浆	10	
			5. 饰面层	10	

续表

编号	名称	示意图	构造层次 （从内到外）	厚度（mm）	传热系数 [W/(m²·K)]
W-3	草板夹芯墙		1. 石灰砂浆	10	0.365
			2. 非黏土实心砖	240	
			3. 草板保温	240	
			4. 空气层	20	
			5. 非黏土实心砖	120	
			6. 水泥砂浆	10	
W-4	EPS 聚苯模块		1. 石灰砂浆	10	0.25
			2. 聚苯保温模块	120	
			3. 钢筋混凝土	130	
			4. 泡沫混凝土板	120	
			5. 水泥砂浆	10	

　　通过图 6-31 可见，基础模型的外墙传热系数为 1.263W/(m²·K)，单位面积能耗为 136.34kW·h/(m²·a)。四种方案节能效果与基础模型相比均有较大的提升，其中 EPS 聚苯模块（W-4）节能效果最佳，节能率达到了 48.59%，其模块化的建造方式使建造过程更加简单，值得在偏远的草原牧区推广。四种方案中节能效果最差的草板夹芯墙（W-3），节能率也达到了 41.09%，但草板在草原牧区极易获取，同时草板属于零碳材料，因此该方案是草原牧区住宅保温非常好的选择。

　　鉴于目前多孔黏土砖墙（W-1）仍然是草原牧区最主要的外墙构造方式，保温材料的性能直接影响着墙体的热工性能，通过将 EPS 保温板厚度以 10mm 为单位逐步增加，初始保温板厚度为 60mm，增加至 240mm 厚，共设置 19 组模拟方案，如表 6-11 所示。

不同保温板厚度下的外墙构造形式参数设置　　　　表 6-11

编号	保温板厚度 （mm）	传热系数 [W/(m²·K)]	采暖总能耗 （kW·h）	单位面积能耗 [kW·h/(m²·a)]	耗煤量 （kg/m²）
W-60	60	0.447	17046.77	84.86	10.42
W-70	70	0.404	16222.23	80.76	9.92
W-80	80	0.368	15848.67	78.89	9.69
W-90	90	0.339	15503.31	77.18	9.48
W-100	100	0.313	15158.40	75.46	9.27
W-110	110	0.292	14740.57	73.38	9.02
W-120	120	0.273	14364.93	71.51	8.79
W-130	130	0.256	14023.98	69.81	8.58
W-140	140	0.241	13832.53	68.86	8.46
W-150	150	0.228	13625.65	67.83	8.33

编号	保温板厚度 （mm）	传热系数 W/(m²·K)]	采暖总能耗 （kW·h）	单位面积能耗 [kW·h/(m²·a)]	耗煤量 （kg/m²）
W-160	160	0.216	13475.37	67.08	8.24
W-170	170	0.206	13308.18	66.25	8.14
W-180	180	0.196	13161.66	65.52	8.05
W-190	190	0.187	13043.14	64.93	7.98
W-200	200	0.179	12948.72	64.46	7.92
W-210	210	0.172	12868.37	64.06	7.87
W-220	220	0.165	12818.15	63.81	7.84
W-230	230	0.159	12784.01	63.64	7.82
W-240	240	0.153	12759.89	63.52	7.80

不同保温板厚度下的建筑单位面积能耗变化如图 6-32 所示。由图可知，随着保温板厚度的增加，建筑单位面积能耗有明显降低，但随着厚度的增加，单位面积能耗降低趋势逐渐变缓，当保温板厚度达到 200mm 时，建筑单位面积能耗降低趋势趋于平缓，综合考虑经济与节能因素 200mm 厚的 EPS 保温板是较优的方案。

2. 屋顶优化

屋顶是围护结构的水平部分，有坡屋顶和平屋顶两种形式，其中草原牧区最为常见的是坡屋顶，大致分为单坡屋顶、双坡屋顶两种形式。由于草原牧区冬季有大量的降雪，并考虑到牧民的生活习惯以及定居点建筑形式的统一，因此坡屋顶是草原牧区的首选形式。由于草原牧区建筑通常为单层，且采用矩形的平面布局方式，屋顶占围护结构总面积比例较高，因此对屋顶的优化十分重要。

结合草原牧区住宅屋顶传统构造方式及当前的新技术，对六种常见草原牧区住宅屋顶构造进行模拟分析如表 6-12 所示。

不同屋顶构造形式参数表　　　　　表 6-12

序号	简图	构造层次	厚度 （mm）	总传热系数 [W/(m²·K)]
R-1		1. 屋面层	—	0.325
		2. 木结构屋架	—	
		3. 桁条件保温层 EPS 板	120	
		4. 棚板	—	
		5. 木龙骨	—	
		6. 吊顶层	10	

序号	简图	构造层次	厚度 (mm)	总传热系数 [W/(m²·K)]
R-2		1. 屋面层	—	0.280
		2. 木结构屋架	—	
		3. 檩条保温层 EPS 板	100	
		4. 棚板	—	
		5. 吊顶上满铺稻壳保温层	50	
		6. 木龙骨	—	
R-3		1. 屋面层	—	0.24
		2. 木结构屋架	—	
		3. 棚板	—	
		4. 吊顶上 EPS 保温层	170	
		5. 木龙骨	—	
		6. 吊顶层	—	
R-4		屋面	—	0.22
		通风间层	—	
		矿棉保温层	230	
		泡沫混凝土板	200	
		内粉刷	15	
R-5		屋面层	—	0.20
		木板层	20	
		桁条件保温层	180	
		顶棚龙骨	30	
		石膏板	120	
R-6		屋面层	—	0.16
		通风层	—	
		桁条上保温层	140	
		木板层	18	
		桁条件保温层	80	
		空气间层	100	
		石膏板	12	

由图 6-33 所示,基础模型的屋顶单位面积能耗为 138kW·h/(m²·a)。六种方案节能效果与基础模型相比均有较大的提升,但各方案之间差别较小,最优方案 R-6 的单位面积能耗相比于最差方案 R-1 仅减少 5kW·h/(m²·a)。因此,仅仅优化屋面远达不到建筑节能的标准,需要进行围护结构的整体优化。

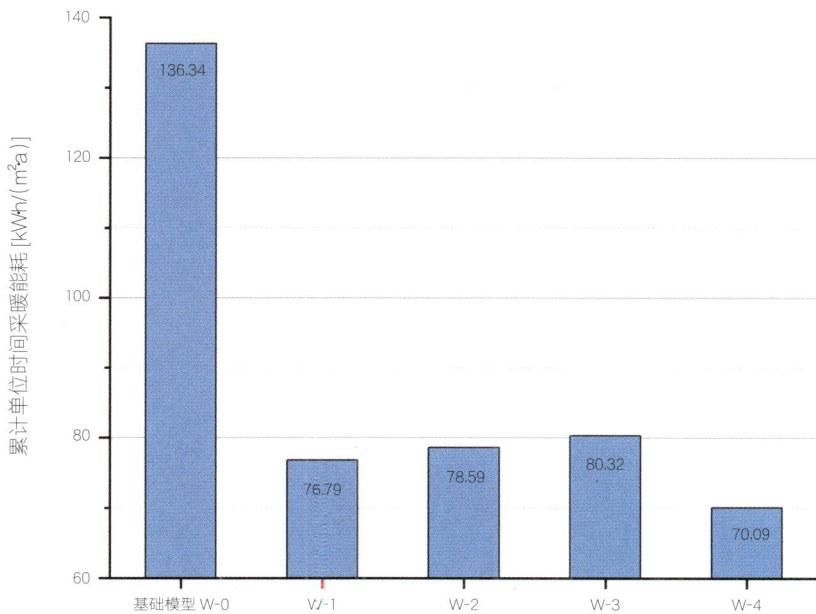

图 6-31　外墙构造形式累计单位时间采暖能耗图

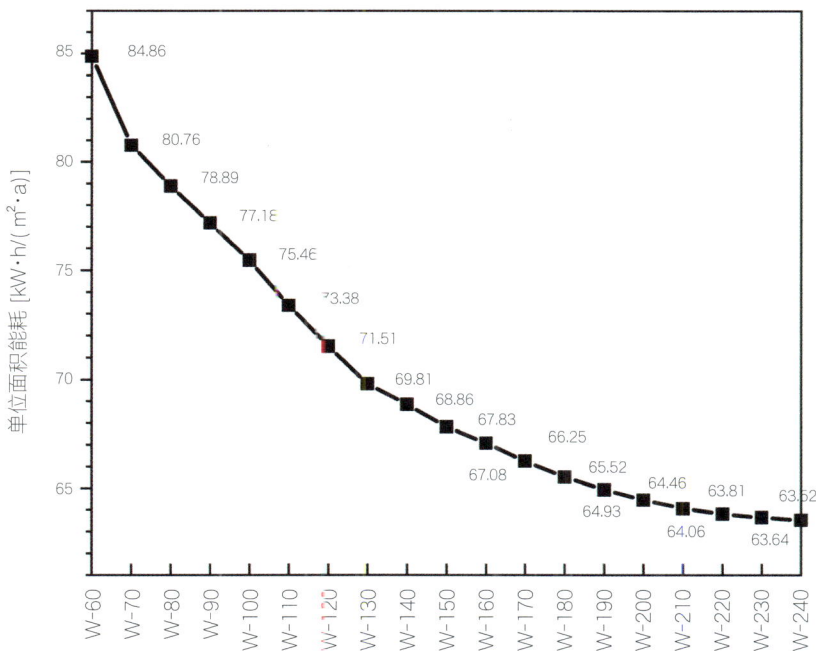

图 6-32　不同保温板厚度下单位面积能耗变化图

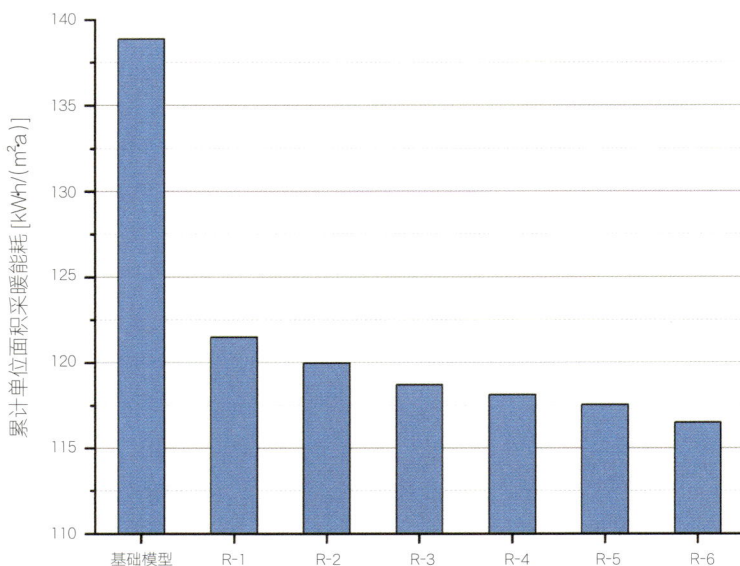

图 6-33　不同屋顶构造形式模拟结果分析图

3. 窗墙比优化

　　窗墙比是指窗户洞口面积与房间立面单元面积（即建筑层高与开间定位线围成的面积）的比值。外窗与外墙、屋顶以及地面的材质截然不同，属于透明围护结构。通常情况下，外窗的保温隔热性能是围护结构中的薄弱环节，因此，全国各地区建筑标准都对不同类型建筑的窗墙比进行了严格的规定。调研发现，由于人们对建筑采光与通风的要求以及室内氛围的需求，近年来农村居住建筑的窗墙比在不断地提高，外窗较大的耗热量对建筑保温十分不利，需要结合该地区气候条件，按照适合的窗墙比进行设计。

　　选取典型住宅模型进行模拟，通过模拟结果可知，当建筑其他三个方向的窗墙比保持不变的情况下，南向的窗墙比增加建筑采暖总能耗与全年累计单位面积能耗逐渐降低，北向窗墙比增大，建筑单位面积能耗逐渐增高。由图 6-34 可见，改变南向窗墙比的能耗变化范围要远高于改变北向窗墙比，北向窗墙比的设定值从 0.1~0.7，建筑采暖总能耗仅增高了 481.81 kW·h，单位面积能耗增高了 2.4 kW·h/m^2，而南向的单位面积能耗从 150.39 kW·h/m^2 降低至 99.86 kW·h/m^2，每年每平方米的采暖能耗降低了 50.53kW·h。

　　选取南向窗墙比分别为 0.3、0.4、0.5、0.6、0.7，与北向窗墙比 0.1、0.2、0.3 组合成 15 种方案，如图 6-35 所示。根据模拟结果可见，当南向窗墙比为 0.7、北向窗墙比为 0.1 时，建筑节能效果最佳。

　　综上所述，从能耗的角度，围护结构各部分理论上如果做到最优能耗一定会大幅度降低，但是在实际工程中，除能耗外，还需综合考虑功能、经济等问题，可利用全生命周期的评价方法及优化设计方法探讨最优方案。此外，还需考虑可再生能源的应用，如所在地区有充足的可再生能源并可以较低的成本实现充分应用，则固定住宅考虑的重点应该是建筑本体能耗与可再生能源技术的集成，二者实现平衡应该成为追求的目标。

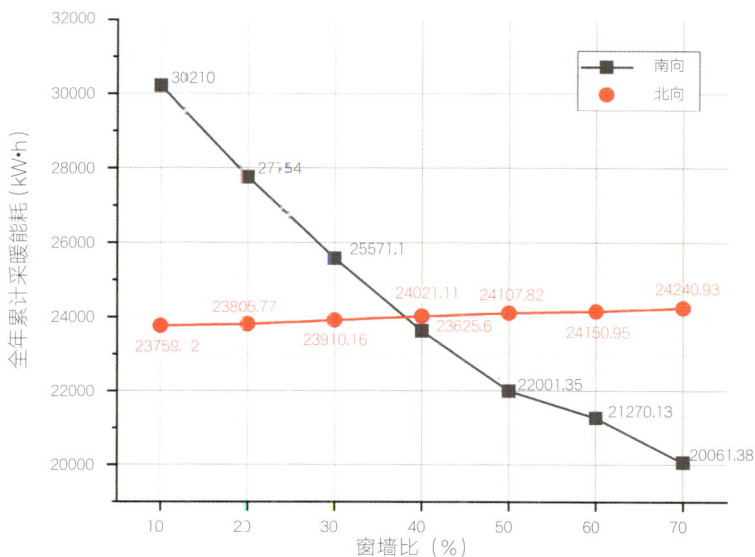

图 6-34　单位百积建筑能耗随窗墙比变化曲线

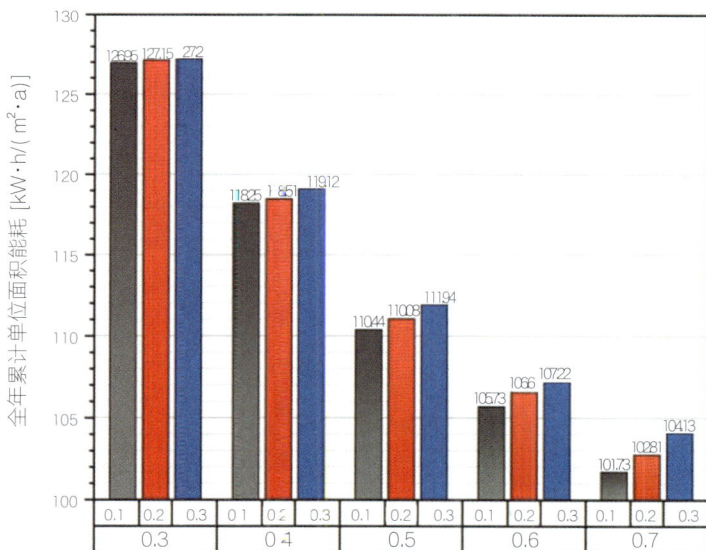

图 6-35　综合窗墙比模拟结果柱状图

6.6　可再生能源利用策略

《中华人民共和国可再生能源法》中规定可再生能源包括风能、太阳能、水能、生物质能、地热能、海洋能等非化石能源。充分应用可再生能源是当前我国建筑能源应用的主要方向，对于节能减碳、保护生态环境具有重要意义，在建筑中可再生能源利用是否可行与其所处的地域环境具有重要的关系，内蒙古草原牧区对此有得天独厚的优势。关于可再生能源利用技术的书籍较多，本书不对这些技术进行详纸的论述，只对内蒙古草原牧区利用可再生能源的优势进行分析，并通过实践案例探讨一种太阳能供暖的利用技术。

6.6.1　草原牧区可再生能源优势

1. 丰富的气候资源

内蒙古自治区有两个非常重要的气候资源，即全年的大风天气和丰富的太阳能。关于草原牧区的风速和风向问题在第 5 章已有相应的论述，一方面，草原牧区的大风给当地牧民的生产生活带来很多问题，因此从居住和生产的角度应该对定居点风环境进行优化；另一方面，强劲的风力为可再生能源应用创造了条件，内蒙古风力发电装机容量为全国第一。草原牧区对风力发电的应用从 20 世纪 90 年代开始，主要用于日常生活中的电力供应，虽然经历了 20 多年的应用实践，但家用风力发电不能完全解决牧民用电问题，仍有很多难题亟待解决。内蒙古地区的太阳能资源分布自东向西南增多，其中阿拉善盟与巴彦淖尔市最多，太阳能总辐射量高达 6490~6992MJ/m^2，属于全国太阳能资源 2 类地区。在降水量比较低的月份，太阳辐射总量和日照率均比较高，大部分地区全年日照时数都大于 2700 小时。内蒙古地区各盟市日照时数分析图如图 6-36 所示。

由图 6-36 可见，呼和浩特地区与乌兰察布地区日照时数在全区相对最少，约为 2700 小时。其余各地区日照时数均在 3000 小时左右，巴彦淖尔地区日照时数最高，约达到 3300 小时。各季度日照时数第二季度、第三季度稍高，主要原因是地球绕太阳运动周期的影响。其中，第二季度高于第三季度，大差距不大，主要是第三季度为内蒙古地区雨季，对日照时数有一些影响。丰富与稳定的太阳能资源为内蒙古地区太阳能应用创造了良好的条件，光伏发电厂、牧居发电、太阳能采暖等在内蒙古地区应用比较广泛。草原牧区太阳能、风能利用如图 6-37 所示。

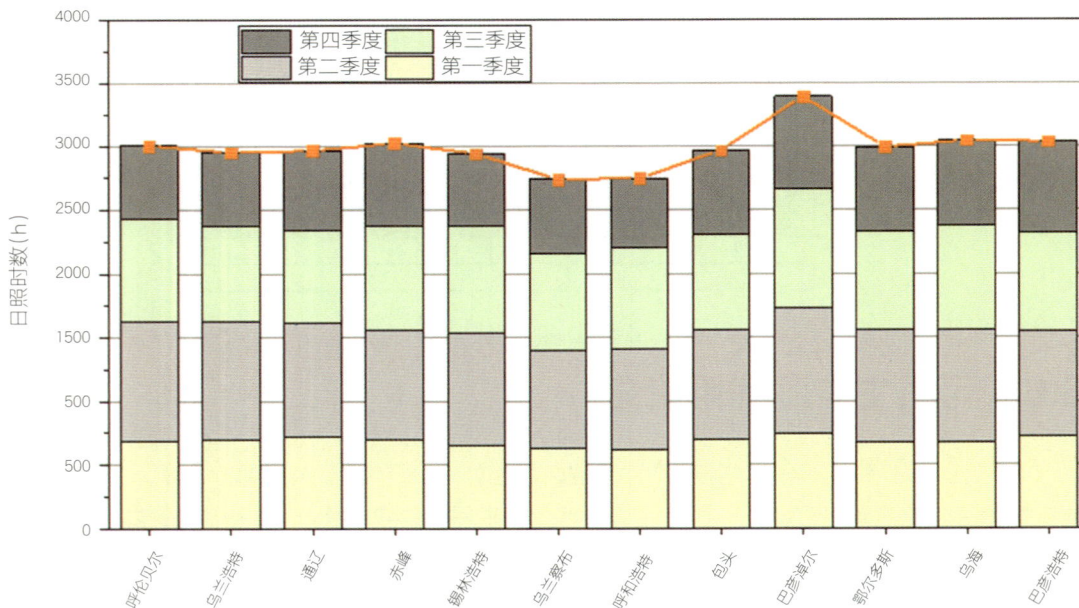

图 6-36　内蒙古各地区日照时数分析图

2. 充足的生物质资源

　　草原牧区有大量的牛粪、羊粪，自古以来牛羊粪就是牧民最主要的燃料，是牧民生活中不可缺少的一部分，在草原上也随处可见，几乎每户牧居都有储藏牛羊粪的空间（图 6-38）。牛羊粪是非常优质的生物质资源，燃烧后对大气环境的影响相对煤炭要小得多。但近年来草原牧区的实际情况是牛羊粪成了商品能源的补充，且应用越来越少，主要原因包括牛羊粪的热值、卫生、灰分等问题。牛羊粪如能充分应用，则不需要借助任何外界资源即可解决草原牧区的供暖需求。

　　牛羊粪蕴含的生物质能来源于太阳，太阳将大气中的二氧化碳转化为植物生长必备元素，被植物吸收促进植物生长，植物被牛羊吃掉在代谢过程中将一部分碳封存在牛羊粪中，牛羊粪燃烧后释放出二氧化碳，如此在草原牧区范围内形成一种稳定的循环，因此，牛粪作为草原牧区的燃料值得发扬。但使用牛羊粪作为燃料的相关技术目前仍比较欠缺，可以借鉴木材、木屑颗粒等燃烧技术开发适宜牛羊粪的燃烧技术，一旦形成成熟的技术，将很好地解决草原牧区采暖、炊事等能源的应用问题。以牛羊粪为燃料的生物质系统可以独立使用，也可作为太阳能热水、风电光电热利用技术的有效补充，形成太阳能、风能、生物质能与建筑集成的一体化能源供应系统。

(a) 四子王旗定居点光电水窖　　　(b) 阿巴嘎旗定居点风电利用　　　(c) 阿巴嘎旗定居点风光互补系统

图 6-37　草原牧区太阳能、风能利用

图 6-38　阿巴嘎旗牧民定居点牛、羊粪垛

3. 广阔的土地资源

根据第 4 章草原牧区规模分析可以发现，锡林郭勒盟 4 个旗县、208 个嘎查进行牧民户均草场面积 333hm² (4995 亩)，最少的地区户均也有 65hm²/户，最多地区户均可达 885hm²/户，虽然大部分面积为草场，但定居点住宅基地及饲养基地的面积也非常充足，定居点情况如图 6-39 所示。充足的土地含有丰富的地热资源，这为热泵技术的应用创造了优越的条件。

热泵是一种将低位热源的热能转移到高位热源的装置，也是全世界备受关注的新能源技术。热泵通常是先从自然界的空气、水或土壤中获取低品位热能，经过电力做功，然后再向人们提供可被利用的高品位热能。在能源日益紧张的今天，为了回收通常排到大气中的低温热气、排到河川中的低温热水等中的热量，热泵被用来将低温物体中的热能传送高温物体中，然后高温物体来加热水或采暖，使热量得到充分利用。热泵实质上是一种热量提升装置，工作时它本身消耗的电能可以从环境介质（水、空气、土壤等）中提取 4~7 倍于电能的热量。地源热泵技术在城市经常由于基地面积受到制约，而在草原牧区则完全可以不用考虑土地问题。

图 6-39 苏尼特右旗牧民定居点

6.6.2 案例研究：太阳能热水供暖

可再生能源的应用在实践中仍然存在诸多问题，风电、光电、光热、地热等可再生能源利用技术各有优势，但也存在很多瓶颈，需要结合实际项目不断地研究和总结。本节通过实践案例探讨太阳能热水供暖在农村牧区应用的可能性。

应用太阳能热水采暖存在的问题主要有不稳定、投入高、维护复杂等问题，投入、维护等问题随着太阳能热水系统及自动控制的发展已不再是利用太阳能热水采暖的最主要问题，当前需要解决的核心问题是不稳定性，不稳定主要是由于昼夜交替而导致的太阳能白天能量过剩、夜间不足，当前解决不稳定问题的基本思路是蓄热技术。蓄热能力取决于蓄热介质的比热，比热与材料的热容量、密度、传导性密切相关。目前，很多研究聚焦相变蓄热材料，相变蓄热材料利用材料的相变而具有较大的储热能力，但由于相变储热技术发展时间较短，成本较高，考虑到草原牧居的经济、技术条件，牧区住宅的蓄热应尽可能使用常用的材料解决，常用材料的相对密度、传导性和热容量如表 6-13 所示。水具有很高的热容量，也是目前太阳能热水采暖技术中常用的蓄热介质，但采用水作为蓄热介质需要配备较大容量的水箱，将占据建筑空间，且维护成本较高。固体介质中，常用的建筑材料砖、土坯、混凝土、木材等均有较高的热容，作为储存热量的介质，在环境温度降低时需要将储存的热量缓慢地释放，如果材料的传导性很强，储存的热量将很快地被释放，因此在牧区住宅中应考虑将传统的建筑材料作为蓄热介质，同时还应考虑材料的热传导率。

　　基于上述分析，案例选择混凝土作为传热介质建立供暖系统。考虑到可能会发生的连续阴天、设备故障等因素，辅助生物质炉作为辅助热源，必要时作为补充。由此，形成"太阳能 + 生物质炉 + 混凝土蓄热地板"集成的供暖系统，为建筑提供冬季供暖所需的热量，系统工作原理如图 6-40 所示。该系统包括太阳能集热系统、混凝土地板辐射系统和生物质炉系统，三套系统通过储热水箱进行集成，其中太阳能集热系统为主热源，生物质炉系统为辅助热源，混凝土地板辐射系统为供暖末端。

常用材料的相对密度、传导性和热容量[4]　　　　　　　　表 6-13

材料类型	热容量	密度	传导性
铝	126	11300	37
发泡聚苯乙烯板	340	25	0.035
聚氨酯	450	24	0.016
钢	480	7800	47
矿棉	920	35~150	0.35~0.044
砖	800	1700	620~840
玻璃	840	2500	1.100
石膏板	840	950	0.16
大理石	900	2500	2.0
土坯	1000	2050	1.250
混凝土	840~1000	600~2300	0.190~1.630
刨花板	1000	500	0.100
干空气	1005	—	—
草纸板	1050	250	0.037
硬木木材	1200	660	0.120
硬纸板	1300	660	0.120
软木木材	1420	610	0.130
尿素甲醛泡沫	1450	10	0.040
酚醛泡沫	1400	30	0.040
栓皮软木	1800	144	0.038
水	4176	1000	—

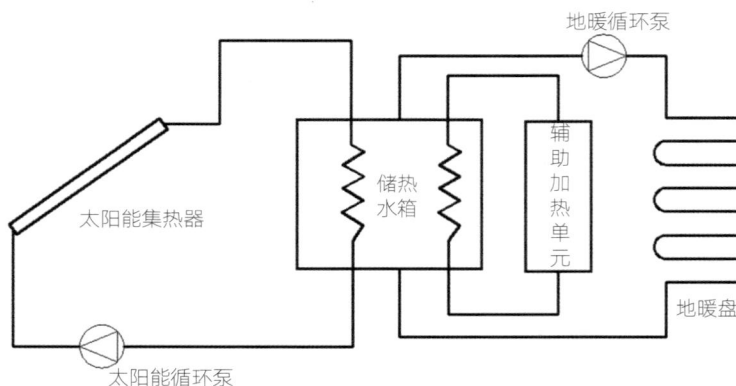

图 6-40 太阳能热水混凝土地板供暖系统

1. 太阳能集热系统

太阳能集热系统是由太阳能集热器、太阳能系统循环泵、水温传感器、管路、阀门等部分组成，与储热水箱连接，白天太阳光照充足时，循环泵启动，提升储热水箱的水温，夜间或光照不充足时循环泵关闭，防止热量损失；生物质炉系统由生物质炉、管路、阀门等部分组成，与储热水箱连接，凌晨、傍晚或白天光照不充足时由生物质炉提升储热水箱水温，生物质炉采用特制牛羊粪炉，燃料以草原牧区随处可得的牛粪砖或羊粪砖为主，可兼作牧民炊事使用，炊事过程中的余热由储热水箱回收；混凝土地板辐射系统由地暖盘管、分集水器、温控阀、管路、阀门等部分组成，由储热水箱提供热水进行供暖，白天混凝土地板蓄热达到稳定状态，夜间将储存的热量缓慢释放到室内，室内温度可利用温控阀进行调节。

上述系统中，太阳能集热系统可根据当前太阳能集热技术进行选择，太阳能集热系统需确定的技术指标包括太阳能集热器的倾斜角度、集热器面积、水箱容积等。在安装太阳能集热器时，为了能最大限度地接受太阳辐射，通常希望太阳入射角为 0°，太阳光线垂直照射集热器表面，倾斜角 S 与太阳高度角 hs 为互余的关系。在中国大部分地区，根据当地纬度 ϕ，可近似按照以下列公式计算：

1. 若集热器只在冬季使用，则

$$S = \phi + \frac{23.45°}{2} \tag{6-1}$$

2. 若集热器只在夏季使用，则

$$S = \phi - \frac{23.45°}{2} \tag{6-2}$$

草原牧区住宅设计主要考虑冬季供暖，故应按照 (6-1) 式进行计算，如锡林浩特地区地理位置坐标为北纬 43.95°，东经 116.12°，经计算得出锡林浩特地区太阳能集热器的最佳倾角应

该为 S=43.95°+23.45°/2=55.675°。关于集热器方位角的确定，取正南方向偏西 4°～5°。太阳能集热器之间的连接方式采用直接连接的方式，直接系统的太阳能集热器面积按下式计算：

$$A_c = \frac{86400Q_H f}{J_T \eta_{cd}(1 - \eta_L)} \qquad (6-3)$$

式中：A_c 为直接加热形式下太阳能集热器总面积；Q_H 为建筑物耗热量；f 为太阳能保证率，如不考虑辅助热源，则取 100%；J_T 为当地集热器采光面上的平均日太阳辐照量；η_{cd} 太阳能集热器的集热效率；η_L 为储热水箱以及管箱的热损失率 [8]。根据锡林浩特地区的实际情况，系统中 f 取 50%，平均日辐照量为 18.15MJ/m².d，η_{cd} 取 40%，η_L 取 20%。蓄热水箱容量的大小与集热器面积及集热温度有关，一般来说，1m² 集热器所需蓄热水箱容积大约是 50L～100L，如采用混凝土地板蓄热技术，蓄热水箱容积可大幅度减小。

2. 蓄热地板系统

案例中混凝土蓄热地板作为室内热环境控制末端，材料选用及构造形式直接影响其调控室内温度的效果，主要影响因素包括混凝土地板厚度、面层的热阻、绝热层厚度、盘管位置等，构造如图 6-41 所示。

混凝土地板厚度的选取对于系统的稳定性有重要作用，太厚会增加地面的热阻，阻碍地盘管热量的释放；太薄则蓄热能力减弱，不能满足室内温度调节的需求。在相同的供热条件和地板构造条件下，选择热阻小的材料做面层，利于地面的散热。混凝土地面与基础地面之间设置绝热层，防止热量向基础地面传递。王瓷甲等人在间歇供暖地板预热期蓄热特性研究中得出关于地板蓄热量的规律，即填充层厚度较大时地板蓄热大，同时地板蓄热总量达到最大值所需时间较长，填充层厚度小时地板蓄热总量小，地板蓄热总量达到最大值所需时间较短，如图 6-42 所示。

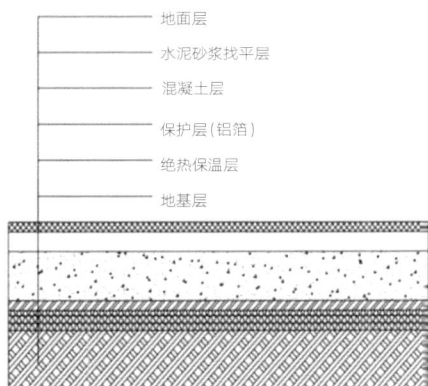

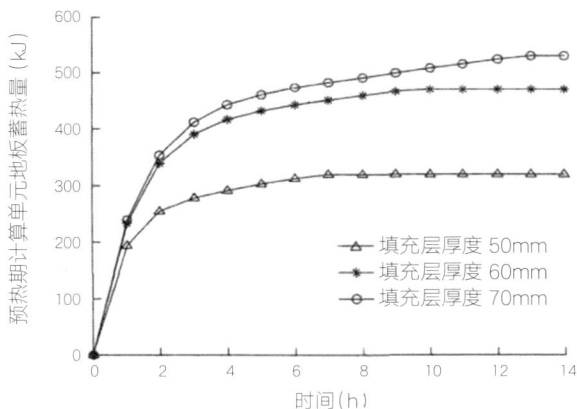

图 6-41　混凝土蓄热地面构造图　　图 6-42　预热期不同填充层厚度计算单元地板蓄热总量

为获得混凝土蓄热地板受不同厚度、供水温度、盘管形式等因素的影响规律，本书采取前文应用的有限元分析软件 ANSYS 对混凝土蓄热地板系统进行热分析。混凝土地板层模拟参数如表 6-14 所示，由于蓄热用的混凝土地板需要达到一定的厚度，过厚的混凝土如果地暖盘管靠地面敷设，则下层混凝土不能充分蓄热，如敷设过深，则散热会有影响，案例尝试探讨一种双层排管的供暖方式，对供回水温度、混凝土厚度、盘管间距等进行分析。

混凝土地板结构层参数表　　　　　　表 6-14

名称	参数值
地面层（瓷砖）	λ=1.1W/(m·℃) δ_1=10mm
找平层（水泥砂浆）	λ=0.93W/(m·℃) δ_2=20mm
填充层（豆石混凝土）	λ_1=1.941W/(m·℃) ρ_1=2366kg/m³
填充层厚度 /mm	160
	170
	190
	200
	250
保温层（聚苯乙烯）	λ=0.04W/(m·℃), δ_4=50mm
水平向管间距	300 mm、200 mm
管径	Φ20
上、下盘管净距	h= 80mm、85mm、87.5mm、90mm、95mm、100mm
室内设计温度	18℃
供回水平均温度	30℃、35℃、40℃、45℃

根据上表参数，对混凝土地板的不同运行水温及混凝土厚度进行模拟分析，如表 6-15 所示。分别对供回水平均温度为 30℃、35℃、40℃、45℃、50℃进行模拟计算，分析各个供回水平均温度对板体内部温度场的影响，由表可见，供回水温度是影响板体内部温度场、地面温度、板体蓄热的主要因素，随着供回水温度的增加，地面温度随之提高，且增值较大，其中管道上方的温度最高，两管中间的温度最低；管道垂直方向，随着供回水温度的升高，管道向上传热量增加；管道水平方向，可以清晰地看出板体内部的温度场分布，随着供回水温度的升高，管道中间部位的温度也升高，管道附近的温度最高，管道之间的温度逐渐降低，中心位置的温度最低；通过云图可以看出，随着供回水温度的升高，板体地面的温度变化减少，地面中心部位温度梯度减小，板体中间内部的温度升高，板体整体的温度梯度增加。

将水平面盘管间距设为 300mm，垂直面盘管间距设为 85 mm，分析填充层厚度分别为

160 mm、170 mm、190 mm、200 mm、250 mm 时地表面温度分布情况。当填充层逐渐变大时，盘管上方周围地面温度逐渐减小，在水平向盘管中间周围区域的地面温度是逐渐增大的，这是由于，填充层厚度越小，盘管向地面的竖直方向传热越多，从而水平向的热量传递减小，填充层厚度越大，地面的温差越大，地面温度均匀性下降。

不同盘管间距条件下混凝土地板热场分析如表 6-16 所示。盘管距地面净距的影响：水平向的盘管间距设为 200mm，上层盘管距地面的净距为 30mm 和 50mm，由表可见，上层盘管距地面的距离越小，地面处的温度均匀性越差，且随着上层盘管距地面净距的增大，板体内的温度场趋于均匀，下层盘管与保温层间的温度梯度减小，因此上层盘管与地面的距离，是影响地面温度及地面均匀性的主要因素之一。盘管水平间距的影响：盘管间距为 300mm 时，地面间的温度梯度较大，板体内部的温度场分布不均匀，盘管间距为 200mm 时，地面处温度梯度相对较小，且板体部的温度场分布较均匀，因此上层盘管水平间距也是影响地面温度及地面均匀性的重要因素。盘管竖向间距的影响：将水平向的盘管间设为 200mm，竖向盘管间距为 85mm、90mm，图中上层盘管与地面间的温度梯度变化趋势基本一致，竖直盘管间距对地面的温度及其均匀性影响不大，板体内部的温度场竖直向盘管间距 85mm 相比于 90mm 的更加均匀。

综上所述，混凝土地板与地暖盘管充分耦合可以对室内热环境起到很好的优化作用，混凝

不同厚度、供水温度条件下混凝土热场分析　　　表 6-15

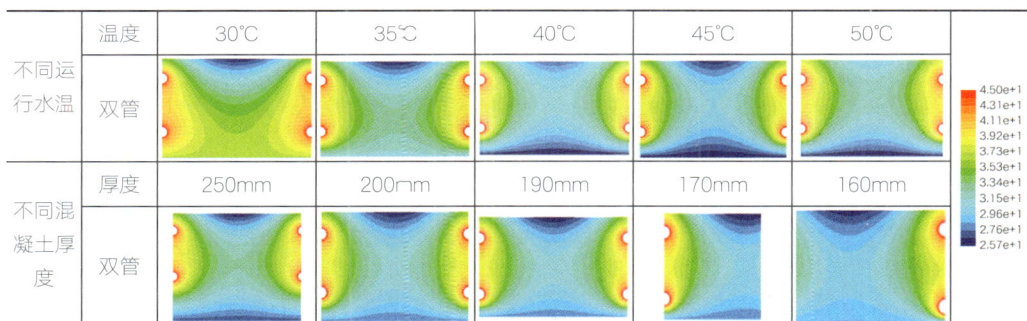

	温度	30℃	35℃	40℃	45℃	50℃
不同运行水温	双管					
	厚度	250mm	200mm	190mm	170mm	160mm
不同混凝土厚度	双管					

不同盘管间距条件下混凝土热场分析　　　表 6-16

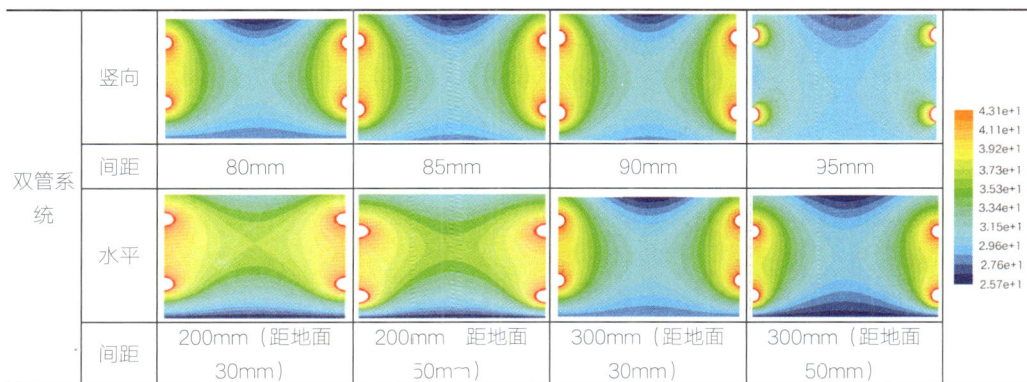

	竖向				
	间距	80mm	85mm	90mm	85mm
双管系统	水平				
	间距	200mm（距地面30mm）	200mm（距地面50mm）	300mm（距地面30mm）	300mm（距地面50mm）

土的蓄热时间会在后文工程实践中进行分析，盘管间距、混凝土的最佳厚度需结合经济性进行综合考虑，可通过实验室或模拟的方法确定最佳的取值范围。

3. 工程实践

结合上述，"太阳能＋生物质能＋混凝土地板蓄热"系统构建思路，通过两个项目进行了工程实践。两个项目均与内蒙古自治区建设科技开发推广中心合作开展，第一个项目为呼和浩特市和林县"十个全覆盖"农宅建设项目（简称项目一），项目相关图片见图6-43。该项目建于2016年，建筑面积60m²，分为两个单元，每个单元30m²，其中一个单元采用上述系统，另外一个单元采用传统模式，住宅墙体采用800mm厚聚苯板进行保温，满足严寒地区节能65%的要求。混凝土蓄热地板自下而上依次铺设的垫层、防潮阻热层、保温绝热层、反射保护层、蓄热混凝土层、双层地热盘管、缓释层、散热层和地板层；其中，保温绝热层采用100mm厚模塑聚苯板，根据不同房间的单位耗热量指标和室外温度，分别设置蓄热混凝土层厚度在150~200mm。

（a）水箱　　　　　　　　（b）保温层　　　　　　　　（c）反射层

（d）平面图　　　　　　　　（e）住宅　　　　　　　　（f）太阳能集热器

图6-43 项目一相关图片

第二个项目为包头市萨拉齐苏波盖乡东老藏营村互助院项目（简称项目二），如图6-44所示，该项目采用的混凝土蓄热地板构造与项目一基本相同，地暖盘管采用单管。屋面布置真空管太阳能集热器，冬天作为采暖热源，夏季为住户提供生活热水；在冬季，太阳能热水在满足日间供暖热量需求的同时向混凝土蓄热地板中储存热量，使得室内升温幅度不会很高，而夜间随着室内温度的降低蓄热混凝土中储蓄的热量自动释放出来，进行地板辐射供暖，利用这个性能，可以对室内温度的波动起到很好的平衡作用，综合效率大大提高。为符合住户的生活习惯，选取以农村生物质废弃物为主要燃料的燃烧效率高、低排放的清洁节能炉具供住户做饭、烧水，同时作为主被动式太阳能交错采暖技术的补充热源，以应对冰雪及连阴天等极端天气状况，使得整个采暖过程完全不依赖化石能源。充分考虑到住户的实际操作水平和生活习惯，设置了控制方便、运行可靠的控制系统，在根据住户生活习惯和室温舒适性要求进行参数设置后，日常运行实现自动化控制。

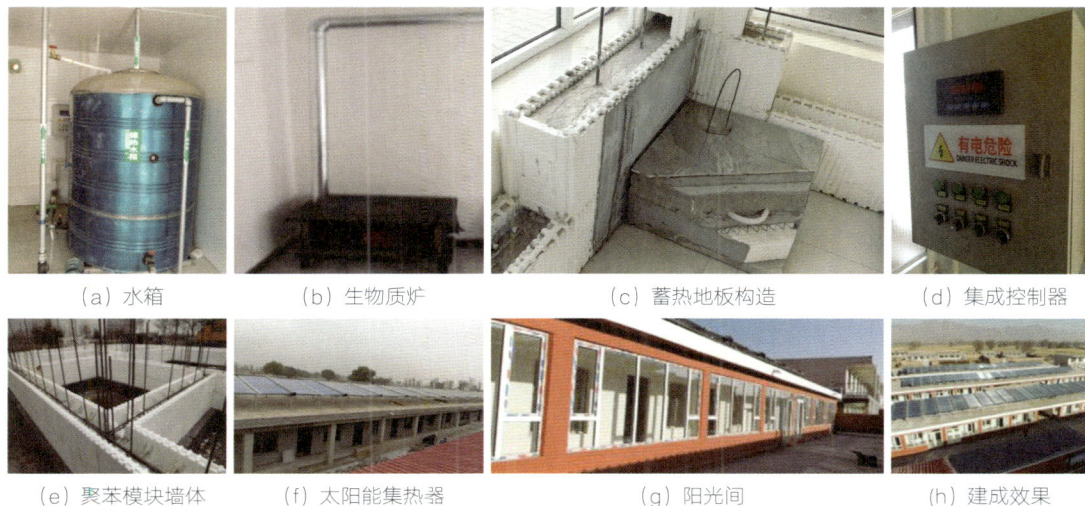

（a）水箱　　（b）生物质炉　　（c）蓄热地板构造　　（d）集成控制器

（e）聚苯模块墙体　　（f）太阳能集热器　　（g）阳光间　　（h）建成效果

图 6-44　项目二相关图片

　　通过对上述两个项目室内热环境及运行情况进行持续监测，测试分析如图 6-45 所示。项目一采用巡回检测仪对 2016~2017 年度采暖季温度变化情况进行持续监测，监测位置包括室内外温度、混凝土地板温度、地面保温层下土壤温度、太阳能蓄热水箱温度，测试期间未启用生物质炉，无人居住，人员活动也比较少。图 6-45a 为项目一采暖季各监测位置温度箱线图，水箱温度在所有监测位置中最高，但平均温度也仅为 23℃，上四分位数为 28℃，下四分位数仅为 20℃，水箱的温度取决于太阳能集热器的集热性能，该项目采用的太阳能集热器为其他项目置换的旧集热器，效率较低，水温较低导致其他监测位置温度也较低，该项目主要的目的是初步测试系统的运行方式，从而为下一步的集成优化提供借鉴。即使是供水温度比较低，但室内在未采用其他辅助热源及无人居住的情况下，平均室内温度仍然达到 13℃ 左右，上四分位达到 15℃，下四分位为 12℃，如果提升太阳能集热器效率或增加辅助热源，室内温度将很容易满足严寒地区乡村住宅室内 14℃ 的要求。通过该项目实施发现将太阳能混凝土地板蓄热系统应用于严寒地区农村住宅完全可以实现，该系统将大幅度提升室内温度的稳定性。

　　2018 年，结合包头市萨拉齐苏波盖乡东老藏营村互助院项目，将该技术在项目一的基础上进行了优化，通过与模块化的建筑围护结构、被动式阳光间、卫生间等集成，并将控制方式进行简化，实现了完全利用可再生能源解决建筑采暖的问题，并极大地提升了室内的热舒适。项目二采用温湿度自计模块进行测试，为和项目一进行对比，选择无人居住的房间进行分析，测试期间该房间未起用生物质炉，人员活动较少。采暖季各测试位置箱线图如图 6-45 b 所示，从水箱的温度可见，太阳能集热器的效率得到了很大的提升，水箱的平均温度达到 30℃，上四分位接近 35℃，最高温度接近 50℃，在此供水温度下，室内温度也得到了较大提升，平均温度达到 18℃，上四分位接近 25℃，下四分位在 15℃ 以上，最低温度为 12℃，满足严寒地区农村住宅冬季采暖要求。分别选取两个项目各 24 小时数据进行分析，如图 6-45c、d 所示，项目一室内温度波动幅度在 8℃ 左右，出现波动时间约为 5 个小时，项目二室内温度几乎是趋于恒定状态，与传统牧区住宅室内温度对比发现，该技术可以很好地改善农村牧区住宅室内热环境。

图 6-45 显示混凝土地板的温度波动幅度与水箱和室内温度相比更小，且大部分时间是趋于稳定的状态，由此也可以发现混凝土地板对室内温度具有很好的调节作用。项目二通过两个采暖季的运行，采暖季户均每天仅用 0.7 度电，全年每户采暖电费约 60 元，大大节省了住户的采暖费用，与传统燃煤取暖方式相比，每户至少节煤约 1.5 吨，完全实现了清洁采暖。

内蒙古草原拥有丰富的可再生能源，将现有的能源采集技术与建筑进行集成应用应该是解决当前草原牧区住宅能耗的主要方向，从本书提出的可再生能源与建筑集成策略可以得出如下结论：一是利用草原牧区可再生能源解决草原牧区住宅能源问题完全可以实现；二是利用建筑本体的蓄热技术能够解决太阳能利用的周期性不稳定问题，同时可大幅度改善室内热环境；三是在农村牧区应用太阳能采暖技术应注意经济性、易操作性，应形成模块化、标准化的集成技术。

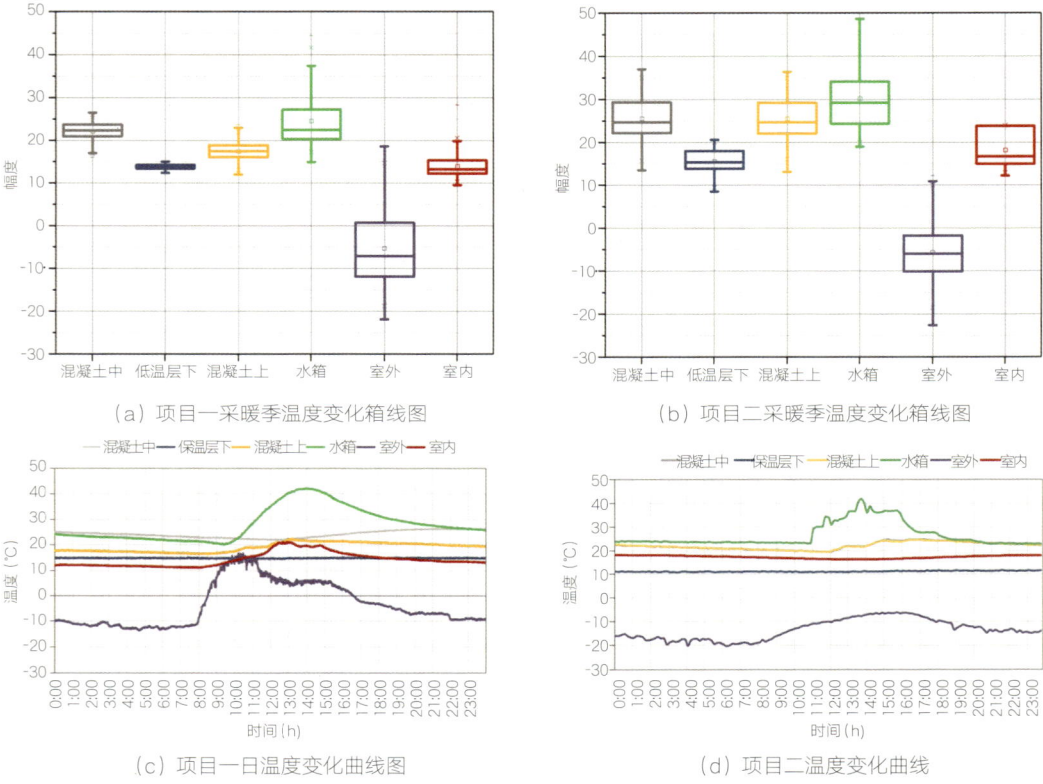

（a）项目一采暖季温度变化箱线图　　　　（b）项目二采暖季温度变化箱线图

（c）项目一日温度变化曲线图　　　　（d）项目二温度变化曲线

图 6-45　工程实践项目运行效果分析

本章参考文献

[1] 刘起 , 徐海翔 , 窦英杰 . 地域性视野的蒙古包建筑研究 [J]. 中国建材科技 , 2013(5):70-73.

[2] 贺勇 . 适宜性人居环境研究——"基本人居生态单元"的概念与方法 [D]. 杭州 : 浙江大学 , 2004.

[3] 贺龙 . 乡村自主建造模式的现代重构 [D]. 天津 : 天津大学 , 2017.

[4] ROAF S, FUENTES M, THOMAS-REES S. Ecohouse[M]. London: Routledge, 2014.

[5] ELGHOBASHI S E, PUN W M, SPALDING D B. Concentration Fluctuations in Isothermal Turbulent Confined Coaxial Jets [J].Chemical Engineering Science. 1977,32(2):161-166.

[6] 宋芳婷 , 诸群飞 , 吴如宏 , 等 . 中国建筑热环境分析专用气象数据集 [C] 合肥 : 全国暖通空调制冷 2006 学术年会 , 2006.

[7] 凌薇 . 基于全生命周期生态足迹的严寒地区农村住宅外墙构造研究 [D]. 哈尔滨 : 哈尔滨工业大学 , 2012.

[8] 白丽燕 , 梅洪元 . 原真性思想下蒙古包住居文化的现代转译 [J]. 建筑学报 ,2017(4):87-90.

第7章 绿色牧居综合评价体系

推动草原绿色牧居的发展，需要在前期建立相应的评价体系为专业人员、决策者提供认知和决策依据。评价体系的构建包括评价指标体系和评价模型两个过程，评价体系的构建是一个非常复杂的过程，涉及建筑、生态、畜牧业等多个专业和领域，在指标的选取上既要考虑体系的全面性和代表性，又要考虑科学性和可操作性，实际上是构建一个草原绿色牧居评价系统，合理的系统才能从多个层次和视角反映评价对象的水平。

7.1　绿色牧居评价思路

评价是对一件事或一个人进行判断、分析后得出结论，这个过程中需要参照一定标准对评价对象的价值或优劣进行评判、比较，是一个认知过程，同时也是一个决策过程，是认识事物的重要手段。就草原绿色牧居而言，什么样的草原牧居是"绿色"的，或者绿色牧居的"绿色"程度是多少，这都需要进行相应的评价。前文虽然提出了"三生"功能协调的绿色牧居系统构成模型，但是如果想对绿色牧居有更清晰的认知，则需要通过评价的手段来进行。评价过程在明确了评价对象以后，需要有一定的标准，标准有定性的标准，也有定量的标准，标准确定后就需要选择适合的方法进行评价，采用何种方法进行评价对结果将有很大的影响，评价方法有主观的方法，也有客观的方法。评价又包括单项评价和综合评价，一般而言，评价标准比较单一、明确的评价就是单项评价，评价标准比较复杂、抽象的评价就是综合评价[1]。草原绿色牧居属于比较复杂的系统，包含生态、生产、生活三个子系统，又需要协调三者的关系，因此本书将采用综合评价的方法进行绿色牧居评价。

7.1.1　综合评价过程分析

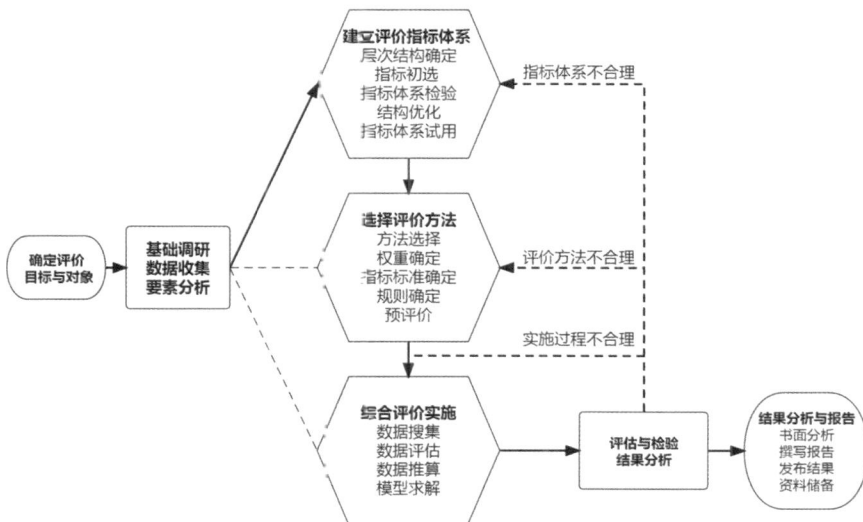

图 7-1　综合评价过程

综合评价的对象一般是比较复杂的系统，包含定性指标和定量指标，因此，评价方法一般采用主观与客观评价结合的方法，方法的选择需基于实际指标数据情况选定，最为关键的是指标的选取以及指标权重的设置，这些需要基于广泛的调研和扎实的业务知识。综合评价的过程如图 7-1 所示。

根据图 7-1，可将综合评价过程归纳为确定评价目标与对象、基础数据收集与分析、建立评价指标体系、确定评价方法、评价实施、评价检验、评价报告 7 个步骤 [1]，在实际评价过程中可根据对象和目标进行适当的整合。

7.1.2　综合评价方法确定

多指标综合评价需要通过数学模型或算法将多个指标值合成为针对最终目标的综合评价值，模型或算法的选取对于最终评价值产生很大的影响，目前评价模型的建立方法较多，按现有评价方法的特点可将其分为九大类：一是定性评价方法，包括专家咨询、德尔菲法等，其主要特征是操作简单、易于使用，但是评价过程中的主观性强；二是技术与经济分析方法，包括经济分析法、技术评价法，其主要优点是可比性强，缺点是建立模型困难；三是多属性决策方法，包括多属性、多目标决策方法，主要优点是对评价对象描述精确、可处理多指标多决策者的对象；四是运筹学方法，包括数据包络分析等，主要优点是可评价多输入、多输出的大系统，主要缺点是只能表明评价对象的相对水平；五是统计分析方法，包括主成分分析、因子分析、聚类分析等，主要优点有全面、科学、客观，缺点是需要大量数据；六是系统工程方法，包括关联矩阵法、层次分析法等，主要优点是方法简单、容易操作，但只能评价静态对象，评价因素数量受限；七是模糊数学方法，包括模糊综合评价、模糊模式识别等，优点是可以克服唯一解的弊端，但尚需进一步研究；八是智能化评价方法，包括 BP 人工神经网络等，优点是自适应能力、可容错性、能处理非线性非局域性的大型复杂系统，缺点是精度不高；九是灰色理论方法，包括灰色关联评价、灰色统计评估等，善于处理"小样本，贫信息"的问题 [2-5]。

草原绿色牧居既包含定性指标，又包含定量指标，因此，在选择评价方法时，需要考虑定性指标和定量指标能够结合且具有明显层次结构的评价方法。针对多层次结构的系统，一般采用系统工程的方法进行评价，其中最常用、操作最简单的是层次分析法，且层次分析法是一种解决多目标的复杂问题的定性定量相结合的决策分析方法。层次分析法所需数据不多，基本原理和步骤容易理解和掌握，系统性强，因此该方法广泛地应用于各个领域，但层次分析法在计算多个决策者的最终结果时采用加权平均的方式，忽略了决策者个人的偏见。近年来，很多研究者尝试将层次分析法与模糊综合评价、灰色综合评价等进行集成，利用模糊数学中最大隶属的原则及灰色理论中灰数的概念，将决策者的评价带入隶属度函数或可能度函数进行运算，通过数学的方法客观处理评价中的主观因素，这种方法也逐渐发展成模糊层次分析法和灰色层次分析法。

本书结合草原牧居系统的特征，将在层次分析法的基础上，引入模糊数学与灰色理论，分别构建草原绿色牧居模糊层次模型和灰色层次模型，并对几种方法的过程及实用性进行对比，探寻适宜草原绿色牧居综合评价的方法。

7.1.3　绿色牧居评价思路

按照草原人居环境系统特征，可以发现草原绿色牧居是一个较为复杂的系统，且绿色牧居包含了生态环境系统、居住生活系统、牧业生产三个子系统，进一步的层级可以分为若干因素及指标，因此，草原绿色牧居的评价属于多指标综合评价。按照综合评价的过程，将草原绿色牧居的构建整合为 4 个步骤：

1. 确定评价对象与评价目标

评价对象所处的地理范围在内蒙古草原牧区，是以从事牧业生产为主要经济来源并且具有一定规模的草场形成"三生"功能系统，从行政级别上包括嘎查、浩特，从空间尺度上最大为整个嘎查所有牧户、定居点、草场形成的牧居，最小的尺度为单户牧民形成的草原牧居。

绿色牧居的评价目标是为了揭示草原牧居绿色发展的状态和规律，是草原牧区人居环境科学决策的前提和基础。从草原牧区"三生"功能协调的视角，建立草原绿色牧居的评价标准，使决策者、使用者、技术人员很好地认识什么是绿色牧居，如何提高牧居的"绿色"程度，同时各牧居之间也可根据综合评价和比较，寻找自身的差距，以便有针对性地提出改进措施。

2. 基础调研、数据收集及绿色牧居构成要素分析

在对评价对象现状不够清晰的情况下进行评价，评价结果也将偏离实际情况，因此，在进行评价前必须进行详细的调研。内蒙古地域范围较广，不可能对所有区域均进行调研，只能选取典型的地区收集相关信息。收集信息前应深刻把握绿色牧居"三生"系统结构模型的内涵，从生态环境系统、居住生活系统、牧业生产系统，有针对性地开展调研，并认真了解、观察"三生"系统的相互关联，分析绿色牧居"三生"系统应该具备的要素，为评价指标体系的选取奠定基础。

3. 绿色牧居评价指标体系建立

根据草原绿色牧居"三生"系统构成模型及前期调研、分析等数据，采用层次分析（AHP）方法建立评价指标体系，具体步骤包括：第一，提出绿色牧居评价指标体系的构建原则及层次结构模型，形成以绿色牧居评价为总目标，以生态环境系统、居住生活系统、牧业生产系统评价为子目标，基于子目标设立准则层的层次结构；第二，采用分析法和指标属性分组法进行指标初选，将准则层进一步细分，形成初选指标库；第三，采用定性与定量结合的指标测验方法对指标体系进行逻辑测验，测验内容包括指标体系的完整性、正确性、可行性和必要性，测验结果不够完善将回到上一步进行补充或删减，测验结果完善则对结构进行优化；第四，采用定性与定量结合的方法对指标体系结构进行优化，优化内容包括指标结构的完备性、深度与出度、聚合程度、网状结构等；第五，对指标体系进行试用，判断有无问题，如有问题进行反复修正，从而形成比较合理的草原绿色牧居评价指标体系，其建立过程如图 7-2 所示。

4. 绿色牧居评价模型构建及检验

根据前期成果，确定灰色理论法、模糊数学法分别与层次分析法结合的综合评价方案，分

别形成灰色层次分析评价方法和模糊层次分析的方法。灰色层次分析方法与模糊层次分析方法的过程类似，所不同的是灰色层次分析法的计算过程采用的是可能度函数，需要确定评价灰类和可能度，而模糊层次分析法采用的是隶属度函数，需要确定评语集和隶属度。以灰色层次分析法为例，草原绿色牧居综合评价模型的构建过程如图 7-3 所示。

　　具体步骤包括：第一，采用层次分析法对绿色牧居评价指标体系层次进行编码，构建判断矩阵，通过判断矩阵的计算、一致性检验等环节，确定评价指标体系各层次及指标权重；第二，基于调研数据及相关文献标准，采用直接量化和间接量化等方法，确定各指标评价标准，包括控制指标标准、评分指标标准；第三，采用专家咨询方法，由专家根据评价指标标准进行评分，建立评价样本矩阵；第四，采用灰色理论综合评价相关数学模型，确定 4 个评价灰类及可能度函数（可能度函数可以弱化专家评分的主观因素），通过计算灰色评估系数、权向量和权矩阵，从而构建灰色层次综合评价模型；第五，选取 2 个以上典型草原牧居进行预评价，判断有无问题，如有问题进行反复修正，从而建立绿色牧居灰色层次综合评价模型，与绿色牧居评价指标体系共同形成绿色牧居评价体系。

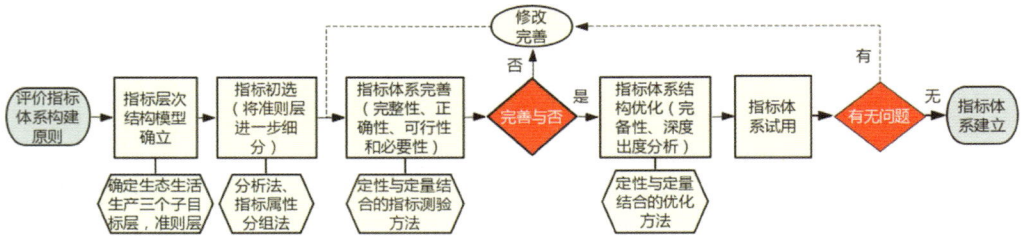

图 7-2　绿色牧居评价指标体系构建过程

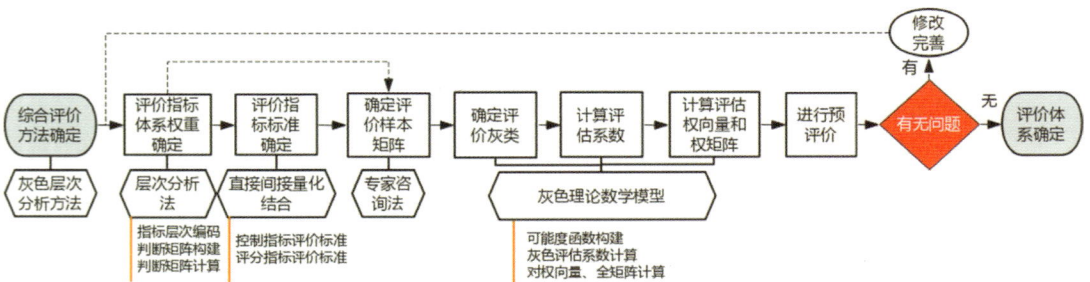

图 7-3　草原绿色牧居评价模型与体系构建过程

7.2　绿色牧居评价指标体系

　　评价指标和评价指标体系建立的科学性是综合评价的前提，评价指标是表明某一评价对象某一特征的概念及其数量表现，它包含评价对象的特征和某一特征的数量。因此，按照评价的具体目标，将评价对象的某一特征进行指标化并将所有指标有机地联系在一起，从而能比较全面地反映评价对象特质的体系就是评价指标体系。评价指标体系本身可以看作一个复杂的系统，指标间相互联系且相互作用，构成有机的整体，设计一个完整、科学、系统的指标体系需要经过复杂的过程。由于指标体系的复杂性，各个国家、各个行业的研究者们在不同的科研体系及行业背景下，在评价指标体系的构建上尚缺少统一的、标准化的规则，但总的原则、方法、程序是比较明晰的，各类评价指标体系的构建主要思路是根据评价对象、内容、目标的特征进一步细化评价原则、方法与程序，草原绿色牧居评价指标体系也将结合这样的思路进行构建。

7.2.1　评价指标体系构建方法

1. 评价指标体系构建原则

草原绿色牧居评价指标体系构建时应考虑指标体系的系统性、覆盖范围与针对性，评价指标既包括定量指标，又包括定性指标，体系构建时应将定性指标与定量指标相结合。收集数据时，由于有些数据的复杂性和实时性，需要将直接指标和间接指标配合使用。指标体系应有很强的系统性，但从操作的角度需要指标体系尽量简洁，因此应处理好指标体系系统性与简洁性的矛盾。在处理好上述关系的同时，绿色牧居指标体系应体现如下原则[1]：

（1）全面性与简洁性相结合

草原绿色牧居评价指标体系应全面反映牧居系统的各个侧面，不能遗漏重要的信息或某些指标有所偏颇，但指标太多会导致评价过程过于复杂，也将影响评价结果的准确性。前文建立的绿色牧居系统包括草原牧区生活、生态、生产系统的各个方面，相关因素多，涉及专业领域广，指标范围大，在构建评价指标体系的过程中需要有针对性地进行筛选，对于一些对评价结果影响不大且难以度量的指标，可以适当舍弃。选取既能包含绿色牧居整体特征，又能体现解决牧区问题及发展方向的指标，形成既能覆盖生态、生产、生活系统要素，又相对简洁的指标体系。

（2）科学性与实用性相结合

绿色牧居评价指标体系从单个元素到整体结构，每个指标都必须科学、合理、准确。定量指标与定性指标应紧密结合，设定指标时考虑评价对象的指标数据获取条件，尽可能用定量指标描述，在数据缺乏时需制定定性指标的量化方法。指标之间通常是相互联系的，评价指标的互斥性要求各指标之间相互独立，而不是相互涵盖导致指标内涵重叠，但指标完全独立很难做到，实际评价中需要从不同的角度设置指标，对于相关性高的一些指标可以适当地降低权重。

（3）可操作性与可比性相结合

评价指标体系应具可操作性，可操作性需要具有清晰的层次结构，清晰的层次结构可为进一步的因素分析创造条件，评价指标体系中的每一个指标及其内容表达都要准确，每个指标有定量的特征值或明确、详尽的定性描述，这是可操作的前提。同时，所构建的绿色牧居评价指标体系对所有参评的草原牧居都适用，评价标准对所有的评价对象都一视同仁，没有对某一类对象的"倾向性"，做到评价对象的可比性前提是每一个指标都具有可比性。

（4）目的性与引导性相结合

评价指标值表明评价对象某一特征的概念或直观的量化表现，评价指标体系能够将评价人员、评价对象和决策者密切地联系在一起，因此评价指标的选取必须有明确的目的性。评价指标体系对于评价对象的发展是十分有效的指挥棒，体现评价者和参与评价者的主观选择和内心导向。因此，构建绿色牧居评价指标体系必须紧紧围绕绿色牧居系统构建的总目标、子目标、因素层、指标层逐步展开，使评价结果能真实反映绿色牧居的评价意图，为参与者提供认知和引导。

2. 评价指标体系指标优选方法

构建的评价指标体系包括元素和结构两个方面，体系中每个指标都是系统元素，各元素之间的相互关系是系统结构。评价指标体系形成的系统具有层级或多或少的层次性，因此在构建评价指标体系时一般按照层次分析的方法建立层次结构模型，层次结构可根据评价对象的复杂程度进行确定，对于比较复杂的评价对象，可分为三个层次或更多的层次，对于系统比较简单的评价对象，可只用一个层次，如图 7-4 所示 [1]。

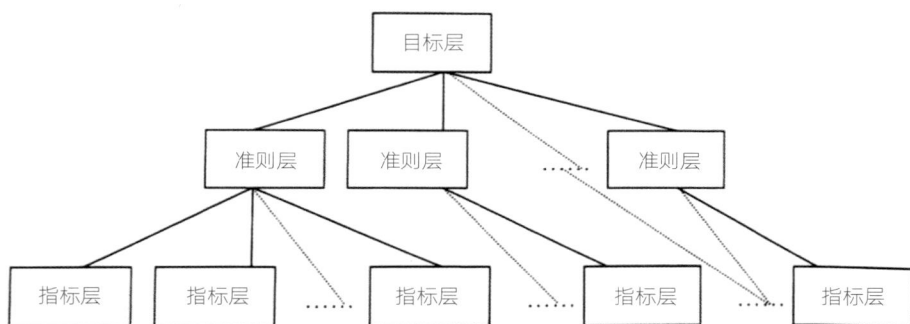

图 7-4　评价指标体系的层次结构模型

评价指标体系常用的初选方法很多，每种方法各有所长，一般需要结合实际情况进行选择，无论采用何种方法，总的原则是指标初选时应尽可能地将系统包含的指标收集全，是一个求全的过程。如：综合法是指对已存在的一些指标群按一定的标准进行聚类，使之体系化的一种构造指标体系的方法，该方法可以将多种方案进行综合比较，适宜对已有的多个指标体系进行整合和完善。分析法是对综合评价指标体系的度量对象和度量目标划分成若干个不同组成部分或不同侧面，每个子系统细分，直到每一个部分和侧面都可以用具体的统计指标来描述、实现，这是构造综合评价指标体系最基本、最常用的方法。交叉法是通过交叉派生出一系列的新的指标，如"投入"与"产出"交叉就可以得出"经济效益"指标。指标属性分组法是根据指标本身具有的属性构思评价体系中指标的组成，通过属性分组的构思不断完善，就可以获得一个比较合理的体系 [3]。草原绿色牧居评价属于多层次评价，评价目标是草原牧居系统是否满足绿色要求，需要将目标进行逐层分解，因此本书采用分析法和指标属性分组结合的方法进行指标初选。

指标的初选原则一般是考虑评价的全面性，将可能的指标全部纳入初选的指标体系，通过初选建立的指标体系仅能够满足全面性的原则，因此需要通过进一步地完善构建合理的指标体系。完善的过程需要对指标体系进行测验和结构优化，测验主要内容是评价指标体系的科学性，包括完整性、正确性、可行性和必要性等，测验的方法包括定性测验和定量测验，定性测验的优点是能发挥人的主观能动性，定量指标的优点是客观性，但这种客观性建立在测验数据质量的基础上，如果数据不能代表整体，则会影响最终的结果，破坏指标体系的结构。因此，相比较而言，鉴于草原绿色牧居指标数据的匮乏性，本书主要采用定性测验的方法。由于本书采用分析法进行指标初选，得到的评价指标体系是一个具有层次结构的指标树，分析法与通过其他方法初选构建的指标体系相比具有较好的结构，但仍需对结构的完备性、层次"出度"和"深度"是否合理、是否存在网状结构等进行进一步的分析，分析方法以定性的方法为主。

3. 评价指标体系权重确定方法

评价体系的指标确定后，还需要考虑每个指标对评价结果的影响，即：不同指标在评价指标体系中的贡献或作用，也就是需要确定各指标的权重。权重值的变动会直接影响评价的结果，一般而言，各指标间权重差异受三方面因素的影响：一是由于评价者主观因素导致对各指标重视程度不同；二是指标间的客观差异导致指标对体系的作用不同；三是各指标提供信息的可靠性不同决定了指标在评价中的可靠程度。因此，确定权重应考虑这些因素[6]。关于指标赋权的方法包括主观赋权法和客观赋权法，主观赋权法主要有专家评判法、德尔菲法和层次分析法（Analytical Hierarchy Process,AHP）等，客观赋权法包括主成分分析、因子分析法等。主观赋权法主要是根据研究者主观价值判断来制定指标权数的方法，客观赋权法是根据指标原始信息通过数学或统计学方法获得权数的方法。草原绿色牧居系统复杂，指标既包含定性指标也包括定量指标，因此需要定性与定量结合的方法确定各层次权重。层次分析法结合专家评分，可将专家的思维进行定量转化，并且通过一致性检验处理专家不一致的意见，对于复杂问题决策可通过简洁而实用的数学模型来实现，属于一种定性定量结合的多目标决策方法[7]。因此，本书权重确定采用层次分析法。

7.2.2　评价指标体系的选取与完善

1. 绿色牧居评价指标体系的特殊性

目前国内外关于绿色建筑方面的评价标准较多，国际上比较有代表性的有 BREEAM（英国）、LEED（美国）、CASBEE（日本）、DGNB（德国）、GBTOOL（加拿大）等，国内针对住区、校园、医院、饭店、博览、工业、商店等均已有相应的绿色建筑价标准，最有代表性的是《绿色建筑评价标准》GB/T 50378—2019，上述标准大多是针对城市住区或建筑而制定，有的经过多年运行，体系越来越成熟。我国关于乡村建筑的评价标准发展较慢，现行的有 2019 年中国工程建设标准化协会发布的《绿色村庄评价标准》T/CECS 629—2019 及部分地区的地方标准。几部国内外比较有代表性的评价标准体系及特征如表 7-1 所示。

绿色建筑评价的发展趋势是根据建筑或建筑群规模、地域、功能等形成针对性较强的评价体系，如 LEED 已形成新建和改扩建建筑、既有建筑运营、商建室内装修、结构改造、地区、小型住宅等评估体系，中国的绿色建筑评价也已从规模、功能等方面逐渐细分，大部分地区还配套了地方评价标准。各类绿色建筑评价标准具有关注可持续、高质量、便利性、经济性等共同特征，一级指标包括土地利用、居住环境、能源资源、基础设施、管理机制等，但各类评价标准随着评价目标不同对指标的选取各有侧重。

　　绿色牧居与其他的住区或建筑相比具有一定的特殊性，这种特殊性主要表现在三个方面：一是绿色牧居与城市居住生活方式、资源、环境、交通等方面具有本质上的区别，城市居住方式是高密度、工业产品丰富、多人工环境、交通便捷，牧居是低密度居住、工业产品匮乏、以自然环境为主、交通不便；二是绿色牧居的居住生活方式与农村相比，农村的特征是农民集中居住，村庄是中心，村内有相对完善的公共设施和公共空间，农田围绕在村庄周边，牧居是牧民分散居住，牧民个体定居点与草场交错并存；三是牧居生产方式与农村相比，农村以农耕为主，居民的活动路线主要是自家农田、村庄，村内有公共或私有的生产空间和设施，牧居主要是畜牧业生产，居民活动的路线是定居点到属地的全部草场，定居点畜牧业生产建筑和空间是非常重要的组成部分。绿色牧居的特殊性使草原牧区形成了极具特征的人居环境系统，这个系统良性循环的前提是"人—畜—草"平衡，这个前提放到建筑学领域就是处理好草场生态、生产建筑与空间、居住建筑与生活空间的关系。因此，需要结合绿色牧居的特殊性构建评价指标体系。

国内外有代表性的绿色建筑评价标准及其特征　　　表 7-1

序号	标准名称	时间	国家	特征
1	BREEAM（Building Research Establishment Environmental Assessment Method）	1990 年（发布）	英国	BREEAM 评估项目包括管理、健康、能源、交通、水、材料、垃圾、土地利用及生态、污染、创新等 10 项，下分若干子项目，子项目对应不同得分点，每个得分点从建筑性能、设计与建造、管理与运行三方面对建筑进行评价，满足要求即可得到相应的分数
2	LEED（Leadership in Energy and Environmental Design）	1998 年（发布）	美国	LEED 评价指标包含可持续场地、节水、能源和大气、材料和资源、室内环境质量、设计创新、地域优先 7 个大类。采用分值权重的方式，每个评价指标构成一个得分点具有一定的分值。LEED 必须满足所有最低必须条件 MPS 和要求的与相应等级对应总的分数才能获得相应的等级
3	CASBEE（Comprehensive Assessment System for Built Environmental Efficiency）	2001 年（发布）	日本	CASBEE 提出了"建筑环境效率"的概念，将环境负荷和环境质量两类指标分开评价，两者互补；对建筑生命周期的不同阶段分别进行评价；对整个性能统一采用 5 分制进行打分，建筑性能区分更详细；采用了软件的形式进行计算，简化评价过程
4	DGNB（Deutsche Guetesiegel Nachhalteges Bauen）	2008 年（发布）	德国	DGNB 将自然环境、降低生命周期成本、健康和社会文化作为目标，然后通过技术质量和过程质量进行控制，其中过程质量占 10%，生态质量、经济质量、社会及功能质量、技术质量 4 项各占 22.5%

续表

序号	标准名称	时间	国家	特征
5	绿色建筑评价标准（Evaluation Standard for Green Building）	2019 年（现行）	中国国家标准	包含建筑安全耐久、健康舒适、生活便利、资源节约和环境宜居等 5 类一级指标，16 个二级指标，另设有提高与创新加分项，每类指标包括控制项、评分项，评选等级分为基本级、一星级、二星级、三星级 4 个等级
6	绿色生态城区评价标准（Assessment Standard for Green Eco-district）	2017 年（现行）	中国国家标准	包括土地利用、生态环境、绿色建筑、资源与碳排放、绿色交通、信息化管理、产业与经济、人文等 8 类一级指标，23 个二级指标，另设技术创新加分项，每类指标包括控制项、评分项，评价总分 100 分，评选等级分为一星级、二星级、三星级 3 个等级
7	绿色住区标准（Standard of Green Residential Areas）	2018 年（现行）	中国工程建设协会标准	包括场地与生态质量、能源与资源质量、城市区域质量、绿色出行质量、宜居规划质量、建筑可持续质量及管理与生活质量共 7 类一级指标，29 个二级指标，每个一级指标均包含基础项，评选等级分为 A、AA、AAA 三个等级
8	绿色村庄评价标准（Evaluation Standard for Green Villages）	2019 年（现行）	中国工程建设标准化协会标准	包括可持续规划、基础设施、健康舒适环境、节能与能源利用、资源节约与利用、防灾与安全、运营与管理 7 类一级指标，15 个二级指标，另设提高创新加分项，每类指标包括控制项、评分项，评选等级分为基本级、一星级、二星级、三星级 4 个等级

2. 绿色牧居系统要素的关联性分析

采用分析法对绿色牧居进行评价首先要对评价问题进行系统的分析，掌握评价问题的内涵，根据内涵划分各层次结构，进而明确评价的目标。根据前文研究可见，草原绿色牧居系统旨在为牧民构建生态、生产和生活系统功能协调的高质量居住环境，构建的基本原则是环境宜居、文化适应、生产适用、技术适宜，因此绿色牧居的构建与草原牧区的自然环境、能源资源、生活方式、社会经济与技术水平密切相关。

自然环境方面的相关因素在草原牧区主要表现为平原、丘陵为主的地形地貌，严寒的气候环境，充足的日照条件，冬季强劲的西北风和风雪流，还有脆弱的草原生态，这些因素直接影响着牧民的生活和生产，也决定了在绿色牧居构建中要充分考虑自然环境，这是实现牧居"三生"功能协调的前提。在能源资源方面的相关因素主要表现为丰富的太阳能、风能、生物质能，丰富的土地资源，水资源不平衡，大部分地区属于缺水区，此外草原牧区物资也相对匮乏，这些因素决定了牧民的生活、生产模式，充分地利用可再生能源弥补分散居住带来的能源供应问题。通过绿色技术改善水、物资等资源应用等问题至关重要，应是绿色牧居评价指标体系中的重要指标。生活方式方面的相关因素主要表现为具有鲜明特征的民族文化、居住文化，高度分散的居住方式，相对落后的水电交通设施，现代牧民生活需求越来越多，这些因素表现出来的最主要的是牧民对居住环境的愿望，绿色牧居系统的构建要着重解决这些问题，满足当代牧民的居住、生产需求。社会经济与技术方面主要表现为以畜牧业为主的生产方式，欠发达的经济现状，缺少公共设施，建材运输成本高，技术水平相对落后，这些因素对绿色技术措施提出了更高的要求，在绿色牧居评价指标中应鼓励发展适宜性的绿色技术。绿色牧居系统构成要素与相互关系的绿关联分析如表 7-2 所示。

绿色牧居系统构成要素与相互关系的绿关联分析　　　　表 7-2

系统构建 / 技术措施	自然环境							能源资源					生活方式					社会经济与技术				
	平原丘陵山地	冬季严寒	大风日多	春季干旱	光照强	草场脆弱	冬季雪多	太阳能丰富	风能丰富	生物质能丰富	水资源缺乏	土地资源丰富	民情风俗明显	居住分散	教育医疗不便	水电交通设施落后	现代生活需求	牧业生产需求	经济欠发达	公共设施匮乏	建材运输成本高	技术水平
生态环境系统																						
适应地形地势	●		○				○															
微气候营造		●	●		●		●															
绿化景观设计	○			○		○													○			○
草场保护			○			●												●	○			
防灾设计		●	○				●												○			
居住生活系统																						
合理选址	●	○	●		●		●				●	○				●						
建筑设计		●	●		●			●	●				●				●					
结构设计			●				●														○	●
围护结构与材料		●	●		●																●	●
建筑功能													●	○			●					
供暖设备应用		●						●	●	●					○		○		○			
太阳能利用								●									○		○			
风能利用									●								○					
生物质能应用										●							○					
舒适的热环境		●			●												●					○
舒适的光环境					●												●					
良好空气质量																	○					
垃圾处理																	○					
道路系统规划														●			●			●		
水的多级应用											●					●	●		○			○
给水系统设计																●	●		○			●
排水系统设计																●	●		○			
生产系统																						
畜棚设计	●	●	●				●											●	●		●	●
生产规模控制					●														○			
畜圈空间布局		●	●			●												●				
喂草料设施																		●		○		
储草料空间												●						●		○		
饮水设施											●							●				●
消毒设施																		●			●	●

● 强关联　○ 弱关联

绿色牧居系统既有明显的层级关系，要素又相互关联，且各要素受自然环境、能源资源、生活方式、社会经济技术水平等因素的影响与制约。由表 7-2 可见，绿色牧居系统与自然环境、能源资源的关联性最强，同时与当代生活需求、畜牧业生产方式、牧区的经济及技术水平也有较强的相关性，这些是在绿色牧居评价指标体系构建中重点考虑的因素。

3. 评价指标体系的层次结构模型

评价指标体系首先应构建层次结构模型，层次的深度取决于层级的多少，在评价体系中对于层级的多少并没有明确的要求，比较简单的系统可以只有一个层级，随着系统复杂程度的提升可以增加层级，但层级太多会使评价过程变得复杂，结合国内外现行绿色建筑评价标准层级设置及绿色牧居的构成情况，同时保证评价体系结构的清晰，本书确定采用三个层级，分别为子目标层、准则层、指标层。

（1）子目标层选取

子目标层的构建主要基于第 3 章构建的草原绿色牧居系统结构模型及绿色牧居系统各方面影响因素的分析，由于绿色牧居各子系统之间相互关联，且又具有一定的独立性，是系统中必不可少的部分。因此，评价子目标层应该对应绿色牧居各子系统分别建立子目标层，即生态环境系统子目标、居住生活系统子目标、牧业生产系统子目标。生态环境系统子目标旨在建立绿色牧居可持续发展的生态环境，从而为生活和生产奠定基础；居住生活系统子目标旨在改善牧民的居住生活环境和质量，体现"以人为本"；牧业生产系统子目标旨在提升牧业生产的便利性，其核心仍然是人。三个子目标可以各自形成独立的评价体系，分别对三个系统进行评价，在绿色牧居系统中又相互影响和制约，共同支撑绿色牧居系统。

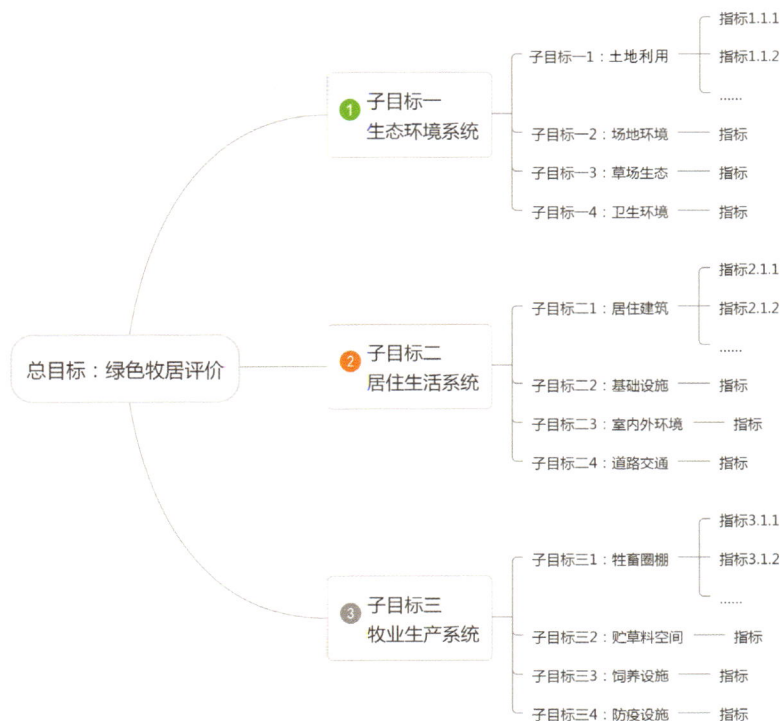

图 7-5　绿色牧居评价指标体系的层次结构模型

（2）准则层选取

准则层在评价体系中具有承上启下的作用，一方面可以通过对子目标层进行进一步分解，对上一层进行解释；另一方面又是下一层指标的集合。根据子目标层的内涵及绿色牧居子系统特征，逐层将子目标层分解为准则层，对于各子目标层中重复存在的如规划布局、生态保护、基础设施等因素，初选时在准则层首先进行归并处理。生态环境系统评价子目标初步选取土地利用、场地环境、草场生态、卫生环境等 4 个因素；居住生活系统评价子目标初步选取居住建筑、基础设施、室内外环境、道路交通等 4 个因素；牧业生产系统评价子目标初步选取牲畜圈棚、储草料空间、饲养设施、防疫设施等 4 个因素。至此，可获得绿色牧居评价指标体系的层次结构模型，如图 7-5 所示。

绿色牧居评价指标体系的初选库　　　　　表 7-3

总目标	子目标	准则层	指标层
绿色牧居评价	生态环境系统评价	土地利用	定居点选址、牧居空间布局
		场地环境	定居点布局、风雪防护设施、定居点绿化
		草场生态	生态承载力控制、草场利用规划、牧道系统规划、生物多样性、自然水体和湿地保护、管理体制
		卫生环境	生活垃圾处理、生产垃圾处理
	居住生活系统评价	居住建筑	建筑结构、建筑风貌、建筑形态、功能布局、围护结构、建筑材料、建筑设备、能源应用、防火措施、无障碍设计、防滑措施
		基础设施	储水设施、给排水系统、水资源多级应用、公共服务设施、供电设施、通信设施、清雪设施
		室内环境	室内热环境、室内光环境、室内声环境、室内空气质量
		道路交通	道路系统规划、道路系统维护、停车场地
	牧业生产系统评价	牲畜圈棚	棚址选择、圈棚形式、圈棚规模、功能布局、结构与安全、圈棚材料、热湿环境、防风雪设计、电气设施
		储草料空间	规模与布局、防火措施、防风雪措设计、便利性设计
		饲养设施	饮水系统、饲草料设施、清粪设施
		防疫设施	洗羊池、驱虫场地与设施、病畜隔离设施、剪羊毛场地

（3）指标层选取

指标层是评价体系的关键，指标的选取既要考虑上一层级的内涵，同时需要借鉴绿色建筑、绿色住区、农村牧区相关的法规、标准和参考文献。现行关联较大的规范标准包括《绿色建筑评价标准》 GB/T 50378—2019、《绿色村庄评价标准》 T/CECS 629—2019、《严寒和寒冷地区居住建筑节能设计标准》 JGJ 26—2018、《农村居住建筑节能设计标准》 GB/T 50824—2013、《民用建筑隔声设计规范》 GB 50118—2010、《民用建筑热工设计规范》 GB 50176—2016、《民用建筑节水设计标准》 GB 50555—2010、《民用建筑室内热湿环境评价标准》 GB/T 50785—2012、《室内空气质量标准》 GB/T 18883—2022、《牧区牛羊棚圈建设技术规范》 NY/T 1178—2006、《草原划区轮牧技术规程》 NY/T 1343—2007。政策法规主要包括内蒙古各地区关于禁牧休牧和草畜平衡监督管理办法、美丽乡村建设指南等。通过对绿色牧居系统的内涵及外延分析，结合相关法律法规，按照指标借鉴法和内容导向法，建立草原绿色牧居评价指标初选库，共选取 58 个指标，指标初选库如表 7-3 所示。

4. 评价指标体系测验与结构优化

评价指标体系的构建需要对初选指标进行测验和结构优化，结合前文的分析，本书主要采用定性分析的方法对指标进行单个测验和整体测验，测验的主要内容是指标的合理性、正确性、可行性、必要性和完备性。同时，采取专家咨询的方式，选择建筑学、城乡规划、风景园林、土木工程、建筑环境等专业专家进行咨询，专家职业包括高校教师、设计院所、科研单位、政府机关等，咨询采取现场访谈和调查问卷方式，共发放 140 份问卷，收回有效问卷 126 份，根据指标体系测验和专家咨询的结果最终确定绿色牧居评价指标体系。

（1）生态环境系统评价

生态环境系统评价的初选指标口因素"土地利用"包括定居点选址和牧居空间布局两个指标。定居点选址应符合《中华人民共和国城乡规划法》、现行国家标准《镇规划标准》 GB 50188—2007 的要求，同时应考虑山体滑坡、洪涝灾害、受污染的基地等因素，在草原牧区应考虑选址避开强风区、积雪区等。牧居空间布局需要从人居环境科学的角度对绿色牧居的本体、中心、循环系统提出明确的规划方案。

"场地环境"因素包含定居点微环境、风雪防护设施、定居点绿化 3 个评价指标。定居点是牧民居住生活及生产活动的主要场所，布局需要应对草原多风的气候，形成舒适的微环境，同时需要考虑生产的便利性，定居点布局是实现上述需求的重要过程。风雪防护设施虽然在牧区并不是普遍存在，但风雪防护设施的作用是非常明显的，如果结合定居点的布局进行设置可以创建较好的定居点微环境。绿化一般是城市中绿色建筑评价的重要指标，在牧区很少有人工绿化出现，且定居点与周围草原融为一体，牧区绿化的重点应该是定居点的植被保护。

"草场生态"因素包括生态承载力控制、草场利用规划、牧道系统规划、生物多样性、自然水体和湿地保护、运行管理，共 6 个指标。生态承载力是衡量草场载畜能力的指标，草原生态破坏的最主要原因是超载放牧，载畜量的指标当地政府会根据当地草场情况确定，是绿色牧居必要的指标。草场利用方式对生态会有很大影响，如轮牧优于自由放牧，因此选择科学的放牧方式有利于草场生态的良性循环。牧道是联通定居点到草场，草场到饮水点或草场与草场之间的通道，合理的通道设计有助于生态保护，同时可以提升生产效率。生物多样性是生态系统良性循环的证明，人类过度的活动会导致生物多样性减少，这项指标与草场及人类生产活动有关，但在绿色牧居评价指标中是不太好衡量的指标。自然水体和湿地在内蒙古草原已经越来越少，原因包括气候变化和人类生产活动，自然水体和湿地对于畜牧业生产是非常有利的条件，可以纳入草场规划中进行使用和规划。管理制度是绿色牧居中牧民需要遵守的准则，主要是针对联户永久性绿色牧居，因为这类牧居的形成来源于牧民自发的组织，极易被破坏。

"卫生环境"因素包括生活垃圾处理和生产垃圾处理两个指标。生活垃圾处理在草原上一般比较随意，导致大量不可降解垃圾被风吹到草场各处，这对畜牧业生产危害很大，因为牲畜食用这类垃圾而导致死亡的现象经常出现，因此对定居点产生的垃圾需要分类处理。生产垃圾处理在牧区一般较少，因为牧业生产过程中的草根、牲畜粪便在牧区是很好的燃料和肥料，但死畜需要进行处理，一方面可能引起传染性疾病，另一方面在夏季还会产生恶臭，污染环境。

上述的 4 个因素、13 个指标中，专家反馈的意见比较集中，普遍认为定居点绿化指标可以不设，牧道系统属于牧居空间布局的一部分，应合并进行评价，生物多样性、自然水体和湿地保护可以归并到草场利用规划中一起考虑，其他指标均有必要设置。因此，整合后生态环境系统评价指标共有 10 个，如表 7-4 所示。

生态环境系统评价指标　　　　　　　　　　　　　　　表 7-4

子项目	准则层	指标层
生态环境 系统评价	土地利用	定居点选址、牧居空间布局
	场地环境	定居点微环境、风雪防护设施
	草场生态	生态承载力控制、草场利用规划、牧道系统规划、管理体制
	卫生环境	生活垃圾处理、生产垃圾处理

（2）居住生活系统评价

居住生活系统评价的初选指标中因素"居住建筑"包含建筑结构、建筑风貌、建筑形态、功能布局、围护结构、建筑材料、建筑设备、能源应用、防火措施、无障碍设计、防滑措施，共 11 个指标，绿色牧居属于是绿色建筑，因此建筑结构、建筑形态、功能布局、围护结构、建筑材料、建筑设备、能源应用等 7 个指标都是绿色建筑评价标准中的重要评价指标，因此均有设置的必要性。建筑风貌体现的是草原牧区的文化，随着物质生活的不断丰富，牧民对居住文化的需求也明显提升，牧居建筑设计应该能够体现草原牧区的风貌。防火措施在草原牧区最主要的是应该将明火控制在室内，草原牧区的大风及干燥的气候极易引起室外火灾，对畜牧业生产有较大的危害，火源可能包括炊事、吸烟、电器等。无障碍设计在牧区主要应该考虑适老化的设计，牧区人口老龄化不断加剧，进行无障碍设计非常有必要。防滑措施是寒地建筑设计中需要重点考虑的内容，草原牧区多风雪，需要采取必要的防滑措施。

"基础设施"因素包含储水设施、给排水系统、水资源多级应用、公共服务设施、供电设施、通信设施、清雪设施，共 7 个指标。储水设施对于草原缺水的地区是非常重要的设施，同时牧业生产也需要储水设施，储水设施有助于提升生活生产的便利性。给水排水系统在牧居建筑中应用也比较少，给水排水往往需要人力解决。随着农村"厕所革命"的推进，给水排水系统的设置也变得格外重要。水资源多级应用一般指雨水收集利用、中水回用，是解决水资源短缺的重要技术手段，牧区大部分处于缺水区　可以考虑水资源的多级应用。公共服务设施一般包括商店、学校、医疗服务等公共设施，草原牧区分散的居住方式导致这些公共服务资源极其匮乏。供电和通信已是当前居住生活不可缺少的设施，但牧区很多地区仍然存在无电、无网络的情况，但这些情况可以通过利用新能源和卫星通信技术等解决。清雪设施应是草原牧区常备的设施，牧区的大雪经常会严重影响生活和生产，传统牧居多靠人力，随着技术的发展，可设置现代化的清雪设施。

"室内环境"因素包含内热环境、室内光环境、室内声环境、室内空气质量，共 4 个指标。室内环境的 4 个指标是衡量居住质量的最主要指标，在所有的绿色建筑评价标准中均是重要的评价内容。

"道路交通"因素包含道路系统规划、道路系统维护、停车场地，共 3 个指标。道路交通系统在草原牧区有很大的差别，距离公路近的牧居一般出行相对便利，距离公路远的地区则出行难度较大，尤其是雨雪天气。因此，道路交通系统 3 个指标的设置，一方面可以解决牧民出行的便利性，另外一方面，良好的维护也可以减少对草场生态的破坏。

上述 4 个因素、25 个指标中，专家反馈的意见主要包括：由于牧居建筑以单层小体量为主，因此居住建筑的指标中应进行归并处理；基础设施中，公共服务指标不符合草原牧区的居住特征，不需要设该指标，供电和通信可以合并成一个指标，清雪设施建议归并到生态环境系统中的风雪防护措施指标中；交通系统中的停车场地归并到生态环境系统的定居点布局指标中。鉴于以上意见及测验结果，整合后的居住生活系统评价指标共有 14 个，如表 7-5 所示。

居住生活系统评价指标　　　　　　　　　表 7-5

子目标	准则层	指标层
居住生活系统评价	居住建筑	建筑形态、功能布局、围护结构与材料、建筑设备与能源应用、结构与安全
	基础设施	储水设施、给水排水系统、供电与通信设施
	室内环境	室内热环境、室内光环境、室内声环境、室内空气质量
	道路交通	道路系统规划、道路系统维护

（3）牧业生产系统评价

牧业生产系统评价指标中因素"牲畜圈棚"初选指标包含棚址选择、圈棚形式、圈棚规模、功能布局、结构与安全、圈棚材料、热湿环境、防风雪设计、电气设施，共 9 个指标。圈棚是牧业生产防寒过冬的主要场所，是牧业生产中最重要的因素之一。棚址选择要考虑避风向阳，同时避免灾害的侵袭，这是建设棚圈首先要考虑的因素，同时棚址与居住建筑的关系也是构成定居点布局的主要因素，可影响定居点微气候及生产便利性。圈棚形式、圈棚规模、功能布局、结构与安全、圈棚材料等指标是构建棚圈需要考虑的必要因素，也是衡量圈棚质量的重要指标。热湿环境对于牛羊等牲畜而言，在冬季主要考虑暖棚温度，夏季则要考虑通风，如羊棚每个分区对温度要求均不同，虽然对室温的要求与人有较大差别，但仍是影响生产的重要指标。风雪在冬季会影响牧业生产，圈棚的防风雪一方面要考虑积雪对棚顶的荷载，另一方面还要防止大量积雪进入棚圈。电气已是牧业生产中必不可少的内容，用于照明、饮水、消毒等，现代化的棚圈应将电气设施与棚圈建设统筹考虑。

"储草料空间"因素包括规模与布局、防火措施、防风雪设计、便利性设计，共 4 个指标。储草料空间的规模与布局与牲畜的数量密切相关，需要根据草料类型进行分区，应考虑草料取用的便利性。防火是储草料空间必须考虑的因素，草料发生火灾将严重影响牧业生产，还有可能造成草场的火灾，后果严重。防风雪也是储存草料需要考虑的因素，大风可以掀翻草垛，大雪覆盖造成草料取用困难，结合前文可见，防风雪是定居点需要整体考虑的指标。便利性主要是草料使用的便利性，包括草料空间与喂草料设施的距离，草料空间出入口的设计等，与定居点布局及储草料空间布局有密切关系。

"饲养设施"因素包括饮水系统、饲草料设施、清粪设施、剪羊毛设施与场地，共 4 个指标。牲畜饮水、食用草料是生产过程中的必要环节，因此是生产系统必须配备的辅助设施。合理的设施即可减少水、草料的浪费，又可使生产变得便利，因此作为评价指标非常必要。牲畜棚圈需要定期清理粪便，工作量较大，可以结合现代的工具配备必要的设施。羊毛、羊绒是牧业生产的收入之一，每年春季需剪羊毛，是工作量非常大的一项工作，这个过程需要水、电设施及工具，同时需要一定的空间场地，需要和棚圈一起进行整体设计。

"防疫设施"因素包括洗羊池、驱虫场地与设施、病畜隔离设施，共 3 个指标。洗羊、驱虫是每年需要进行的工作，洗羊是消灭羊毛发中的寄生虫，驱虫是消灭羊肚肠内的寄生虫，相应的设施非常必要，需要和棚圈整体设计。病毒隔离设施主要是对病畜采取有效的隔离，并可实时监控病畜的情况，现代化的设施为设立隔离设施创造了条件。

上述 4 个因素、20 个指标中，专家反馈的意见包括：牧业生产系统的初选指标都是必要的评价指标，但考虑到整个体系指标的完整性和重叠性，有些指标需要整合，如棚址选择可以合并到定居点选址，便利性设计可以分解到每个空间布局中进行评价。鉴于以上意见及测验结果，整合后的牧业生产系统评价指标共有 15 个，如表 7-6 所示。

牧业生产系统评价指标　　　　　　　　　　　　　　表 7-6

子目标	准则层	指标层
牧业生产系统评价	牲畜圈棚	圈棚形式、圈棚规模、功能布局、畜棚结构与材料、热湿环境
	储草料空间	规模与布局、防火措施、防风雪设计
	饲养设施	饮水系统、饲草料设施、清粪设施、剪羊毛设施与场地
	防疫设施	洗羊池、驱虫场地与设施、病畜隔离设施

7.2.3　评价指标权重的确定

根据前文确定的层次分析法确定评价指标权重，层次分析法确定权重的基本原理是将总目标分解成若干个指标和具体方案，然后通过两两比较构造判断矩阵，计算求解出最大特征根及其对应的特征向量，则这个特征向量的各个分量就是每个分指标或者方案柜对于总目标的权重[8]。根据层次分析法确定指标权重的基本原理，绿色牧居评价指标体系权重确定的步骤包括：第一，将草原绿色牧居评价指标体系各层次指标进行编码；第二，根据编码将指标两两比较，构建评价指标体系的判断矩阵；第三，由专家参照评价比较表进行赋值；第四，通过判断矩阵的计算确定各层次指标权重。

1. 评价指标体系层次编码

根据草原绿色牧居评价指标体系及层次分析法原理，确定权重第一步应对各层次评价内容进行编码，编码按照总目标为 U，子目标为 U_i，准则层为 U_{ij}，指标层为 U_{ijk}，绿色牧居各层次评价内容编码情况如表 7-7 所示。

绿色牧居各层次评价内容编码情况　　　　　　　　　表 7-7

总目标	总目标编码	子目标层		准则层		指标层	
		子目标	编码	因素	编码	指标	编码
绿色牧居综合评价	U	生态环境系统评价	U_1	土地利用	U_{11}	定居点选址	U_{111}
						牧居空间布局	U_{112}
				场地环境	U_{12}	定居点微环境	U_{121}
						风雪防护设施	U_{122}
				草场生态	U_{13}	生态承载力控制	U_{131}
						草场利用规划	U_{132}
						牧道系统规划	U_{133}
						管理体制	U_{134}
				卫生环境	U_{14}	生活垃圾处理	U_{141}
						生产垃圾处理	U_{142}
		居住生活系统评价	U_2	居住建筑	U_{21}	建筑形态	U_{211}
						功能布局	U_{212}
						围护结构与材料	U_{213}
						建筑设备与能源应用	U_{214}
						结构与安全	U_{215}
				基础设施	U_{22}	储水设施	U_{221}
						给排水系统	U_{222}
						供电与通信	U_{223}
				室内环境	U_{23}	室内热环境	U_{231}
						室内光环境	U_{232}
						室内声环境	U_{233}
						室内空气质量	U_{234}
				道路交通	U_{24}	道路系统规划	U_{241}
						道路系统维护	U_{242}
		牧业生产系统评价	U_3	牲畜圈棚	U_{31}	圈棚形式	U_{311}
						圈棚规模	U_{312}
						功能布局	U_{313}
						畜棚结构与材料	U_{314}
						热湿环境	U_{315}
				储草料空间	U_{32}	规模与布局	U_{321}
						防火措施	U_{322}
						防风雪设计	U_{323}

续表

总目标	总目标编码	子目标层		准则层		指标层	
		子目标	编码	因素	编码	指标	编码
绿色牧居综合评价	U	牧业生产系统评价	U_3	饲养设施	U_{33}	饮水系统	U_{331}
						饲草料设施	U_{332}
						清粪设施	U_{333}
						剪羊毛设施与场地	U_{334}
				防疫设施	U_{34}	洗羊池	U_{341}
						驱虫场地与设施	U_{342}
						病畜隔离设施	U_{343}

2. 评价指标体系判断矩阵构建

根据层次分析法构建判断矩阵的原理，由已经建立的草原绿色牧居评价指标体系层次结构模型，从总目标层、子目标层、准则层、指标层逐层递进，对同一层级的比邻次级要素进行两两比较，以表达本层次因素的相对重要性，构建的矩阵如表 7-8 所示。

绿色牧居评价指标体系的判断矩阵　　表 7-8

	U_1	U_2	…	U_j
U_1	U_{11}	U_{12}	…	U_{1j}
U_2	U_{21}	U_{22}	…	U_{2j}
…	…	…	…	…
U_i	U_{i1}	U_{i2}	…	U_{ij}

表中 U_{ij} 为指标体系 U 层级所含要素 U_i 与 U_j 相对重要性的比较数值，其中 U_{ij} 与 U_{ji} 互为倒数，根据 Saaty 等建议的 9 级标度法，则 U_{ij} 通常取值为 1,2,3…9 及其倒数。

根据上述矩阵的构建方式，根据草原绿色牧居评价指标体系层次结构模型，可构建各层级判断矩阵。以总目标层和子目标层 $U\sim U_i$ 为例，即总目标层"草原绿色牧居综合评价"及其所属"生态环境系统""居住生活系统""牧业生产系统"三个子目标构成要素，将三个子目标构

$$A = \begin{bmatrix} / & U_1 & U_2 & U_3 \\ U_1 & U_{11} & U_{12} & U_{13} \\ U_2 & U_{21} & U_{22} & U_{23} \\ U_3 & U_{31} & U_{32} & U_{33} \end{bmatrix} \qquad (7\text{-}1)$$

成要素两两比较，形成以"草原绿色牧居评价"为总目标的判断矩阵，记为 A。

式中：A 为草原绿色牧居评价判断矩阵；U_1 为生态环境系统；U_2 为居住生活系统；U_3 为牧业生产系统。

同理可得，子目标层与准则层 $U_i\sim U_{ij}$ 共可构建 3 个判断矩阵，记为 A_1、A_2、A_3；准则层与

指标层 $U_{ij} \sim U_{ijk}$ 共可构建 12 个判断矩阵，记为 $A_4 \sim A_{15}$。

3. 评价问卷设计及专家选取

评价体系的权重确定需要通过专家问卷的方式实现，问卷的赋值方式根据 Saaty 等建议的 9 级标度法，确定绿色牧居评价体系专家问卷赋值标度及含义见表 7-9。赋值原则为通过因素的相互比较，按照"同等重要、稍微重要、比较重要、十分重要、绝对重要"对照表 7-9 进行赋值，如：对应 7-1 式，某位专家认为"居住生活系统 U_2"与"牧业生产系统 U_3"相比，前者和后者同等重要则 U_{23} 赋值为 1，前者比后者稍微重要则 U_{23} 赋值为 3，相反，如果专家认为"牧业生产系统"比"居住生活系统"稍微重要则 U_{32} 赋值为 1/3，以此类推，由专家给出各因素比较的赋值。

绿色牧居评价体系的评价标度　　　　表 7-9

标度	含义	标度	含义
1	相比的两因素同等重要	1	相比的两因素同等重要
2	介于 1 和 3 之间	1/2	介于 1/2 和 1/3 之间
3	相比较的两因素前者比后者稍微重要	1/3	相比较的两因素后者比前者稍微重要
4	介于 3 和 5 之间	1/4	介于 1/3 和 1/5 之间
5	相比的两因素前者比后者比较重要	1/5	相比的两因素后者比前者比较重要
6	介于 5 和 7 之间	1/6	介于 1/5 和 1/7 之间
7	相比较的两因素前者比后者十分重要	1/7	相比较的两因素后者比前者十分重要
8	介于 7 和 9 之间	1/8	介于 1/7 和 1/9 之间
9	相比较的两因素前者比后者绝对重要	1/9	相比较的两因素后者比前者绝对重要

专家赋分采取面对面访谈、邮寄问卷、电话访谈等形式进行，为简化问卷形式，使赋值方式更加直观，本书采用 yaahp 软件自动生成的调查问卷，专家只需对两因素比较后直接取值即可，调查问卷收回后导入软件即可快速进行一致性检验，权向量计算等过程。仍以三个子目标构成因素为例，生成的调查问卷如表 7-10 所示。

专家调查问卷赋值表　　　　表 7-10

构成要素	赋值	构成要素
生态环境系统	◀9 ◀8 ◀7 ◀6 ◀5 ◀4 ◀3 ◀2 1 2▶ 3▶ 4▶ 5▶ 6▶ 7▶ 8▶ 9▶	居住生活系统
生态环境系统	◀9 ◀8 ◀7 ◀6 ◀5 ◀4 ◀3 ◀2 1 2▶ 3▶ 4▶ 5▶ 6▶ 7▶ 8▶ 9▶	牧业生产系统
居住建筑系统	◀9 ◀8 ◀7 ◀6 ◀5 ◀4 ◀3 ◀2 1 2▶ 3▶ 4▶ 5▶ 6▶ 7▶ 8▶ 9▶	牧业生产系统

专家选取对绿色牧居评价体系权重确定的科学性至关重要，草原牧居作为特殊地域环境下

的一种人类居住方式，其居住主体生活习惯、生产方式与传统农宅有很大的差别，而且绿色建筑技术在牧区的应用经验相对较少，评分专家还需要对这种特定环境下如何应用绿色建筑技术有一定的前瞻性。因此，在草原绿色牧居评价体系权重确定评分专家选取的过程中应考虑如下因素：一是专家中应有设计院中从事绿色建筑设计团队负责人及骨干成员；二是应有国内高校从事绿色建筑研究的团队负责人或骨干成员；三是应有从事过草原牧区建筑设计的设计师，其中应有草原牧区生活经历的设计师或相关研究人员。综合考虑上述因素，本课题共发放专家问卷 50 份，采取电话访谈、函询等方式，共收回有效问卷 45 份。

4. 评价体系判断矩阵计算

（1）权向量计算方法

层次分析法的矩阵计算主要有三种近似方法：幂法、和法、方根法。幂法是一种逐步迭代的方法，需要经过多次迭代求出最大特征值和对应的特征向量，可通过计算机完成相应的计算；和法是一种简化的计算方法，将矩阵的列向量经过归一化处理后取平均值作为特征向量；方根法是将和法中求列向量算术平均值改为求几何平均值。本书借助计算机软件，采用幂法进行计算，计算步骤如下：

1）任取初值正向量 W^0。

2）计算 $\overline{W}^{k+1} = BW^k, k = 0, 1, 2 \cdots$

3）迭代计算，令 $\beta = \sum_{i=1}^{n} \overline{W}_i^{k+1}$，则 $W^{k+1} = \frac{1}{\beta} \overline{W}^{k+1}, k = 0, 1, 2 \cdots$

4）对于预先给定的精确度 ε，当 $|\overline{W}_i^{k+1} - W_i^k| < \varepsilon$，对所有 $i = 1, 2, \cdots, n$ 成立 $W = W_i^{k+1}$ 时，则 $\lambda_{\max}$ 为所求特征向量。$\lambda_{\max}$ 可通过下式计算求得：

$$\lambda_{\max} = \sum_{i=1}^{n} \frac{W_i^{k+1}}{nW_i^k} \qquad (7\text{-}2)$$

式中：n 为矩阵阶数；W_i^k 为向量 W^k 的第 i 个分量。

（2）矩阵一致性检验

在层次分析法中，需要对矩阵的一致性进行检验，可能会导致客观事物规律性与人认知事物的局限性，从而导致矩阵一致性存在偏差。仍以草原绿色牧居评价体系中总目标下三个子目标为例，如果在专家赋值过程中认为"居住生活系统"与"生态环境系统"相比，前者稍微重要，"居住生活系统"与"牧业生产系统"相比，前者比较重要，则"生态环境系统"与"牧业生产系统"相比，如出现后者比前者重要的情况，就会导致判断矩阵不一致，出现这种情况就需要专家根据系统指标相互关系调整赋值。因此，矩阵一致性检验实际上就是通过检验方法对专家评分过程中数据有效性的数理矫正，矩阵一致性检验通过下式计算：

$$CR = \frac{CI}{RI} \qquad (7\text{-}3)$$

式中：CR 为随机一致性比率；CI 为一致性指标；RI 为平均随机一致性指标。

其中，$CI = (\lambda_{max} - n)/n - 1$，$\lambda_{max}$ 可根据公式（7-2）求得，n 为矩阵阶数；RI 可根据 Satty 给出的平均随机一致性指标选值选取，如表 7-11 所示。当 $RI \leqslant 0.10$ 时，说明判断矩阵一致性较好；当 $CR > 0.10$ 时，则需要对判断矩阵进行调整。

RI 取值　　　　　表 7-11

n	1	2	3	4	5	6	7	8	9	10	11	12	13	14	15
RI	0	0	0.52	0.89	1.12	1.2€	1.36	1.41	1.46	1.49	1.52	1.54	1.56	1.58	1.59

（3）草原绿色牧居评价体系权向量计算

草原绿色牧居评价体系共生成 13 个判断矩阵，通过专家赋值，对各层级判断矩阵计算如下：

对于绿色牧居评价总目标层与子目标层构建的矩阵为 A，计算得到该矩阵最大特征值 λ_{max} 为 30000，经过对矩阵一致性进行检验，得到 CR 为 0.0000，矩阵一致性非常好。对于绿色牧居评价而言，三个子目标中生态环境系统比重为 0.2000，居住生活系统比重为 0.4000，牧业生产系统比重为 0.4000，在绿色牧居评价中居住生活系统与牧业生产系统同等重要，实际情况中，牧业生产是牧民经济收入的主要来源甚至是唯一来源，决定着居住生活系统的水平，居住生活系统决定了牧民的居住质量，这与评价体系中权重相符。矩阵 A 及权重计算结果如表 7-12 所示。

矩阵 A 及权重计算结果　　　　　表 7-12

绿色牧居 U	生态环境系统 U_1	居住建筑系统 U_2	生产建筑系统 U_3	W	λ_{max}	CR
生态环境系统 U_1	1	1/2	1/2	0.2000		
居住生活系统 U_2	2	1	1	0.4000	3.0000	0.0000
牧业生产系统 U_3	2	1	1	0.4000		

依此类推，可得到子目标层与准则层 U_i–U_{ij} 的 3 个判断矩阵 A_1、A_2、A_3，通过一致性检验，判断矩阵计算结果如表 7-13 所示。对于生态环境系统，其所属指标中生态保护指标最为重要，在居住建筑系统中建筑设计指标与围护结构指标同等重要，而生产建筑系统中生产空间与功能是最重要的指标。

矩阵 A_1~A_3 计算结果　　　　　表 7-13

A_1		U_{11}	U_{12}	U_{13}	U_{14}	W_1	λ_{max}	CR
生态环境系统 U_1	U_{11}	1	1/2	1	6	0.2598		
	U_{12}	2	1	2	5	0.4250	4.0973	0.0364
	U_{13}	1	1/2	1	6	0.2598		
	U_{14}	1/6	1/5	1/6	1	0.0554		

A_2		U_{21}	U_{22}	U_{23}	U_{24}	W_2	λ_{max}	CR
居住生活系统 U_2	U_{21}	1	5	3	7	0.5771	4.1578	0.0591
	U_{22}	1/5	1	1	5	0.1773		

续表

居住生活系统 U_2	A_2	U_{21}	U_{22}	U_{23}	U_{24}	W_2	λ_{max}	CR
	U_{23}	1/3	1	1	5	0.1958	4.1578	0.0591
	U_{24}	1/7	1/5	1/5	1	0.0497		

生产生活系统 U_3	A_3	U_{31}	U_{32}	U_{33}	U_{34}	W_3	λ_{max}	CR
	U_{31}	1	7	5	9	0.6643		
	U_{32}	1/7	1	1/2	3	0.1047	4.1222	0.0458
	U_{33}	1/5	2	1	5	0.1843		
	U_{34}	1/9	1/3	1/5	1	0.0466		

同理，准则层与指标层 $U_{ij}\sim U_{ijk}$ 的 12 个判断矩阵 $A_4 \sim A_{15}$，判断矩阵计算结果如表 7-14 所示。

矩阵 $A_4\sim A_{15}$ 计算结果　　　　表 7-14

土地利用 U_{11}	A_4	U_{111}	U_{112}			W_4	λ_{max}	CR
	U_{111}	1	1/4			0.2000	2.0000	0.0000
	U_{112}	4	1			0.8000		

场地环境 U_{12}	A_5	U_{121}	U_{122}			W_5	λ_{max}	CR
	U_{121}	1	3			0.7500	2.0000	0.0000
	U_{122}	1/3	1			0.2500		

草场生态 U_{13}	A_6	U_{131}	U_{132}	U_{133}	U_{134}	W_6	λ_{max}	CR
	U_{131}	1	1	4	1	0.3077		
	U_{132}	1	1	4	1	0.3077	4.0000	0.0000
	U_{133}	1/4	1/4	1	1/4	0.0769		
	U_{134}	1	1	4	1	0.3077		

卫生环境 U_{14}	A_7	U_{141}	U_{142}			W_7	λ_{max}	CR
	U_{141}	1	1/4			0.2000	2.0000	0.0000
	U_{142}	4	1			0.8000		

居住建筑 U_{21}	A_8	U_{211}	U_{212}	U_{213}	U_{214}	U_{215}	W_8	λ_{max}	CR
	U_{211}	1	1/2	1/4	1/4	1/4	0.0634		
	U_{212}	2	1	1/2	1/4	1/4	0.0981		
	U_{213}	4	2	1	1	1	0.2537	5.0776	0.0173
	U_{214}	4	4	1	1	1	0.2924		
	U_{215}	4	4	1	1	1	0.2924		

	A_9	U_{221}	U_{222}	U_{223}			W_9	$\lambda_{\max}$	CR
基础设施 U_{22}	U_{221}	1	1	1			0.3333		
	U_{222}	1	1	1			0.3333	3.0000	0.0000
	U_{223}	1	1	1			0.3333		
	A_{10}	U_{231}	U_{232}	U_{233}	U_{234}		W_{10}	$\lambda_{\max}$	CR
室内环境 U_{23}	U_{231}	1	7	9	2		0.5700		
	U_{232}	1/7	1	2	1/3		0.0946	4.0165	0.0062
	U_{233}	1/9	1/2	1	1/5		0.0552		
	U_{234}	1/2	3	5	1		0.2801		
	A_{11}	U_{241}	U_{242}				W_{11}	$\lambda_{\max}$	CR
道路交通 U_{23}	U_{241}	1	2				0.6667	2.0000	0.0000
	U_{242}	1/2	1				0.3333		
	A_{12}	U_{311}	U_{311}	U_{311}	U_{311}	U_{311}	W_{12}	$\lambda_{\max}$	CR
牲畜圈棚 U_{31}	U_{311}	1	3	1	1	1/2	0.1969		
	U_{312}	1/3	1	1/3	1/3	1/2	0.0818		
	U_{313}	1	3	1	1	1/2	0.1969	5.2619	0.0585
	U_{314}	1	3	1	1	2	0.2696		
	U_{311}	2	2	2	1/2	1	0.2548		
	A_{13}	U_{321}	U_{322}	U_{323}			W_{13}	$\lambda_{\max}$	CR
储草料间 U_{32}	U_{321}	1	1/5	1/3			0.1095		
	U_{322}	5	1	2			0.5816	3.0037	0.0036
	U_{323}	3	1/2	1			0.3090		
	A_{14}	U_{331}	U_{332}	U_{333}	U_{334}		W_{14}	$\lambda_{\max}$	CR
饲养设施 U_{33}	U_{331}	1	1	5	7		0.4254		
	U_{332}	1	1	5	7		0.4254	4.0159	0.0060
	U_{333}	1/5	1/5	1	2		0.0934		
	U_{334}	1/7	1/7	1/2	1		0.0558		
	A_{15}	U_{341}	U_{342}	U_{343}			W_{15}	$\lambda_{\max}$	CR
防疫设施 U_{34}	U_{341}	1	4	1/2			0.3331		
	U_{342}	1/4	1	1/5			0.0974	3.0246	0.0236
	U_{343}	2	5	1			0.5695		

　　对于绿色牧居而言，指标层的权重也直接反映了指标对绿色牧居评价结果的重要程度，各指标对于绿色牧居的权重可通过加权的方式获得，如表 7-15 所示。准则层各因素中，居住建筑、牲畜圈棚是最重要的因素，两者所占权重之和为 0.4965，这两者分别是居住生活系统、牧业生产系统最核心的组成，也是对子目标评价最关键的因素。指标层中，围护结构与材料、结构与安全、定居点布局、建筑热备与能源、热环境等指标组合权重相对较高，这几项指标属于居住生活系统内的指标，均和安全和舒适有关，草原绿色牧居建设应优先考虑这些问题。组合权重比较高的还包括结构与材料、圈棚形式、功能布局等指标，这些指标属于牧业生产系统，因此，牧业生产系统构建应优先考虑这些指标。此外，指标组合权重较大的还有牧居空间布局，该指标可以调节牧居内生态、生活、生产的关系，也应该是重点考虑的因素。

各层次指标对于绿色牧居评价结果的组合权重与重要性排序　　　　表 7-15

总目标	子目标层		准则层排序及权重		指标层排序及权重	
绿色牧居综合评价	居住生活系统	0.4000	牲畜圈棚	0.2657	结构与材料	0.0716
					热湿环境	0.0677
					结构与安全	0.0675
					建筑设备与能源	0.0675
					定居点微环境	0.0637
			居住建筑	0.2308	围护结构与材料	0.0586
					圈棚形式	0.0523
					功能布局	0.0523
			场地环境	0.085	热环境	0.0447
					牧居空间布局	0.0416
					饲草料设施	0.0314
					饮水系统	0.0314
			室内环境	0.0783	防火措施	0.0244
					给排水系统	0.0236
					供电与通信	0.0236
	牧业生产系统	0.4000	饲养设施	0.0737	储水设施	0.0236
					功能布局	0.0226
					空气质量	0.0219
					圈棚规模	0.0217
			基础设施	0.0709	风雪防护设施	0.0212
					草场利用规划	0.016
					管理机制	0.016

总目标	子目标层		准则层排序及权重		指标层排序及权重	
绿色牧居综合评价	牧业生产系统	0.4000	草场生态	0.052	生态承载力控制	0.016
					建筑形态	0.0146
					道路系统维护	0.0133
					防风雪措施	0.0129
			土地利用	0.052	病畜隔离设施	0.0106
					定居点选址	0.0104
					生活垃圾处理	0.0089
					光环境	0.0074
			储草料空间	0.0419	清粪设施	0.0069
	生态环境系统	0.2000			道路系统规划	0.0066
					洗羊池	0.0062
			道路交通	0.0199	规模布局	0.0046
					声环境	0.0043
			防疫设施	0.0187	剪羊毛设施与场地	0.0041
					牧道系统规划	0.004
					生产垃圾处理	0.0022
			卫生环境	0.0111	驱虫场地与设施	0.0018

7.3　绿色牧居评价指标标准

　　绿色牧居评价指标标准是评价实施过程中评价者的重要参考，关于草原绿色牧居评价体系的研究尚处于空白阶段，评定标准的制定一方面要参考国家或行业的相关规范标准，另一方面还需根据草原牧区的特点及评价目标确定评价标准。评价指标中，对于与现行国家标准中已有规定的指标，同时符合草原牧区的地域特征，应该尽量采用国家现行标准的规定。评价指标中，对于现行国家标准中没有规定的指标或有规定不适合草原绿色牧居评价的指标，需要结合草原牧区特征及绿色牧居的评价目标，借鉴国内外相关的研究成果，通过总结、分析、专家咨询等方法确定评价指标标准。

　　草原绿色牧居评价指标体系中包含定量和定性指标，可以直接量化的指标可根据量化的结果直接赋值，对于定性指标则需要通过一定的方法转换为定量指标，可以直接量化，也可间接量化。直接量化是根据评价指标特征直接给出数值，这种方法适用评价前没有可参照的评语等级、单位个数较少的评价；间接量化是先列出指标可能取值的集合，然后再将取值集合中的元素进行量化，如学生成绩确定"优、良、中、差"等级，再为每个等级赋予分值，这种方式适用于有可参照的评语等级、单位个数较多的评价[9]。两种方法可单独使用，也可结合使用，本书结合后文的模糊数学及灰色理论的统计方法，确定采用直接、间接量化结合的方式进行量化。

绿色牧居评价指标体系由生态环境系统评价、居住生活系统评价、牧业生产系统评价 3 个子目标组成，每个子目标设定基础指标，基础指标为绿色牧居评价的底线。子目标对应的指标设为评分指标，为了简化和统一评价过程，本书对每个评分指标按 10 分制的标准进行量化。

7.3.1　生态环境系统评价指标标准

1. 基础指标标准

（1）牧居定居点所在场地应安全，无洪涝、滑坡等自然灾害的威胁，无污染土壤等危害。

（2）牧居规划应科学、合理、依法使用土地。

（3）牧居用地、道路系统、公共服务设施配置、环境卫生等应符合国家及地方有关法规与标准的规定。

（4）牲畜规模符合当地草原生态承载力的有关法规规定。

2. 评分指标标准

根据生态环境系统评价指标情况，将评价指标细分为 20 个观测点，各观测点根据国家及行业规范、标准、地方性法规、相关研究等进行量化，各指标评分标准如表 7-16 所示[10, 11]。

生态环境系统评价指标评分标准 [11, 12]　　表 7-16

准则层	指标层	观测点与赋值
土地利用 U_{11}	定居点选址 U_{111}	◇定居点选址符合生态环境保护要求，适应地形地貌、气候，得 5 分。 ◇选址与牧业生产相适应，综合考虑定居点与草场分区的距离及牲畜出行规律，得 5 分
	牧居空间布局 U_{112}	◇独户永久性绿色牧居、联户永久性绿色牧居有基于轮牧的空间规划方案，得 5 分；合作式半游牧绿色牧居按游牧空间进行规划得 5 分，按轮牧空间进行规划得 3 分；无规划不得分。 ◇规划充分考虑定居点、草场、水源地的关系，从定居点到草场各分区距离合理，牲畜日行走距离满足本书 4.4 的要求，得 5 分
场地环境 U_{12}	定居点微环境 U_{121}	◇牧居室外风环境有利于室外行走及活动舒适，按下列规则，得 5 分；冬季、过渡季典型风速和风向条件下，牧居室外主要活动区域风速小于 5 m/s，且室外风速放大系数小于 2；夏季主要活动区域不出现涡旋或无风区。 ◇牧居室外无环境噪声污染，环境噪声符合现行国家标准《声环境质量标准》GB 3096 规定的限值，得 2 分；优于现行国家标准《声环境质量标准》GB 3096 规定限值 5 dB(A)，得 3 分。 ◇牧居人员活动空间、生产与生活连接空间应布置夜间照明，宜使用高效节能灯具，并采用节能控制方式，得 2 分

续表

准则层	指标层	观测点与赋值
场地环境 U_{12}	风雪防护设施 U_{122}	◇设置专门防风雪屏障并采用半围合式定居点布局得 5 分，设防风雪屏障并采用开放式定居点布局得 4 分，无防风雪屏障采用半围合式定居点布局得 3 分。 ◇防风雪屏障采用土坝、沙袋、格栅等方式，设置的长度、高度、与活动区的距离满足本书 5.5 要求，得 5 分；半围合式定居点布局中利用居主、生产建筑直接围合或中间通过围墙连接围合，且围墙高度满足本书 5.5 要求，得 5 分
草场生态 U_{13}	生态承载力控制 U_{131}	◇畜牧业规模超出牧居所处草原载畜率上限的不得分，畜牧业规模位于牧居所处草原载畜率上限的 91%~100%，得 5 分；位于牧居所处草原生态承载力上限的 81% ~ 90% 得 8 分；小于牧居所处草原生态承载力上限的 80%，得 10 分
	草场利用规划 U_{132}	◇轮牧空间规划方案放牧频率、小区放牧天数、放牧周期满足表 4-14 规定，空间区块划分根据草场面积选择适宜的分区块数满足表 4-16 要求，得 8 分，不满足上述要求但有轮牧区块划分，得 4 分；游牧规划方案合理设置春、夏、秋、冬牧场，得 8 分，设置春、夏、过渡季牧场 7 分，设置春、夏牧场，得 6 分。 ◇有保护原有自然水域、湿地的措施，得 2 分
	牧道系统规划 U_{133}	◇有合理的牧道规划设计方案，尽可能减少牧居内牧道总长度，且能很好地连接定居点、水源地、草场，得 5 分。 ◇牧道根据牲畜行走的规律进行设计，最小宽度满足本书表 4-15 的要求，得 5 分
	管理体制 U_{134}	◇联户及合作式绿色牧居制定牧民自治机制及绿色牧居运行章程，得 5 分；独户永久性绿色牧居该项直接得分。 ◇草场游牧轮牧制度、垃圾处理制度、公共水源保护制度健全，得 5 分，缺 1 项直 3 分，缺两项及以上不得分
卫生环境 U_{14}	垃圾处理 U_{141}	◇独户牧居设置生活垃圾存放点，得 5 分。 ◇不可降解垃圾有无害化处理措施，得 5 分
	生产垃圾处理 U_{142}	◇有生产垃圾分类存放设施，且具备牲畜粪便利用的前期处理条件，得 5 分；有生产垃圾分类存放设施，无牲畜粪便利用的前期处理措施，得 2 分。 ◇对病死畜进行无害化处理，得 5 分

7.3.2　居住生活系统评价指标标准

1. 基础指标标准

（1）草原牧居居住建筑、结构、设备等设计应符合现行国家及地方有关村镇建筑设计的法规与标准的规定。

（2）草原牧居居住建筑的节能设计应符合《农村居住建筑节能设计标准》GB/T 50824 的规定。

（3）牧居居住建筑建造不应采用国家禁止和限制使用的材料及制品。

（4）室内空气质量应符合现行国家标准《室内空气质量标准》GB/T 18883 的有关规定。

2. 评分指标标准

根据居住生活系统评价指标情况，将指标再细分为 31 个观测点，各观测点根据国家及行业规范、标准、地方性法规等进行量化，各指标评分标准如表 7-17 所示[11, 12]。

居住生活系统评价指标评分标准　　　　　　表 7-17

准则层	指标层	观测点与赋值
居住建筑 U_{21}	建筑形态 U_{211}	◇居住建筑符合内蒙古草原牧区居住文化特征并在传统居住文化基础上结合当代技术进行创新，得 2 分。 ◇合理降低建筑体型系数，汉式住宅采用矩形平面，利用双拼式或联排式降低体型系数，蒙古包式建筑采用组合形式并优化体型。采用单层圆形平面建筑体型系数≤ 0.8，矩形平面体型系数≤ 0.9，得 5 分。单层圆形平面体型系数≤ 0.9，矩形平面体型系数≤ 1.0，得 3 分。 ◇利用被动式太阳房技术，建筑南向设置阳光间，得 3 分；入口处设置门斗或挡风门廊，得 2 分。
	功能布局 U_{212}	◇功能齐全，满足牧民现代化生活需求，设置卧室、起居室、厨房、卫生间、储藏室，得 5 分。 ◇卧室、起居室等主要房间设置在南侧，厨房、卫生间、储藏室等辅助房间设置在北侧，得 5 分
	围护结构与材料 U_{213}	◇围护结构热工性能指标优于国家现行有关农村建筑节能设计标准的规定：比国家现行有关标准规定提高 5% 及以上，得 3 分；提高 10% 及以上，得 5 分。 ◇充分使用当地建材，采用适用于牧区当地的建材使用量达到 50%，得 3 分；达到 80%，得 5 分
	建筑设备与能源应用 U_{214}	◇厕所设置满足国家标准《农村户厕卫生标准》GB 19379 的相关要求，得 3 分。 ◇合理选择供暖方式，并采取节能措施：建筑热源为供暖炉时，应根据燃料的类型选择适用的、正规厂家生产的供暖炉类型，合理进行火炕、散热器的选择和布置，得 2 分。 ◇太阳能、风能、生物质能提供电力、供暖能源达到用能总量的 60%，得 3 分，达到 80% 以上，得 5 分
	结构与安全 U_{215}	◇抗震设计方法能合理提高建筑的抗震性能，得 5 分。 ◇建筑体型简洁，构配件安装牢固，能抵御强风，得 5 分
基础设施 U_{22}	储水设施 U_{221}	◇有稳定、可靠的水源地，距离水源大于 2km 小于 5km，得 1 分；距离水源小于 2 km，得 3 分；距离水源小于 0.5km，得 5 分。 ◇0.5 km 内无水井牧居采用水车、水塔方式储水，得 2 分，设置储水窖并有保证水质不受污染的措施，得 5 分。牧居 0.5 km 内有水井得满分
	给排水系统 U_{222}	◇实现自动供水，利用水泵、水塔、压力灌等设备实现自动供水得 3 分，充分利用地形、地势实现自动供水得 3 分。 ◇设置室内生活污废水排水系统，得 2 分。 ◇给水系统水质符合现行国家标准《生活饮用水卫生标准》GB 5749 的有关规定，得 2 分。 ◇通过设置生态草沟、雨雪水收集等设施对雨雪水进行回收利用，得 3 分

续表

准则层	指标层	观测点与赋值
基础设施 U_{22}	供电与通信 U_{223}	◇采用太阳能光伏、风力发电等满足建筑电力需求，得 5 分；公共配电变压器符合现行国家标准《三相配电变压器能效限定值及能效等级》GB 20052 的节能评价值要求，得 5 分。 ◇卫星电视、信息网络等公共通信设施齐全，通信网络传输系统设备和传输介质选择符合《公共广播系统工程技术规范》GB 50526、《通信线路工程设计规范》GB 51158 等现行国家标准的有关规定，得 5 分
室内环境 U_{23}	室内热环境 U_{231}	◇冬季主要功能房间达到《民用建筑室内热湿环境评价标准》GB/T 50785 规定的热湿环境整体评价 II 级比例，50% 及以上，得 5 分。 ◇夏季建筑主要功能房间室内热环境参数在适应性热舒适区域的时间比例，达到 50%，得 5 分
	室内光环境 U_{232}	◇充分利用天然光，室内主要空间至少 60% 面积比例区域，采光照度值不低于 300 lx 的小时数年平均不少于 8h/d，得 5 分。 ◇主要功能房间有眩光控制措施，得 5 分
	室内声环境 U_{233}	◇噪声级达到《民用建筑隔声设计规范》GB 50118 中高要求标准限值，得 10 分
	室内空气质量 U_{234}	◇控制室内主要空气污染物的浓度低于《室内空气质量标准》GB/T 18883 规定限值的 10%，得 5 分。 ◇室内 PM2.5 年均浓度不高于 25 μg/m³，且室内 PM10 年均浓度不高于 50 μg/m³，得 5 分
道路交通 U_{24}	道路系统规划 U_{241}	◇牧居应设有与公路联通的道路：距离公路 5 km 以内，得 3 分；距离公路 3 km 以内，得 5 分。 ◇牧居道路硬化率达到 100%，得 5 分；牧居道路硬化率达到 90%，得 3 分；牧居道路硬化率达到 50%，得 1 分
	道路系统维护 U_{242}	◇道路根据水泥路面、砂石路面、土路面制定维护措施，得 5 分。 ◇具有防止车辆因道路的失修而造成的草场破坏举措，得 5 分

7.3.3　牧业生产系统评价指标标准

1. 基础指标标准

（1）草原牧居生产建筑、结构等设计应符合现行国家及地方有关生产建筑设计的法规与标准的规定。

（2）牧业生产系统满足卫生防疫的要求。

（3）建筑防火满足《农村防火规范》 GB 50039—2010 的要求。

2. 评分指标标准

根据牧业生产系统评价指标情况，将评价指标再细分为 22 个观测点，各观测点根据国家及行业规范、标准、地方性法规等进行量化，各指标评分标准如表 7-18 所示。

牧业生产系统评价指标评分标准 表 7-18

准则层	指标层	观测点与赋值
牲畜圈棚 U_{31}	圈棚形式 U_{311}	◇根据牲畜类型合理选择畜棚形式，羊棚形式采用半开放型，得 2 分；采用密闭型暖棚，得 5 分；牛棚采用半开放型，得 5 分；两种类型畜棚同时存在取平均分。 ◇充分利用被动式措施进行冬季防寒和夏季通风设计，《牧区牛羊棚圈建设技术规范》NY/T 1178—2006 要求，得 5 分
	圈棚规模 U_{312}	◇棚圈面积符合《牧区牛羊棚圈建设技术规范》NY/T 1178—2006 要求，得 5 分。 ◇通过棚圈面积对牲畜饲养规模进行控制，通过棚圈面积计算的牲畜总头（只）数小于牧民草场载畜总量，得 3 分，小于牧民草场载畜总量 10%，得 5 分
	功能布局 U_{313}	◇牛羊圈棚功能满足本书图 2-15 要求，得 5 分。 ◇牛羊圈棚布局合理，便于生产需要，贮草料空间、饮水空间距离圈棚距离小于 10 m，得 5 分
	圈棚结构与材料 U_{314}	◇围护结构考虑防寒与通风，内表面不结露，门窗洞口面积满足《畜禽场环境质量标准》NY/T 388—1999 要求，得 5 分。 ◇充分使用当地建材，采用适用于牧区当地的建材使用量达到 50%，得 3 分；达到 80%，得 5 分
	热湿环境 U_{315}	◇畜棚温湿度满足《畜禽场环境质量标准》NY/T 388—1999 要求，得 10 分
贮草料空间 U_{32}	规模与布局 U_{321}	◇贮草料空间面积满足《牧区牛羊棚圈建设技术规范》NY/T 1178—2006 要求，得 5 分。 ◇贮草料空间布局合理，草料根据种类有明确分区及间隔措施，有便于生产通道、设施，得 5 分
	防火措施 U_{322}	◇设置在全年最小频率风向的上风侧，得 3 分。 ◇与居住建筑的间距符合现行国家标准《建筑设计防火规范》GB 50016 的要求，得 5 分。 ◇周边无电气线路，得 2 分
	防风雨雪设计 U_{323}	◇贮草料空间设置防雨雪棚，且抗风雪强度满足规范要求，得 4 分。 ◇设置挡风雪实体围墙，有固定草垛的设施，得 4 分。 ◇配备必要的防火设施、设备及工具，得 2 分
饲养设施 U_{33}	饮水系统 U_{331}	◇有稳定的水源，采用自动供水系统，水质达到畜禽饲养标准，得 5 分。 ◇冬季供牲畜直接饮用的水温在 0 ℃以上，采取一定的加温、保温或防冻措施，得 5 分
	饲草料设施 U_{332}	◇设置专门的饲草料设施，设施具有牲畜自动分流功能，得 5 分。 ◇饲草料设施有节省草料的措施，得 5 分
	清粪设施 U_{333}	◇设有专门的清粪设施及工具，得 5 分。 ◇设有适合清粪车辆通行的通道，得 5 分
	剪羊毛设施与场地 U_{334}	◇配备剪羊毛的设备及工具，得 5 分。 ◇设有剪羊毛专用或与其他空间合用的场地，得 5 分

续表

准则层	指标层	观测点与赋值
防疫设施 U_{34}	洗羊池 U_{341}	◇设置专门洗羊池，洗羊池功能合理，具备了羊自行通过即可完成洗羊功能，得 5 分 ◇洗羊池设置控水区，能够有效地节约用水及药剂，得 5 分
	驱虫场地与设施 U_{342}	◇设有驱虫区，功能合理，有利于减少驱虫工作人力，得 10 分
	病畜隔离设施 U_{343}	◇设有病畜隔离区，隔离区设置符合《畜禽场场区设计技术规范》NY/T 682—2003 要求，得 10 分

7.4　绿色牧居综合评价模型

草原绿色牧居综合评价思路部分，明确了本书采用灰色理论法、模糊数学法分别与层次分析法结合的综合评价方案，分别构建灰色层次分析评价模型和模糊层次分析评价模型，并形成灰色层次分析评价方法和模糊层次分析的方法，对比分析适宜的评价方法。因此，需要首先构建相应的评价模型。

7.4.1　模糊层次分析评价模型

模糊数学是一种研究和处理模糊性现象的数学，是基于美国控制论专家 A. Zadeh 教授于 1965 年提出的模糊集合（Fuzzy set）基础上发展起来的一门学科。模糊数学如今在综合评价领域取得了大量成果，模糊综合评价是一种多指标综合评价方法，采用模糊数学方法对某些模糊的、难以定量的指标通过模糊集合的方式进行定量化，利用模糊变换原理得到综合指标的评价基准。因此，模糊综合评价既能够处理定性指标，也能够处理定量指标，其步骤可以总结如下 [13]：

（1）确定综合评价指标体系（设有 F 个指标），即所谓的因素论域 U；

（2）确定评语等级论域 V（设有 M 个评语等级）；

（3）确定指标权数 W，建立模糊关系矩阵 R；

（4）计算模糊合成值 B；

（5）进行模糊综合评价。

结合草原绿色牧居评价指标体系特征，按照模糊综合评价步骤构建草原绿色牧居综合评价模型如下：

（1）确定绿色牧居综合评价的因素集

草原绿色牧居各层次因素集与评价指标关系如表 7-19 所示。

首先确定草原绿色牧居综合评价因素，草原绿色牧居有"生态环境系统""居住生活系统""牧业生产系统"三个子目标，因此将草原绿色牧居划分为 3 个因素，构成第一层因素层，因素集为 $U=\{U_1,U_2,U_3\}$。草原绿色牧居评价指标体系子目标层下设准则层，每个子目标可划分为相应的因素子集，构成第二层因素层，该层次因素集为 $U_1=\{U_{11},U_{12},U_{13},U_{14}\},U_2=\{U_{21},U_{22},U_{23},U_{24}\},U_3=\{U_{31},$

U_{32},U_{33},U_{34}）。依此类推，每个准测层下设指标层，构成第三层次因素层，该层因素集为 $U_{11}=\{U_{111},$ $U_{112}\},U_{12}=\{U_{121},U_{122}\}$, ……, $U_{34}=\{U_{341},U_{342},U_{343}\}$。

草原绿色牧居各层次因素集与评价指标关系　　表 7-19

第一因素层因素集	第二因素层因素集	第三因素层因素集
$U=\{U_1,U_2,U_3\}$ $U_1=$ 生态环境系统 $U_2=$ 居住生活系统 $U_3=$ 牧业生产系统	$U_1=\{U_{11},U_{12},U_{13},U_{14}\}$ $U_{11}=$ 土地利用 $U_{12}=$ 场地环境 $U_{13}=$ 草场生态 $U_{14}=$ 污染防治	$U_{11}=\{U_{111},U_{112}\}$ $U_{12}=\{U_{121},U_{122}\}$ $U_{13}=\{U_{131},U_{132},U_{133},U_{134}\}$ $U_{14}=\{U_{141},U_{142}\}$
	$U_2=\{U_{21},U_{22},U_{23},U_{24}\}$ $U_{21}=$ 居住建筑 $U_{22}=$ 水资源应用 $U_{23}=$ 室内环境 $U_{24}=$ 道路交通	$U_{21}=\{U_{211},U_{212},U_{213},U_{214},U_{215}\}$ $U_{22}=\{U_{221},U_{222},U_{223}\}$ $U_{23}=\{U_{231},U_{232},U_{233},U_{234}\}$ $U_{24}=\{U_{241},U_{242}\}$
	$U_3=\{U_{31},U_{32},U_{33},U_{34}\}$ $U_{31}=$ 牲畜圈棚 $U_{32}=$ 储草料空间 $U_{33}=$ 饲养设施 $U_{34}=$ 防疫设施	$U_{31}=\{U_{311},U_{312},U_{313},U_{314},U_{315}\}$ $U_{32}=\{U_{321},U_{322},U_{323}\}$ $U_{33}=\{U_{331},U_{332},U_{333},U_{334}\}$ $U_{34}=\{U_{341},U_{342},U_{343}\}$

（2）确定绿色牧居综合评价的评语集

模糊综合评价中，评语等级可以是无序的，但评语等级之间应该呈现为"不重不漏"的关系[1]，根据绿色牧居综合评价的目标，评语集用"优、良、中、差"来描述。设草原绿色牧居评语集 $V=\{v_1,v_2,v_3,v_4\}$，即评判等级集合，每一个评语等级集合相当于一个模糊子集。评语等级记分值按照百分制，记为 $v_1=$ 优 $=100$，$v_2=$ 良 $=85$，$v_3=$ 中 $=70$，$v=$ 差 $=55$。

（3）确定指标权数 W，建立模糊关系矩阵 R

草原绿色牧居综合评价的因素集与评语集构成了两类模糊集，一类是评价体系中各因素在人们心目中的重要程度，表现为各层次因素上的模糊权向量 W，另一类是因素集与评语集形成的模糊关系，通过运算 $U\times V$ 得到模糊矩阵 R[14]。各层次因素的权向量确定的方法很多，本书仍以层次分析法确定各层次因素的权重，各层次因素集及对应权向量如表 7-20 所示。

草原绿色牧居各层次因素集与评价指标关系　　表 7-20

因素集及对应权向量	因素集及对应权向量
$U=\{U_1,U_2,U_3\}$ $W=(0.2000,0.4000,0.4000)$	$U_{21}=\{U_{211},U_{212},U_{213},U_{214},U_{215}\}$ $W_8=(0.0634,0.0981,0.2537,0.2924,0.2924)$
$U_1=\{U_{11},U_{12},U_{13},U_{14}\}$ $W_1=(0.2598,0.4250,0.2598,0.0554)$	$U_{22}=\{U_{221},U_{222},U_{223}\}$ $W_9=(0.333,0.333,0.333)$
$U_2=\{U_{21},U_{22},U_{23},U_{24}\}$ $W_2=(0.5771,0.1773,0.1958,0.0497)$	$U_{23}=\{U_{231},U_{232},U_{233},U_{234}\}$ $W_{10}=(0.5700,0.0946,0.0552,0.2801)$

因素集及对应权向量	因素集及对应权向量
$U_3=\{U_{31},U_{32},U_{33},U_{34}\}$ $W_3=$ （0.6643,0.1047,0.1843,0.0466）	$U_{24}=\{U_{241},U_{242}\}$ $W_{11}=$ （0.6667,0.3333）
$U_{11}=\{U_{111},U_{112}\}$ $W_4=$ （0.2000,0.8000）	$U_{31}=\{U_{311},U_{312},U_{313},U_{314},U_{315}\}$ $W_{12}=$ （0.1969,0.0818,0.1969,0.2696,0.2548）
$U_{12}=\{U_{121},U_{122}\}$ $W_5=$ （0.7500, 0.2500）	$U_{32}=\{U_{321},U_{322},U_{323}\}$ $W_{13}=$ （0.1095,0.5816,0.3090）
$U_{13}=\{U_{131},U_{132},U_{133},U_{134}\}$ $W_6=$ （0.3077, 0.3077,0.0769,0.3077）	$U_{33}=\{U_{331},U_{332},U_{333},U_{334}\}$ $W_{14}=$ （0.4254,0.4254,0.0934,0.0558）
$U_{14}=\{U_{141},U_{142}\}$ $W_7=$ （0.2000, 0.8000）	$U_{34}=\{U_{341},U_{342},U_{343}\}$ $W_{15}=$ （0.3331,0.0974,0.5695）

假设选择 m 个专家对绿色牧居进行评价，根据专家的评价意见建立评价矩阵 R，其中 $R_i=(r_{i1},r_{i2},r_{i3},\cdots r_{ij})$ 为对第 i 个指标的评价值，r_{ij} 表示该评价指标到某一评语集的隶属度，也就是认为该因素属于 v_j 的专家人数[14]，可以记为 $r_{ij}=v_{ij}/m$，一般应满足 $\sum_{j=1}^{n} r_{ij}=1$。

$$P=\begin{bmatrix} r_{111} & r_{112} & \cdots & r_{114} \\ r_{121} & r_{122} & \cdots & r_{124} \\ \cdots & \cdots & \cdots & \cdots \\ r_{ij1} & r_{ij2} & \cdots & r_{ij4} \end{bmatrix} \tag{7-4}$$

（4）计算模糊合成值

利用草原绿色牧居各层次因素权向量 W 和针对评价对象建立的模糊矩阵 R，得到各被评对象的模糊综合评价综合指标 B，公式如下：

$$B_i=W_i\times R_i=(w_1,w_2,\cdots,w_n)=\begin{bmatrix} r_{111} & r_{112} & \cdots & r_{114} \\ r_{121} & r_{122} & \cdots & r_{124} \\ \cdots & \cdots & \cdots & \cdots \\ r_{ij1} & r_{ij2} & \cdots & r_{ij4} \end{bmatrix}=(b_{i1},b_{i2},b_{i3},b_{i4}) \tag{7-5}$$

B_i 为因素 U_i 对评语 V_i 的隶属度，且 $\sum_{i=1}^{n} b_{ij}=1$，如不等于 1，需进行归一化处理。

（5）模糊综合评价结果分析

根据绿色牧居综合评价评语集 $V=\{v_1,v_2,v_3,v_4\}$，其中 $v_1=$ 优 $=90$，$v_2=$ 良 $=75$，$v_3=$ 中 $=60$，$v_4=$ 差 $=40$，得到等级值化向量为 $C=$（100，85，70，55），绿色牧居的综合评价值记为 Y，即 $Y=B\times C^T$，其中 86~100 为"优"，71~85 为"良"，56~70 为"中"，55 以下为"差"。

7.4.2　灰色层次分析评价模型

灰色系统理论是不完全信息的系统，该理论由我国学者邓聚龙教授于 1982 年提出。灰色系统打破了习惯上简单将系统分为"黑色系统"和"白色系统"的做法，"黑"是指信息完全不确知的，"白"是指信息完全确知的，而"灰"是指信息不完全的，即部分信息确知，部分信息不确知，实际上社会经济系统中存在最多的是灰色系统。灰色系统主要研究内涵不清晰、外延清晰的对象，利用确知的信息使系统灰度逐渐减少，白度逐渐增加[15]。灰色综合评价是基于灰色系统理论不断发展成熟的一种决策方法，可以进行灰色局势决策、灰色层次决策、灰色线性规划、灰色整数规划等，本书采用灰色层次决策的方法，在层次分析法基础上，对评价意见通过灰色系统理论建模，从而进行综合评价，具体步骤如下：

（1）确定综合评价样本矩阵；

（2）确定评价灰类；

（3）计算评估系数；

（4）计算评估向量和权矩阵；

（5）综合评价及结果分析。

结合草原绿色牧居评价指标体系特征，按照灰色综合评价步骤构建草原绿色牧居综合评价模型如下：

（1）确定绿色牧居样本矩阵

采用专家打分的形式对指标进行评分，将指标划分为"优""良""中""差"4 个等级，为简化计算采用 10 分制，9 分及以上为"优"，7～9 分为"良"，5～7 分为"中"，5 分及以下为"差"。组织 $m(m=1,2,\cdots,m)$ 个专家对绿色牧居指标评分，评分结果记为 $d_{ijkm}(d_{ijkm}\in[0,10])$，由评价指标组成评价样本矩阵，则可得到评价样本矩阵 D_{ij}，如指标 U_{11} 的评价样本矩阵 D_{11} 为：

$$D_{11}=\begin{bmatrix} d_{1111} & d_{1112} & \cdots & d_{111m} \\ d_{1121} & d_{1122} & \cdots & d_{112m} \\ d_{1131} & d_{1132} & \cdots & d_{113m} \end{bmatrix} \qquad (7\text{-}6)$$

矩阵行向量为所有专家对指标 U_{ijk} 的评分值，列向量为每位专家对 U_{ij} 所属指标的评分值，由公式（7-5）可得所有指标的评价样本矩阵。

（2）确定评价灰类

根据灰色系统理论，确定评估灰类，评估灰类需要根据评估对象定性分析确定，绿色牧居评价体系用"优""良""中""差"4 个类别进行评价，结合指标评分等级标准，确定相应的灰数及可能度函数，如表 7-21 所示。

草原绿色牧居评价灰类及可能度函数　　　　　　　　　　　表 7-21

灰类 e	灰数	可能度函数	
第一灰类（e=1）	$\in[9,-\infty)$	$f_1(d_{ijk})\begin{cases} d_{ijk}/d_1 & d_{ijk}\in[0,9] \\ 1 & d_{ijk}\in[9,\infty) \\ 0 & d_{ijk}\in(-\infty,0] \end{cases}$	

续表

灰类 e	灰数	可能度函数	
第二灰类（$e=2$）	$\in(0,7,14]$	$f_2(d_{ijk})\begin{cases} d_{ijk}/d_1 & d_{ijk}\in[0,7] \\ 2-d_{ijk}/d_1 & d_{ijk}\in[7,14] \\ 0 & d_{ijk}\in(0,14) \end{cases}$	
第三灰类（$e=3$）	$\in(0,5,10]$	$f_3(d_{ijk})\begin{cases} d_{ijk}/d_1 & d_{ji}\in[0,5] \\ 2-d_{ijk}/d_1 & d_{ji}\in[5,10] \\ 0 & d_{ji}\in(0,10) \end{cases}$	
第四灰类（$e=2$）	$\in(0,1,4]$	$f_4(d_{ijk})\begin{cases} 1 & d_{ijk}\in[0,1] \\ \dfrac{d_2-d_{ijk}}{d_2-d_1} & d_{ijk}\in[1,4] \\ 0 & d_{ijk}\in(0,4) \end{cases}$	

（3）计算评估系数

由 D_{ij} 和 $f_e(d_{ijk})$ 计算灰色评估系数，记为 η_{ijke}，总灰色评价系数为 η_{ijk}，则有

$$\eta_{ijke} = \sum_{m=1}^{5} f_e(d_{ijkm}) \tag{7-7}$$

$$\eta_{ijk} = \sum_{e=1}^{4} \eta_{ijke} \tag{7-8}$$

（4）计算评估权向量和权矩阵

由和 η_{ijk} 可以计算出评估权 r_{ijke} 和对权向量 r_{ijk}。

$$r_{ijke} = \frac{\eta_{ijke}}{\eta_{ijk}} \tag{7-9}$$

灰色评估权行向量 $r_{ijk} = (r_{ijk1}, r_{ijk2}, r_{ijk3}, r_{ijk4})$，进而可求得色评估权矩阵 R_{ij}。

$$R_{ij} = \begin{bmatrix} r_{111} \\ r_{112} \\ \cdots \\ r_{ijk} \end{bmatrix} = \begin{bmatrix} r_{1111} & r_{1112} \\ r_{1121} & r_{1122} \\ \cdots & \cdots \\ r_{ijk1} & r_{ijk2} \end{bmatrix} \tag{7-10}$$

（5）各级指标分别进行综合评价

对 U_{ij} 进行评价，其评价结果记为 B_{ij}，则有

$$B_{ij} = W_s \times R_{ij} = (b_{ij1}, b_{ij2}, \cdots, b_{ije}) \quad (s = 4, 5, \cdots, 12) \tag{7-11}$$

由 U_{ij} 的综合评价结果 B_{ij} 得到评价灰色权矩阵 $R_i = (B_{i1}, B_{i2}, \cdots, B_{ij})^T$。

$$R_i = \begin{bmatrix} B_{11} \\ B_{12} \\ \cdots \\ B_{ij} \end{bmatrix} = \begin{bmatrix} b_{i11} & b_{i12} & \cdots & b_{i1e} \\ b_{i21} & b_{i22} & \cdots & b_{i2e} \\ \cdots & \cdots & \cdots & \cdots \\ b_{ij1} & b_{ij2} & \cdots & b_{ije} \end{bmatrix} \tag{7-12}$$

从而对 U_i 进行评价，其评价结果记为 B_i，则有

$$B_i = W_s \times R_i = (b_{i1}, b_{i2}, \cdots, b_{ie}) \quad (s = 1, 2, 3) \tag{7-13}$$

同理，由 U_i 综合评价结果 B_i 得到灰色评价权矩阵 $R = (B_1, B_2, \cdots, B_e)^T$，其评价结果记为 B，则有 $B = W \times R$。

（6）计算绿色牧居综合评价值

设定绿色牧居系统各灰类评价等级值化向量为 $C = (100, 85, 70, 55)$，绿色牧居的综合评价值记为 Y，即 $Y = B \times C^T$，其中 86~100 为"优"，71~85 为"良"，56~70 为"中"，55 以下为"差"。

7.5　绿色牧居评价结果分析

7.5.1　案例概况

案例位于内蒙古中部草原锡林郭勒盟苏尼特左旗政府南 3.5 km，由内蒙古工大建筑设计有限责任公司进行设计，设计完成时间为 2014 年 5 月，竣工时间为 2014 年 8 月。设计团队从牧民的生产生活出发，设计理念延续并体现蒙古包的艺术性、文化性、生态性以及全民参与性，是比较符合当代牧民需要的草原牧居，牧居总建筑面积 1780 m²，居住建筑 280 m²。

（1）生态环境系统

牧居位于典型草原，选址为平地，植被主要为草地，无乔灌木，周边 500 m 内无其他建筑，选址符合绿色牧居评价体系控制指标的要求。牧居结合当地气候、地形地貌进行布局，总体布局朝向东南方向，由居住生活系统和牧业生产系统构成，中间通过围墙连接，可以有效阻挡冬季来自西北方向的风雪流，形成了比较舒适的室外微环境。牧居距离公路 200 m，出行便利，草原绿色牧居案例效果图如图 7-6 所示。

（2）居住生活系统

牧居居住生活系统符合绿色牧居评价体系控制指标的要求，通过矮墙和木质栅栏与生产系统分隔，形成相对独立的生活空间。居住建筑形态以蒙古包为原型，东南朝向，包括客厅、卧室、餐厅、卫生间、储藏室、锅炉房、新能源设施房、库房等空间，西侧、北侧过道、储藏室、锅炉房、库房等形成缓冲空间。居住建筑最大限度地实现了就地取材，墙体、屋顶材料采用沙袋，材料使用量超过 80%，解决了草原分散居住、运输成本过高等问题。供暖采用小型家用锅炉，

燃料以煤炭、羊粪砖为主，电力来自风光互补发电系统，给排水系统设施完善。草原绿色牧居居住生活系统实景及平面如图 7-7 所示。

图 7-6　草原绿色牧居案例效果图

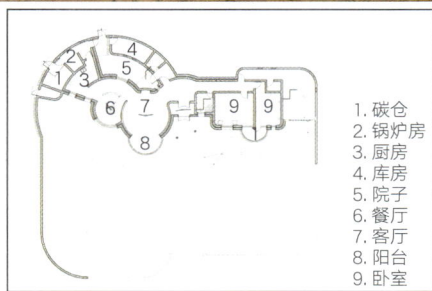

1. 碳仓
2. 锅炉房
3. 厨房
4. 库房
5. 院子
6. 餐厅
7. 客厅
8. 阳台
9. 卧室

图 7-7　草原绿色牧居居住生活系统实景及平面图

（3）牧业生产系统

牧业生产系统符合绿色牧居评价体系牧业生产系统控制指标的要求，包括大羊圈、接羔房、羊羔圈、洗羊池、病羊房、草料库等。接羔房、羊羔圈、病羊房采用密闭型暖棚，大羊圈采用开放型布局。圈棚墙体仍然采用沙袋，棚架采用钢结构，棚顶为彩钢瓦，南向棚顶为透明阳光板。草原绿色牧居牧业生产系统实景及平面如图 7-8 所示。

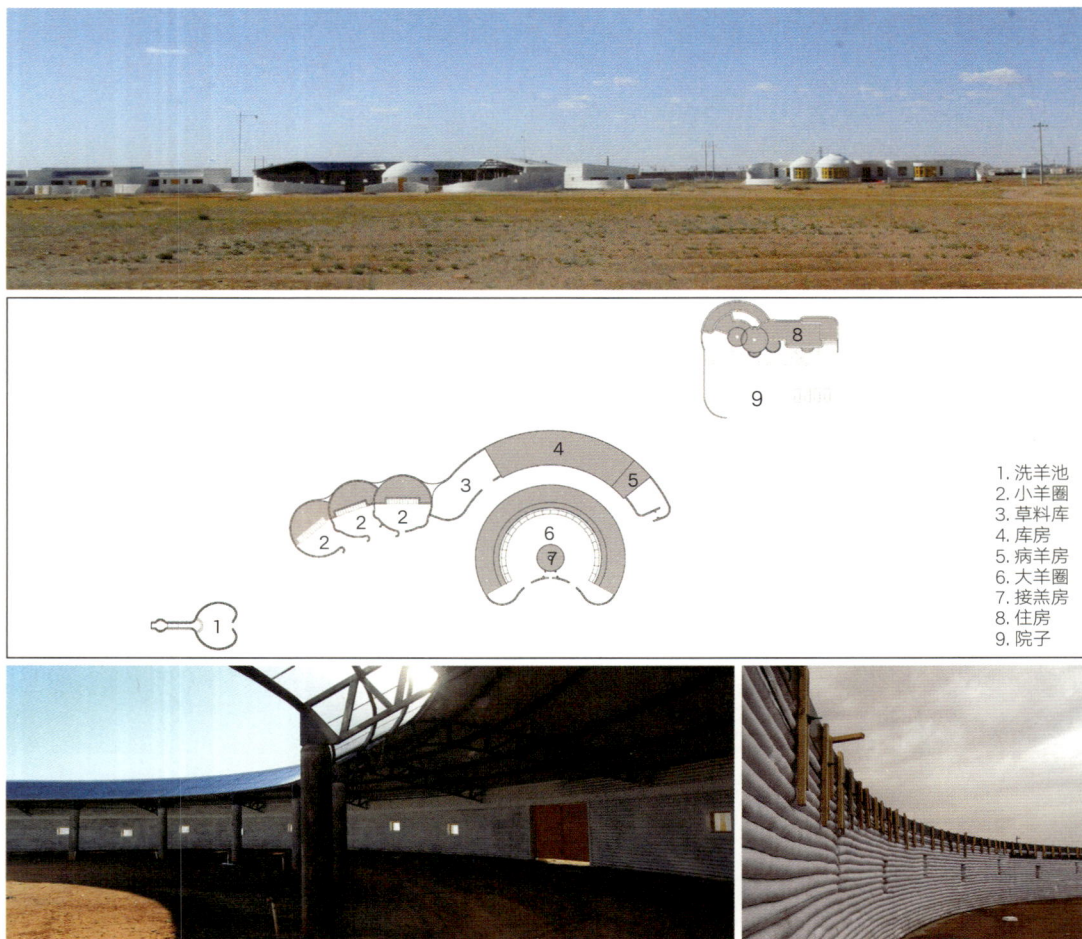

1. 洗羊池
2. 小羊圈
3. 草料库
4. 库房
5. 病羊房
6. 大羊圈
7. 接羔房
8. 住房
9. 院子

图 7-8　草原绿色牧居牧业生产系统实景及平面图

7.5.2　评价结果分析

1. 层次分析评价结果

根据上述专家评分结果，按照层次分析法评价原理，将各指标评分值进行加权平均，可得到各层次评价结果，如表 7-22 所示。按传统层次分析法对该草原牧居进行评价后的评价值为83.24 分，评价结果为"良"。分目标中，生态环境系统评价结果为 81.49 分，居住生活系统评价结果为 80.42 分，牧业生产系统评价结果为 86.94 分。准则层牲畜圈棚分值为 92.56 分，所有指标中分值最高；防疫设施分值为 58.85 分，在所有指标中分值最低，准则层最大分差达 36.70 分，同一层次指标分差较大。

草原绿色牧居案例层次分析评价结果　　表 7-22

总目标结果 Y	分目标评价结果 Y_i		准则层评价结果 Y_{ij}	
绿色牧居 83.29	生态环境系统	81.56	土地利用	85.80
			场地环境	84.10
			草场生态	72.57
			卫生环境	84.44
	居住生活系统	77.88	居住建筑	82.76
			基础设施	61.26
			室内环境	76.42
			道路交通	86.27
	牧业生产系统	89.57	牲畜圈棚	95.55
			储草料空间	83.66
			饲养设施	79.49
			防疫设施	58.85

2. 模糊层次分析评价结果

草原绿色牧居案例模糊综合评价结果为 90.31 分，属于"优"，根据案例牧居总目标综合评价隶属度发现，该案例进行绿色牧居评价隶属度为 B=（0.5494,0.3048,0.0968,0.0679），按照模糊数学最大隶属原则，评价结果属于"优"。根据绿色牧居评价指标体系，绿色牧居分为总目标、分目标、准则层，可通过上述分析方法得出各层次因素的模糊评价结果与隶属度，如表 7-23 所示。对于该案例子目标生态环境系统、居住生活系统、牧业生产系统的评价结果分别为 89.26 分、87.49 分、93.66 分，对照评语集，三个子目标评价结果均为"优"，其中牧业生产系统评价分值最高。同理，可对准则层进行分析，找到每个系统比较薄弱的环节。

草原绿色牧居案例评价结果及隶属度　　表 7-23

总目标综合评价		子目标综合评价		准则层综合评价		
评价结果 Y	隶属度 B	评价结果 Y_i	隶属度 B_i	评价结果 Y_{ij}	隶属度 B_{ij}	
绿色牧居 90.31	0.5354 0.2998 0.0968 0.0679	生态环境系统 89.26	0.3638	土地利用 92.20	0.4800,0.5200,0.0000,0.0000	
			0.5563	场地环境 92.50	0.5000,0.5000,0.0000,0.0000	
			0.0799	草场生态 80.38	0.0000,0.6923,0.3077,0.0000	
			0.0000	卫生环境 92.20	0.4800,0.5200,0.0000,0.0000	
		居住生活系统 87.49	0.4868	居住建筑 90.47	0.5984,0.1677,0.2339,0.0000	
			0.2520	基础设施 81.99	0.4666,0.2000,0.0000,0.3333	
			0.2020	室内环境 81.82	0.1309,0.5270,0.3420,0.0000	
			0.0591	道路交通 95.00	0.6667,0.3333,0.0000,0.0000	

续表

总目标综合评价		子目标综合评价		准则层综合评价	
评价结果 Y	隶属度 B	评价结果 Y_i	隶属度 B_i	评价结果 Y_{ij}	隶属度 B_{ij}
绿色牧居 90.31	0.5354 0.2998 0.0968 0.0679	牧业生产系统 93.66	0.7047	牲畜圈棚 98.77	0.9182,0.0818,0.0000,0.0000
			0.2318	储草料空间 86.11	0.6911,0.0000,0.0000,0.3090
			0.0000	饲养设施 85.56	0.0374,0.9626,0.0000,0.0000
			0.0634	防疫设施 69.99	0.3331,0.0000,0.0000,0.6669

3. 灰色层次分析评价结果

根据本书 7.4 可得该草原绿色牧居总目标、分目标、准则层各层级评价结果,如表 7-24 所示。计算评价值为 $Y= B×C^T$=89.28,因此该草原牧居的评价结果为"优"。同理,可按上述步骤得出分目标的评价结果,生态环境系统分值为 88.91,居住生活系统分值为 87.39,牧业生产系统分值为 91.37。准则层牲畜圈棚分值最高,分值为 93.00,基础设施分值最低,分值为 79.65,最大分差为 13.35,各层次评价结果分差相对较小。

草原绿色牧居案例灰色多层次评价结果 表 7-24

总目标结果 Y	子目标评价结果 Y_i		准则层评价结果 Y_{ij}	
绿色牧居 89.28	生态环境系统	88.91	土地利用	90.01
			场地环境	89.52
			草场生态	86.68
			污染防治	89.66
	居住生活系统	87.39	居住建筑	89.41
			基础设施	79.65
			室内环境	87.76
			道路交通	90.13
	牧业生产系统	91.37	牲畜圈棚	93.00
			储草料空间	90.39
			饲养设施	88.31
			防疫设施	82.60

4. 评价结果对比

将层次分析评价法、模糊综合评价法、灰色综合评价法得到的案例牧居各层次评价结果列入表 7-25,对比分析各评价方法对案例牧居评价结果。

案例牧居评价结果对照分析表　　　　表 7-25

总目标结果 Y				子目标评价结果 Y_i				准则层评价结果 Y_{ij}			
编码	层次分析	模糊评价	灰色评价	编码	层次分析	模糊评价	灰色评价	编码	层次分析	模糊评价	灰色评价
								U_{11}	85.80	92.20	90.01
				U_1	81.56	89.26	88.91	U_{12}	84.10	92.50	89.52
								U_{13}	72.57	80.38	86.68
								U_{14}	84.44	92.20	89.66
								U_{21}	82.76	90.47	89.41
U	83.29	90.31	89.28	U_2	77.88	87.49	87.39	U_{22}	61.26	81.99	79.65
								U_{23}	76.42	81.82	87.76
								U_{24}	86.27	95.00	90.13
								U_{31}	95.55	98.77	93.00
				U_3	89.56	93.66	91.37	U_{32}	83.66	86.11	90.39
								U_{33}	79.49	85.56	88.31
								U_{34}	58.85	69.99	82.60

由表可见，总目标、子目标评价结果中采用模糊综合评价、灰色综合评价得到的评价结果非常接近，分值差别在 1 分左右，采用层次分析将评价结果加权的方法，分值相对较低，几种评价方法对应相同的评语集有不同的评价结果。准则层的评价结果的差异主要在分值平均较低的因素，如 U_{34} 采用层次分析评价分值比灰色评价分值低 23.75 分，比模糊综合评价分值低 11.14 分，主要原因是 U_{34} 因素中权重较高的指标得分较高，层次分析加权合成的分值体现的是所有指标，所有评价者的分数，而灰色层次分析模型考虑了主要指标的得分情况，这为决策者提供了重要的参考，在系统中更应侧重那些指标。三种方法准则层排序如表 7-26 所示。

各评价方法评定的准则层因素排序　　　　表 7-26

次序	1	2	3	4	5	6	7	8	9	10	11	12
层次分析	U_{31}	U_{24}	U_{11}	U_{14}	U_{12}	U_{32}	U_{21}	U_{33}	U_{23}	U_{13}	U_{22}	U_{34}
模糊评价	U_{31}	U_{24}	U_{12}	U_{11}	U_{14}	U_{21}	U_{32}	U_{33}	U_{22}	U_{23}	U_{13}	U_{34}
灰色评价	U_{31}	U_{32}	U_{24}	U_{11}	U_{14}	U_{12}	U_{21}	U_{33}	U_{23}	U_{13}	U_{34}	U_{22}

通过表 7-26、图 7-9 进一步分析各评价模型得出的评价结果。比较层次分析评价、模糊层次分析评价及灰色层次分析评价结果，层次分析评价结果总目标分值与子目标分值分差相对较大，主要原因是层次分析法评定的结果是直接反映各评价指标的分值，如决策者将一个指标评为 "6.1 分" 或是 "6.2 分" 对各层评价结果均有影响。

模糊层次分析法是在层次分析法的基础上，对专家评分通过数学方法进行处理，它是根据事先确定的评语等级，由专家对每个因素评价属于某评语等级的频率建立模糊隶属关系矩阵，从而做出评价，这种方法与层次分析评价最主要的区别是将评分值转化为隶属度，如本书绿色牧居模糊层次分析评价模型的评语等级 8.5 分 < "优" ≤ 10 分，评分值"8.6 分"与"10 分"在计算结果中并无差别，它更加偏重"多数"专家的意见。

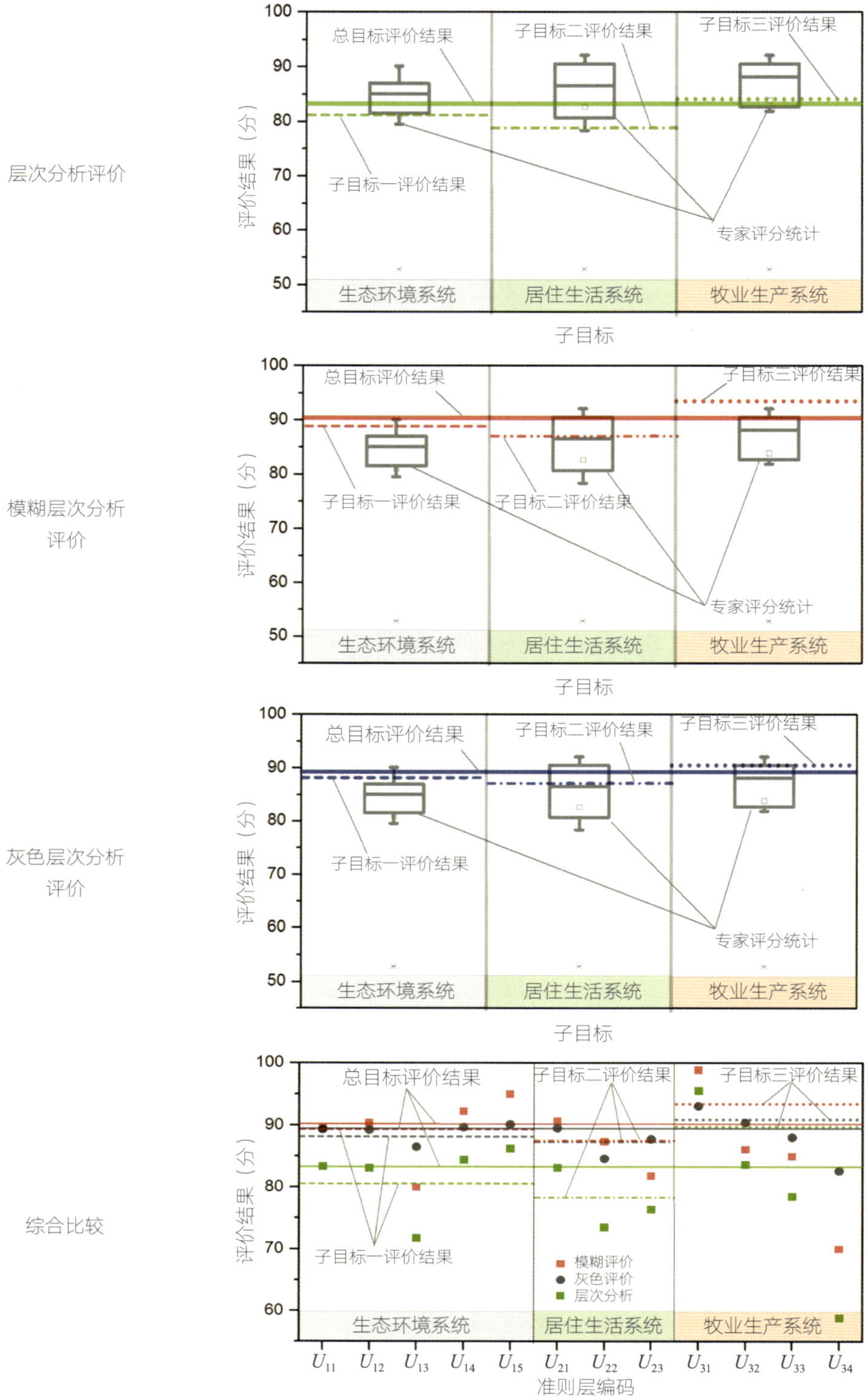

图 7-9 评价结果分析图

灰色层次分析评价结果是根据评分建立评价样本矩阵，确定评价灰类和可能度函数，这与模糊评价的方法类似，灰色层次分析法中平分分值对评价结果会有影响，但这种方法更加偏重指标权重对结果的影响，其评价过程根据更层次因素、指标的重要程度对结果进行优化。由图 7-9 还可以发现，模糊层次分析、灰色层次分析法的评价结果相对集中，子目标与总目标、因素层与子目标层评价结果区分度比层次分析法小，这是由于多数专家的意见或指标重要程度的影响而形成的结果。

综上所述，草原绿色牧居评价模型的构建有多种方式，其中最常用的是层次分析法，这种方法的优势是每个层次中的每个指标对结果的影响程度都非常清晰、明确，计算步骤简洁，非常容易为决策者了解和掌握，但是这种方法简单地将评分进行加权处理，使得结果容易被表面现象所迷惑。

模糊层次分析法对专家评分通过数学方法进行处理，根据事先确定的评语等级，由专家对每个因素评价属于某评语等级的频率建立模糊隶属关系矩阵，这种方法更加偏重"多数"专家的意见；灰色层次分析评价结果是根据评分建立评价样本矩阵，确定评价灰类和可能度函数，偏重指标权重及多数专家的意见，评价结果与模糊成分分析层次分析法的结果接近，与传统层次分析法的评价结果相差较远。

模糊层次分析评价、灰色层次分析评价是在层次分析法的基础上构建的评价模型，通过数学方法处理模糊的、不确定的评价对象，能对蕴藏信息呈现模糊性的、灰色的资料做出比较科学、合理、贴近实际的量化评价，但这两种方法计算比较复杂，尤其是指标较多、层次复杂时，工作量会比较大，如果通过计算机辅助的办法，工作量可大大减小。

本书的草原绿色牧居评价指标体系较为简单，因此为获得更加客观、符合实际的评价结果绿色牧居综合评价模型应优先选用模糊层次分析法或灰色层次分析方法。

本章参考文献

[1] 魏权龄，卢刚. DEA 方法与模型的应用——数据包络分析（三）[J]. 系统工程理论与实践，1989(3):67-75.

[2] 李浩志. 综合评价方法论研究 [J]. 管理工程学报，1990(4):33-40.

[3] 张于心，智明光. 综合评价指标体系和评价方法 [J]. 北方交通大学学报，1995,19(3):393-400.

[4] 夏萍，汪凯，李宁秀，等. 层次分析法中求权重的一种改进 [J]. 中国卫生统计，2011,28(2):151-154.

[5] 马国瑜. 专家综合评判方法 [J]. 北京化工学院学报（自然科学版），1989(2):97-104.

[6] 王莲芬，许树柏. 层次分析法引论 [M]. 北京：中国人民大学出版社，1990.

[7] HWANG C, MD A S. Multiple Objective Decision Making-methods and Applications: A State of the Art Survey[M]. Berlin: Spring _ Verlag Press, 1980.

[8] W C W, TONEK. Measures of Effciency Indatc Envelopment Analysis and Stochastic Frontier Estimation[J]. European Journal of Operational Research, 1997(2):72-78.

[9] 王军霞，官建成. 复合 DEA 方法在测度企业知识管理绩效中的应用 [J]. 科学学研究，2002(1):84-88.

[10] 江高. 模糊层次综合评价法及其应用 [D]. 天津：天津大学，2005.

[11] 中华人民共和国住房和城乡建设部. 绿色建筑评价标准：GB/T 50378—2006[S]. 北京：中国建筑工业出版社，2019.

[12] 中国工程建设标准化协会. 绿色村庄评价标准：T/CECS 629—2019[S]. 北京：中国建筑工业出版社，2019.

[13] 邓聚龙. 灰色系统综述 [J]. 世界科学，1983(7):1-5.

[14] 尚卿. 既有建筑工程改造评价系统研究与实现 [D]. 长沙：湖南大学，2014.

[15] 刘思峰. 灰色系统理论的产生与发展 [J]. 南京航空航天大学学报，2004(2):267-272.